CAX工程应用丛书

Autodesk
Inventor
2017中文版从入门到精通

吕文杰 刘昌丽 编著

清华大学出版社
北京

内 容 简 介

本书以 Autodesk Inventor 2017 为平台,重点介绍了 Autodesk Inventor 2017 中文版的各种操作方法和技巧。全书共 12 章,内容包括 Inventor 2017 入门、辅助工具、绘制草图、基础特征、高级特征、放置特征、曲面造型、钣金设计、部件装配、焊接设计、工程图、柱塞泵综合实例等。在介绍的过程中,内容由浅入深、从易到难,各章节既相对独立又前后关联。编者根据自己多年的经验及学习的通常心理,及时给出总结和相关提示,以帮助读者快速掌握所学知识。

本书除利用传统的纸面讲解外,随书还赠送了多媒体下载资源。下载资源中包含所有实例的素材源文件,并制作了全程实例动画的 AVI 文件。本书内容翔实、图文并茂、语言简洁、思路清晰、实例丰富,可以作为初学者的入门与提高教材,也可作为自学指导用书。

图书在版编目(CIP)数据

Autodesk Inventor 2017 中文版从入门到精通 / 吕文杰,刘昌丽编著. — 北京:清华大学出版社,2017
(CAX 工程应用丛书)

ISBN 978-7-302-46921-6

I. ①A… II. ①吕… ②刘… III. ①机械设计—计算机辅助设计—应用软件 IV. ①TH122

中国版本图书馆 CIP 数据核字(2017)第 074340 号

责任编辑:夏毓彦
封面设计:王　翔
责任校对:闫秀华
责任印制:宋　林

出版发行:清华大学出版社
　　　　网　　　址:http://www.tup.com.cn,http://www.wqbook.com
　　　　地　　　址:北京清华大学学研大厦 A 座　　　　邮　　编:100084
　　　　社 总 机:010-62770175　　　　　　　　　　　邮　　购:010-62786544
　　　　投稿与读者服务:010-62776969,c-service@tup.tsinghua.edu.cn
　　　　质 量 反 馈:010-62772015,zhiliang@tup.tsinghua.edu.cn
印 刷 者:北京富博印刷有限公司
装 订 者:北京市密云县京文制本装订厂
经　　销:全国新华书店
开　　本:190mm×260mm　　　印　张:28.5　　　字　数:730 千字
版　　次:2017 年 10 月第 1 版　　　　　　　印　次:2017 年 10 月第 1 次印刷
印　　数:1～3000
定　　价:79.00 元

产品编号:073781-01

Autodesk Inventor 软件是美国 Autodesk 公司于 1999 年底推出的一款三维可视化实体模拟软件，目前已推出最新版本 Inventor 2017。它包含三维建模、信息管理、协同工作和技术支持等各种特征。使用 Autodesk Inventor 可以创建三维模型和二维制造工程图，也可以创建自适应的特征、零件和子部件，还可以管理上千个零件和大型部件，它的"连接到网络"工具可以使工作组人员协同工作，方便数据共享和同事之间设计理念的沟通。Inventor 在用户界面、三维运算速度和着色功能方面有了突破性的进展。它建立在 ACIS 三维实体模拟核心之上，设计人员能够简单、快速地获得零件和装配体的真实感，这样就缩短了用户设计意图的产生与系统反应时间的距离，从而最小限度地影响设计人员的创意和发挥。Inventor 为设计者提供了一个自由的环境，使得二维设计能够顺畅地转为三维设计环境，同时能够在三维环境中重用现有的 DWG 文件，并且能够与其他应用软件的用户共享三维设计的数据。Inventor 为设计和制造提供了优良的创新和简便的途径，从而使其销售量连续 5 年超越其他竞争对手。

本书为一本介绍 Autodesk Inventor 2017 在工程设计应用领域功能全貌的教学与自学相结合的指导用书，内容全面具体，不留死角，适用于各种不同需求的读者。同时，为了在有限的篇幅内提高知识的集中程度，编者对所讲述的知识点进行了精心剪裁。通过实例操作驱动知识点的讲解，读者可以在实例操作过程中牢固地掌握软件功能。书中实例的种类非常丰富，有知识点讲解的小实例，也有几个知识点或全章知识点的综合实例。各种实例交错讲解，以达到巩固读者理解的目标。

本书以 Autodesk Inventor 2017 为平台，重点介绍了 Autodesk Inventor 2017 中文版的各种操作方法和技巧。全书共 12 章，内容包括 Inventor 2017 入门、辅助工具、绘制草图、基础特征、高级特征、放置特征、曲面造型、钣金设计、部件装配、焊接设计、工程图、柱塞泵综合实例等。在介绍的过程中，内容由浅入深、从易到难，各章节既相对独立又前后关联。编者根据自己多年的经验及学习的通常心理，及时给出总结和相关提示，以帮助读者快速掌握所学知识。

本书除利用传统的纸面讲解外，还随书配送了多媒体下载资源。下载资源中包含所有实例的素材源文件，并制作了全程实例动画的 AVI 文件。为了增强教学效果，更进一步方便读者的学习，编者亲自对实例动画进行了配音讲解。利用作者精心设计的多媒体界面，读者可以随心所欲、轻松、愉悦地学习 Autodesk Inventor 的相关知识。

本书主要由青岛市技师学院的吕文杰老师和石家庄三维书屋文化传播有限公司的刘昌丽老师编写，另外，胡仁喜、闫聪聪、王敏、杨雪静、张日晶、卢园、孟培、康士廷、王义发、王玉秋、王培合、王艳池等也参与了部分章节的编写。

前言

本书配套的源文件及教学视频下载地址如下（注意字母大小写和数字）：

http://pan.baidu.com/s/1i4NVjed　密码：oke5

如果下载地址有问题，请发送电子邮件联系 booksaga@163.com，邮件主题为"求 Inventor 2017 源文件"。

在学习本书前，请先在电脑中安装 Inventor 2017 软件（下载文件中不附带软件安装程序），读者可在 Autodesk 官网（http://www.autodesk.com.cn/）下载其试用版本，也可在当地电脑城或向软件经销商购买软件使用。读者可以加入本书学习指导 QQ 群 488722285，群中会提供软件安装方法教程。安装完成后，即可按照本书上的实例进行操作练习。

限于时间和编者水平有限，书中疏漏之处在所难免，不当之处恳请读者批评指正，编者不胜感激。有任何问题，请登录网站 www.sjzswsw.com 或联系 win760520@126.com。

编者

2017 年 9 月

目　　录

第1章 Inventor 2017 入门

📥 **导言**

本章将学习 Inventor 2017 绘图的基本知识。了解 Inventor 的安装和卸载，掌握在 Inventor 2017 中鼠标的使用、快捷键的设置，熟悉如何定制工作界面和系统环境等，为进入系统学习做好必要的准备。

1.1 Inventor的产品优势

在基本的实体零件和装配模拟功能之上，Inventor 提供了一系列更深入的模拟技术：

- Inventor 中二维图案布局可用来试验和评估一个机械原理。
- 有了二维的设置布局更有利于三维零件的设计。
- Inventor 首次在三维模拟和装配中使用自适应的技术。
- 通过应用自适应的技术，一个零件及其特征可自动适应另一个零件及其特征，从而保证这些零件在装配的时候能够互相吻合。
- 在 Inventor 中可用扩展表来控制一系列的实体零件尺寸集。实体的特征可重新使用，一个实体零件的特征可转变为设计清单中的一个设计元素，而使其可在其他零件的设计过程中得以采用。
- 为了充分利用互联网和局域网的优势，一个设计组的多个设计师可使用一个共同的设计组搜索路径和共用文件搜索路径来协同工作。Inventor 在这方面与其他软件相比具有很大的优势，它可直接与微软的网上会议相连进行实时的协同设计。在一个现代化的工厂中，实体零件及装配件的设计资料可直接传送到后续的加工和制造部门。
- 为了满足设计师和工程师之间的合作和沟通，Inventor 也充分考虑到了二维的投影工程图的重要性，Inventor 提供了简单而充足的从三维的实体零件和装配来产生工程图的功能。
- Inventor 中的功能以设计支持系统的方式提供，用户界面以视觉方式快速引导用户，各个命令的功能一目了然，并要求用最少的键盘输入。
- Inventor 与 3DStudio 和 AutoCAD 等其他软件兼容性强，其输出文件可直接或间接转化为快速成型的 STL 文件和 STEP 文件等。

1.2　Inventor的安装与卸载

1.2.1　安装 Inventor 之前的注意事项

安装 Inventor 之前的注意事项如下。

- 使用本地计算机的管理员权限安装 Inventor。如果登录的是受限账户，可用鼠标右键单击 Setup.exe，以管理员身份运行。
- 在 Windows Vista 上安装时应禁用"用户账户控制"功能，在 Windows 7 上安装时，应关闭"用户账户控制"功能或降低等级为"不要通知"。
- 确保有足够的硬件支持。对于复杂的模型、复杂的模具部件及大型部件（通常包含 1000 多个零件），建议最小内存为 3GB；同时应该确保有足够的磁盘空间，以 Inventor 2017 为例，它的磁盘需求大约为 12GB。
- 在安装 Autodesk Inventor 2017 之前请先更新操作系统，如果没有更新则会自动提示用户更新。安装所有的安全更新后请重启系统，请勿在安装或卸载该软件时更新操作系统。
- 强烈建议先关闭所有的 Autodesk 应用程序，然后再安装、维护或卸载该软件。
- DWG TrueView 是 Inventor 必不可少的组件。卸载 DWG TrueView 可能导致 Inventor 无法正常运行。
- 安装 Inventor 时应尽量关闭防火墙、杀毒软件。如果安装的操作系统是 Windows 7，应降低或者关闭 UAC 安全的设置。

1.2.2　Autodesk Inventor 2017 的安装

步骤 01　插入安装光盘，双击"Setup.exe"文件，弹出安装 Inventor 的欢迎界面，在右上角选择语言，如图 1-1 所示。

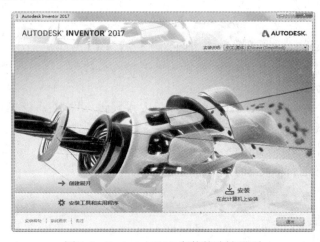

图 1-1　Inventor 2017 安装的欢迎界面

步骤 02　单击"安装"按钮，在打开的窗口中单击"下一步"按钮，进入"产品信息"界面。
如果用户选择的不是"我想要试用该产品 30 天"，则需要提供产品密钥和序列号数
据，如图 1-2 所示。

图 1-2　"产品信息"界面

步骤 03　单击"下一步"按钮进入选择要安装的产品及路径界面，如图 1-3 所示。

图 1-3　选择要安装的产品界面

04　选择好路径后，单击"安装"按钮等待自动安装，最后单击"完成"按钮。

1.2.3 Autodesk Inventor 2017 的更改或卸载

Inventor 提供了 3 种维护方式：卸载、更改和修复。

步骤 01 关闭所有打开的程序。

步骤 02 选择"开始"→"控制面板"→"程序和功能"命令，选择 Autodesk Inventor Professional 2017，然后单击"卸载/更改"按钮，如图 1-4 所示。

图 1-4 卸载或更改程序

步骤 03 修改完成后，需要重新启动系统来启用以上设置。

1.3 Inventor支持的文件格式

1.3.1 Inventor 的文件类型

每个软件都有一套属于自己的文件系统，Inventor 也不例外。Inventor 本身主要的文件格式如下。

- 零件文件📄：以.ipt 为后缀名，文件中只包含单个模型的数据，可分为标准零件和钣金零件。
- 部件文件📄：以.iam 为后缀名，文件中包含多个模型的数据，也包含其他部件的数据，也就是说部件中不仅可包含零件，也可包含子部件。
- 工程图文件📄：以.idw 为后缀名，可包含零件文件的数据，也可包含部件文件的数据。
- 表达视图文件📄：以.ipn 为后缀名，可包含零件文件的数据，也可包含部件文件的数据，由于表达视图文件的主要功能是表现部件装配的顺序和位置关系，所以零件一般很少利用表达视图来表现。

- 设计元素文件 ：以.ide 为后缀名，包含特征、草图或子部件中创建的 "iFeature" 信息，用户可打开特征文件来观察和编辑 "iFeature"。
- 设计视图 ：以.idv 为后缀名，包含零部件的各种特性，如可见性、选择状态、颜色和样式特性、缩放以及视角等信息。
- 项目文件 ：以.ipj 为后缀名，包含项目文件路径和文件之间的链接信息。
- 草图文件 ：以.dwg 为后缀名，文件中包含草绘图案的数据。

Inventor 在创建文件的时候，通过模板来创建新文件。可根据自身的具体设计需求选择对应的模板，如：创建标准零件可选择标准零件模板；创建钣金零件可选择钣金零件模板等。用户可修改任何预定义的模板，也可创建自己的模板。

1.3.2　与 Inventor 兼容的文件类型

Inventor 具有很强的兼容性，具体表现在它不仅可以打开符合国际标准的 "IGES" 文件和 "SEPT" 格式的文件，甚至还可以打开 Pro/Engineer、AutoCAD 和 "DWG" 格式的文件。同时，Inventor 可将本身的文件转换为其他格式的文件，也可将自身的工程图文件保存为 "DXF" 和 "DWG" 格式的文件等。下面对其主要的兼容文件类型进行简单介绍。

1. AutoCAD 文件

Inventor 2017 可打开 2017 版本以前的 AutoCAD（DWG 或 DXF）文件。在 Inventor 中打开 AutoCAD 文件时，可指定要进行转换的 AutoCAD 数据。

- 可选择模型空间、图纸空间中的单个布局或三维实体；可选择一个或多个图层。
- 可放置二维转换数据；可放置在新建的或现有的工程图草图上，作为新工程图的标题栏，也可作为新工程图的缩略图符号；可放置在新建的或现有的零件草图上。
- 如果转换为三维实体，每一个实体都将成为包含 "ACIS" 实体的零件文件。
- 当在零件草图、工程图或工程图草图中输入 AutoCAD（DWG）图形时，转换器将从模型空间的 "XY" 平面获取图元并放置在草图上。图形中的某些图元不能转换，如样条曲线。

2. Autodesk MDT 文件

在 Inventor 中，将工程图输出到 AutoCAD 时，将得到可编辑的图形。转换器创建新的 AutoCAD 图形文件，并将所有图元置于 "DWG" 文件的图纸空间。如果 Inventor 工程图中有多张图纸，则每张图纸都保存为一个单独的 "DWG" 文件。输出的图元称为 AutoCAD 图元，包括尺寸。

Inventor 可转换 Autodesk Mechanical Desktop 的零件和部件，以便保留设计意图。可将 Mechanical Desktop 文件作为 "ACIS" 实体输入，也可进行完全转换。若要从 Mechanical Desktop 零件或部件输入模型数据，必须在系统中安装并运行 Mechanical Desktop。Autodesk Inventor 所支持的特征将被转换，不支持的特征则不被转换。如果 Autodesk Inventor 不能转换某个特征，它将跳过该特征，并在浏览器中显示一条注释，然后完成转换。

3."STEP"文件

"STEP"文件是国际标准格式的文件，这种格式是为了克服数据转换标准的一些局限性而开发的。过去由于开发标准不一致，导致出现各种不统一的文件格式，如 IGES（美国）、VDAFS（德国）、IDF（用于电路板）等，这些标准在 CAD 系统中没有得到很大的发展。"STEP"转换器使得 Inventor 能够与其他 CAD 系统进行有效交流和可靠转换。当输入"STEP（*.stp、*.ste、*.step）"文件时，只有三维实体、零件和部件数据被转换，草图、文本、线框和曲面数据不能用"STEP"转换器处理。如果"STEP"文件包含一个零件，则会生成一个 Inventor 零件文件。如果"STEP"文件包含部件数据，则会生成包含多个零件的部件。

4."SAT"文件

"SAT"文件包含非参数化的实体，它们是布尔实体或去除了相关关系的参数化实体。"SAT"文件可在部件中使用，用户可将参数化特征添加到基础实体中。如果"SAT"文件包含单个实体，将生成包含单个零件的 Inventor 零件文件；如果"SAT"文件包含多个实体，则会生成包含多个零件的部件。

5."IGES"文件

"IGES（*.igs、*.ige、*.iges）"文件是美国标准，很多"NC/CAM"软件包需要"IGES"格式的文件。Inventor 可输入和输出"IGES"文件。

如果要将 Inventor 的零部件文件转换为其他格式的文件，如"BMP"、"IGES"、"SAT"文件等，将其工程图文件保存为"DWG"或"DXF"格式的文件，利用"文件"菜单中的"保存副本为"选项，在打开的"保存副本为"对话框中选择好所需要的文件类型和文件名即可，如图 1-5 所示。

图 1-5　"保存副本为"对话框

1.4 Inventor工作界面介绍

工作界面包括主菜单、快速工具栏、功能区、浏览器、ViewCube、导航栏、状态栏和绘图区，如图 1-6 所示。

图 1-6 Inventor 2017 工作界面

- 主菜单：通过单击按钮旁边的方向键，可以扩展以显示带有附加功能的菜单，如图 1-7 所示。
- 快速工具栏：包括常用的新建、打开、保存文件按钮，可以快速新建、保存文件或撤销操作。
- 功能区：功能区以选项卡的形式组织，按任务进行标记。每个选项卡均包含一系列面板，可以同时打开零件、部件和工程图文件，且功能区会随着激活窗口中文件的环境而变化。
- 浏览器：浏览器显示了零件、部件和工程图的装配层次。浏览器对每个工作环境而言都是唯一的，且总是显示激活文件的信息。
- ViewCube：ViewCube 工具是一种始终显示的可单击、可拖动的界面，可用于模型的标准视图和等轴测视图之间的切换。ViewCube 工具显示在模型上方窗口的一角，且处于不活动状态。ViewCube 工具可在视图变化时提供有关模型当前视点的视觉反馈。将光标放置在 ViewCube 工具上时，该工具会变为活动状态。可以通过拖动或单击 ViewCube，切换至一个可用的预设视图、滚动当前视图或更改至模型的主视图。

图 1-7　主菜单

- 导航栏：默认情况下，导航栏显示在图形窗口的右上方。可以从导航栏访问、查看和导航命令。
- 状态栏：状态栏位于 Inventor 窗口底端的水平区域，可提供关于当前正在窗口中编辑的内容状态以及草图状态等信息内容。
- 绘图区：绘图区是指在标题栏下方的大片空白区域，是用户建立图形的区域，设计图的主要工作都是在绘图区完成的。

1.5　常见工具的使用

1.5.1　鼠标

　　鼠标是计算机外围设备中十分重要的硬件之一，用户与 Inventor 进行交互操作时，几乎 80% 的操作都要利用鼠标，鼠标的使用方法将直接影响产品设计的效率。使用三键鼠标可以完成各种功能，包括选择和编辑对象、移动视角、单击鼠标右键打开快捷菜单、按住鼠标滑动、旋转视角、物体缩放等，具体的使用方法如下。

- 单击鼠标左键（MB1）用于选择对象，双击用于编辑对象。例如，单击某一特征会弹出对应的特征对话框，可以进行参数的再编辑。
- 单击鼠标右键（MB3）用于弹出选择对象的快捷菜单。
- 按下滚轮（MB2）可平移用户界面内的三维数据模型。

- 按下 "F4" 键的同时按住鼠标左键并拖动鼠标可动态观察当前视图。鼠标放置轴心指示器的位置不同，其效果也不同，如图 1-8 所示。

图 1-8　动态观察

- 滚动滚轮（MB2）用于缩放当前视图。

1.5.2　快捷键

与仅通过菜单选项或单击鼠标来使用工具相比，一些设计师更喜欢使用快捷键，以提高效率。通常，可以为透明命令（如缩放、平移）和文件实用程序功能（如打印等）自定义快捷键。Autodesk Inventor 中预定义的快捷键如表 1-1 所示。

表 1-1　Inventor 预定义的快捷键

快捷键	命令/操作	快捷键	命令/操作
Tab	降级	Shift+Tab	升级
F1	帮助	F4	旋转
F6	等轴测视图	F10	草图可见性
Alt+8	宏	F7	切片观察
Shift+F5	下一页	Alt+F11	Visual Basic 编辑器
F2	平移	F3	缩放
F5	上一视图	Shift+F3	窗口缩放

将鼠标指针移至工具按钮上或命令中的选项名称旁时，提示中就会显示快捷键，也可以创建自定义快捷键。另外，Autodesk Inventor 有很多预定义的快捷键。

用户无法重新指定预定义的快捷键，但可以创建自定义快捷键或修改其他的默认快捷键。具体操作步骤为：单击 "工具" 选项卡中 "选项" 面板中的 "自定义" 按钮，在弹出的 "自定义" 对话框中打开 "键盘" 选项卡，便可开发自己的快捷键方案以及为命令自定义快捷键，如图 1-9 所示。当要用于快捷键的组合键已指定给默认的快捷键时，用户可删除原来的快捷键并重新指定给用户选择的命令。

图1-9 "自定义"对话框

除此之外，Inventor 可以通过"Alt"键或"F10"键快速调用命令。当按下这两个键时，命令的快捷键会自动显示出来，如图 1-10 所示，用户只需依次使用对应的快捷键即可执行对应的命令，无须操作鼠标。

图1-10 快捷键

1.5.3 图形区域

直接操纵可以使用户直接参与模型交互及修改模型，同时还可以实时查看更改。生成的交互是动态的、可视的，而且是可预测的。用户可以将注意力集中到图形区域内显示的几何图元上，而无须关注与功能区、浏览器和对话框等用户界面要素的交互。

图形区域内显示的是一种用户界面，悬浮在图形窗口上，用于支持直接操纵，如图 1-11 所示。它通常包含小工具栏（含命令选项）、操纵器、值输入框、选择标记以及标记菜单。小工具栏使用户可以与三维模型进行直接的、可预测的交互。"确定"和"取消"按钮位于图形区域的底部，用于确认或取消操作。

图 1-11　图形区域

- 小工具栏：其上显示图形区域中的按钮，可以用来快速选择常用的命令。它们位于非常接近图形窗口中选定对象的位置。小工具栏的描述更加全面、简单，特征也有了更多的功能，小工具栏的命令有：拉伸、旋转、倒角、倒圆角、打孔等。
- 操纵器：它是图形区域中的交互对象，使用户可以轻松地操纵对象，以执行各种造型和编辑任务。
- 值输入框：用于为造型和编辑操作输入数值。该框位于图形区域内的小工具栏上方。
- 选择标记：显示在图形区域内的一些标签，提示用户选择截面轮廓、面和轴，以创建和编辑特征。
- 标记菜单：在图形窗口中单击鼠标右键，会弹出快捷菜单，它可以方便用户建模的操作。如果用户按住鼠标右键向不同的方向滑动会出现相应的快捷键，出现的快捷键与右键菜单相关。

1.6　工作界面定制与系统环境设置

在 Inventor 中，需要自己设定的环境参数很多，工作界面也可由用户自己定制，用户可根据自己的实际需求对工作环境进行调节，一个方便、高效的工作环境不仅可以使得用户有良好的感觉，还可大大提高工作效率。本节将介绍如何定制工作界面以及如何设置系统环境。

1.6.1　文档设置

在 Inventor 2017 中，可通过"文档设置"对话框来改变度量单位、捕捉间距等。在零部件造型环境中，单击"工具"选项卡"选项"面板中的"文档设置"选项，打开的"文档设置"对话框，如图 1-12 所示。

- "单位"选项卡可设置零件或部件文件的度量单位。
- "草图"选项卡可设置零件或工程图的捕捉间距、网格间距和其他草图设置。
- "造型"选项卡可为激活的零件文件设置自适应或三维捕捉间距。
- "默认公差"选项卡可设定标准输出公差值。

图 1-12　零件环境中的"文档设置"对话框

1.6.2　系统环境常规设置

　　单击"工具"选项卡"选项"面板中的"应用程序选项"按钮，进入"应用程序选项"对话框，"常规"选项卡如图 1-13 所示。

- ●　"启动"选项组：用来设置默认的启动方式。在此选项组中可设置是否"启动操作"，包含三种操作方式："打开文件"对话框、"新建文件"对话框和从模板新建。
- ●　"提示交互"选项组：控制工具栏的提示外观和自动完成的行为。
  - ➢　"显示命令提示（动态提示）"：选中此框后，将在光标附近的工具栏提示中显示命令提示。
  - ➢　"显示命令别名输入对话框"：选中此框后，输入不明确或不完整的命令时将显示"自动完成"列表框。
- ●　"工具提示外观"选项组：包括"显示工具提示"、"显示文档选项卡工具提示"等多个选项。
  - ➢　"显示工具提示"：控制在功能区中的命令上方悬停光标时工具提示的显示，从中可设置"延迟的秒数"。
  - ➢　"显示文档选项卡工具提示"：控制光标悬停时工具提示的显示。
  - ➢　"显示工具动画演示"：控制光标在功能区的命令上方悬停时工具动画演示的显示。

- "用户名"选项：设置 Inventor 2017 的用户名称。
- "文本外观"选项：设置对话框、浏览器和标题栏中的文本字体及大小。
- "允许创建旧的项目类型"复选框：选中此框后，Autodesk Inventor 将允许创建共享和半隔离项目类型。
- "物理特性"选项组：选择保存时是否更新物理特性以及更新物理特性的对象是零件还是零部件。
- "撤销文件大小"选项：可通过设置"撤销文件大小"选项的值来设置撤销文件的大小，即用来跟踪模型或工程图改变临时文件的大小，以便撤销所做的操作。当制作大型、复杂模型和工程图时，可能需要增加该文件的大小，以便提供足够的撤销操作容量，文件大小以"MB"为单位。
- "标注比例"选项：还可通过设置"标注比例"选项的值来设置图形窗口中的非模型元素（例如尺寸文本、尺寸上的箭头、自由度符号等）的大小。可将比例从 0.02 调整为 5.0，默认值为 1.0。

图 1-13 "应用程序选项"对话框

1.6.3 用户界面颜色设置

可通过"应用程序选项"对话框中的"颜色"选项卡设置图形窗口的背景颜色或图像，如

图 1-14 所示，既可设置零部件设计坏境下的背景色，也可设置工程图环境下的背景色，可通过左上角的"设计"、"绘图"按钮来切换。

图 1-14　"颜色"选项卡

在"颜色方案"中，Inventor 提供了 9 种配色方案，当选择某一种方案的时候，上面的预览窗口会显示该方案的预览图，也可通过"背景"选项组选择每一种方案的背景色是单色还是梯度图像，或以图像作为背景：如果选择单色则将纯色应用于背景；如果选择梯度则将饱和度梯度应用于背景颜色；如果选择背景图像，则在图形窗口背景中显示位图。"文件名"选项用来选择存储在硬盘或网络上作为背景图像的图片文件。为避免图像失真，图像应具有与图形窗口相同的大小（比例以及宽高比）。如果与图形窗口大小不匹配，则图像将被拉伸或裁剪。

1.6.4　显示设置

可通过"应用程序选项"对话框中的"显示"选项卡设置模型的线框显示方式、渲染显示方式以及显示质量，如图 1-15 所示。

- "外观"选项组：
  - ➢ "使用文档设置"：选择此单选按钮指定当打开文档或文档上的其他窗口（又叫视图）时使用文档显示设置。
  - ➢ "使用应用程序设置"：选择此单选按钮指定当打开文档或文档上的其他窗口（又叫视图）时使用应用程序选项显示设置。

- "未激活的零部件外观"选项组：
  - ➤ "着色"：选择此复选框，则指定未激活的零部件面显示为着色。
  - ➤ "不透明度"：可以设定着色的不透明度。
  - ➤ "显示边"：选择此复选框，则设定未激活的零部件的边显示；选中该选项后，未激活的模型将基于模型边的应用程序或文档外观设置显示边。
- "显示质量"：在下拉列表中可设置模型的显示分辨率。
- "显示基准三维指示器"复选框：选中该复选框可显示轴指示器，清除该复选框可关闭此项功能。红箭头表示 X 轴，绿箭头表示 Y 轴，蓝箭头表示 Z 轴。在部件中，指示器显示顶级部件的方向，而不是正在编辑的零部件的方向。
- "显示原始坐标系 XYZ 轴标签"复选框：用于关闭和开启各个三维轴指示器方向箭头上的 XYZ 标签的显示，默认情况下为打开状态。

图 1-15　"显示"选项卡

1.7　Autodesk Inventor项目管理

在创建项目以后，可使用项目编辑器来设置某些选项，例如设置保存文件时保留的文件版本数等。在一个项目中，可能包含专用于项目的零件和部件、专用于用户公司的标准零部件，以及现成的零部件，例如紧固件或电子零部件等。

Autodesk Inventor 使用项目来组织文件，并维护文件之间的链接，项目的作用如下。

- 用户可使用项目向导为每个设计任务定义一个项目，以便更加方便地访问设计文件和库，并维护文件引用。
- 可使用项目指定存储设计数据的位置、编辑文件的位置、访问文件的方式、保存文件时所保留的文件版本数以及其他设置。
- 可通过项目向导逐步完成选择过程，以指定项目类型、项目名称、工作组或工作空间（取决于项目类型）的位置，以及一个或多个库的名称。

1.7.1 创建项目

1. 打开项目编辑器

在 Inventor 中，可利用项目向导创建 Autodesk Inventor 新项目，并设置项目类型、项目文件的名称和位置，以及关联工作组或工作空间，还用于指定项目中包含的库等。关闭 Inventor 当前打开的任何文件，然后选择"文件"→"管理"→"项目"选项，就会打开"项目"对话框，如图 1-16 所示。

图 1-16　"项目"对话框

2. 新建项目

在项目名称列表中单击鼠标右键，在弹出的快捷菜单中选择"新建"命令，打开如图 1-17 所示的"Inventor 项目向导"对话框。

图 1-17　选择新建项目类别

在项目向导里面，用户可新建几种类型的项目，分别简述如下。

● 新建单用户项目：这是默认的项目类型，它适用于不共享文件的设计者。在该类型的项目中，所有设计文件都放在一个工作空间文件夹及其子目录中，但从库中引用的文件除外。项目文件（.ipj）存储在工作空间中。

● 新建 Vault 项目：只有安装"Autodesk Vault"之后，才可创建新的"Vault"项目，然后指定一个工作空间、一个或多个库，并将多用户模式设置为"Vault"。

3．创建项目过程

下面以单用户项目为例讲述创建项目的基本过程。

步骤 01　在如图 1-17 所示的"Inventor 项目向导"对话框中首先选择"新建单用户项目"单选按钮，单击"下一步"按钮，出现如图 1-18 所示的对话框。

图 1-18　新建项目向导

步骤 02 在该对话框中需要设定关于项目文件位置以及名称的选项，项目文件是以 **.ipj** 为扩展名的文本文件。项目文件指定到项目中的文件路径，若要确保文件之间的链接正常工作，必须在使用模型文件之前将所有文件的位置添加到项目文件中。

步骤 03 在"名称"文本框中输入项目的名称，在"项目（工作空间）文件夹"文本框中，设定所创建的项目或用于个人编辑操作的工作空间的位置。必须确保该路径是一个不包含任何数据的新文件夹。默认情况下，项目向导将为项目文件（.ipj）创建一个新文件夹，但如果浏览到其他位置，则会使用所指定的文件夹名称。"要创建的项目文件"文本框中显示指向表示工作组或工作空间已命名子文件夹的路径和项目名称，新项目文件（*.ipj）将存储在该子文件夹中。

步骤 04 如果不需要指定要包含的库文件，则单击如图 1-18 所示的对话框中的"完成"按钮，即可完成项目的创建。如果要包含库文件，可单击"下一步"按钮，在如图 1-19 所示的对话框中指定需要包含的库的位置即可，最后单击"完成"按钮，一个新的项目已经建成了。

图 1-19　选择项目包含的库

1.7.2　编辑项目

在 Inventor 中可编辑任何一个存在的项目，如可添加或删除文件的位置，可添加或删除路径，更改现有的文件位置或更改它的名称。在编辑项目之前，请确认已关闭所有的 Autodesk Inventor 文件。如果有文件打开，则该项目将是只读的。

编辑项目也需要通过项目编辑器来实现，在如图 1-16 所示的"项目"对话框中，选中某个项目，然后在下面的项目属性选项中选中某个属性，如"项目"中的"包含文件"选项，这时可看到右侧的"编辑所选项"按钮 是可用的。单击该按钮，则"包含文件"属性旁边出现一个下拉列表框，用于显示当前包含文件的路径和文件名，还有一个浏览文件按钮，如图 1-20 所示，用户可通过浏览文件按钮选择新的包含文件以进行修改。如果某个项目属性不可编辑，则"编辑所选项"按钮 🖊 是灰色不可用的。一般来说，项目的包含文件、工作空间、本地搜索路径、工作组搜索路径以及库都是可编辑的，如果没有设定某个路径属性，可单击右侧的"添加新路径"按钮 ➕ 来添加。

图 1-20　编辑项目

第 2 章　辅助工具

 导言

　　在建模过程中，单一的特征命令有时不能完成相应的建模，需要利用辅助平面和辅助直线等手段来完成模型的绘制。

2.1　定位特征

　　在 Inventor 中，定位特征是指可作为参考特征投影到草图中并用来构建新特征的平面、轴或点。定位特征的作用是在几何图元不足以创建和定位新特征时，为特征的创建提供必要的约束，以便完成特征的创建。定位特征抽象的构造几何图元，本身是不可用来进行造型的。在 Inventor 的实体造型中，定位特征的重要性值得引起重视，许多常见的形状创建都离不开定位特征。

　　一般情况下，零件环境和部件环境中的定位特征是相同的，但以下情况除外：

- 中点在部件中时不可选择点。
- "三维移动/旋转"工具在部件文件中不可用于工作点上。
- 内嵌定位特征在部件中不可用。
- 不能使用投影几何图元，因为控制定位特征位置的装配约束不可用。
- 零件定位特征依赖于用来创建它们的特征。
- 在浏览器中，这些特征被嵌套在关联特征下面。
- 部件定位特征从属于创建它们时所用部件中的零部件。
- 在浏览器中，部件定位特征被列在装配层次的底部。
- 当用另一个部件来定位特征，以便创建零件时，创建了装配约束。设置在需要选择装配定位特征时选择特征的选择优先级。

　　在零件中使用定位特征工具时，如果某一点、线或平面是所希望的输入，可创建内嵌定位特征。内嵌定位特征用于帮助创建其他定位特征。在浏览器中，它们显示为父定位特征的子定位特征。例如，可在两个工作点之间创建工作轴，而在启动"工作轴"工具前这两个点并不存在。当工作轴工具激活时，可动态创建工作点。定位特征包括工作平面、工作轴和工作点，下面将分别进行讲解。

2.1.1　工作点

　　工作点是参数化的构造点，可放置在零件几何图元、构造几何图元或三维空间中的任意位置。工作点的作用是用来标记轴和阵列中心、定义坐标系、定义平面（三点）和定义三维路径。工作点在零件环境和部件环境中都可使用。

单击"模型"选项卡"定位特征"面板上的"工作点"按钮◈ 点▾，弹出如图 2-1 所示的创建工作点的方式。

- ◈点：选择合适的模型顶点、边和轴的交点、三个非平行面或平面的交点来创建工作点。
- 固定点：单击某个工作点、中点或顶点创建固定点。例如在视图中选择如图 2-2 所示的边线中点，弹出小工具栏，可以在对话框中重新定义点的位置，单击"确定"按钮，在浏览器中显示图钉光标符号，如图 2-3 所示。

图 2-1　创建工作点方式

图 2-2　定位工作点

图 2-3　创建固定点

- 在顶点、草图点或中点上：选择二维或三维草图点、顶点、线（或线性边）的端点或中点创建工作点，如图 2-4 所示是在模型顶点上创建工作点。
- 三个平面的交集：选择三个工作平面或平面，在交集处创建工作点，如图 2-5 所示。
- 两条线的交集：在两条线的相交处创建工作点。这两条线可以是线性边、二维（或三维）草图线或工作轴的组合，如图 2-6 所示。
- 平面/曲面和线的交集：选择平面（或工作平面）和工作轴（或直线），或者选择曲面、草图线、直边或工作轴，在交集处创建工作点，如图 2-7 所示为在一条边与工作平面的交集处创建工作点。

图 2-4　在顶点处创建工作点

图 2-5　在三个平面交集处创建工作点

图 2-6　在两条线的交集处创建点

图 2-7　在直线与工作平面的交集处创建工作点

- 　边回路的中心点：选择封闭回路的一条边，在中心处创建工作点，如图 2-8 所示。

- 　圆环体的圆心：选择圆环体，在圆环体的圆心处创建工作点，如图 2-9 所示。

图 2-8　在回路中心创建工作点

图 2-9　在圆环体中心创建工作点

- 　球体的球心：选择球体，在球体的球心处创建工作点，如图 2-10 所示。

图 2-10　在球体的球心创建点

2.1.2　工作轴

　　工作轴是参数化附着在零件上的无限长的构造线，在三维零件设计中，常用来辅助创建工作平面、辅助草图中的几何图元的定位、创建特征和部件时用来标记对称的直线、中心线或两个旋转特征轴之间的距离、作为零部件装配的基准、创建三维扫掠时作为扫掠路径的参考等。

单击"模型"选项卡"定位特征"面板上的"工作轴"按钮 轴 ，弹出如图 2-11 所示的创建工作轴的方式。

- 在线或边上：选择一个线性边、草图直线或三维草图直线，沿所选的几何图元创建工作轴，如图 2-12 所示。
- 通过两点：选择两个有效点，创建通过它们的工作轴，如图 2-13 所示。

图 2-11　工作轴创建方式　　　图 2-12　在边上创建工作轴　　　图 2-13　通过两点创建工作轴

- 两个平面的交集：选择两个非平行平面，在其相交位置创建工作轴，如图 2-14 所示。
- 垂直于平面且通过点：选择一个工作点和一个平面（或面），创建与平面（或面）垂直并通过该工作点的工作轴，如图 2-15 所示。

图 2-14　通过两个平面创建工作轴　　　　图 2-15　通过平面和点创建工作轴

- 通过圆形或椭圆形边的中心：选择圆形或椭圆形边，也可以选择圆角边，创建与圆形、椭圆形或圆角的轴重合的工作轴，如图 2-16 所示。
- 通过旋转面或特征：选择一个旋转特征，如圆柱体，沿其旋转轴创建工作轴，如图 2-17 所示。

图 2-16　选择圆角边创建工作轴

图 2-17　通过旋转特征或面创建工作轴

2.1.3　工作平面

在零件中，工作平面是一个无限大的构造平面，该平面被参数化附着于某个特征，在部件中，工作平面与现有的零部件相约束。工作平面的作用很多，可用来构造轴、草图平面或中止平面、作为尺寸定位的基准面、作为另一个工作平面的参考面、作为零件分割的分割面以及作为定位剖视观察位置或剖切平面等。

单击"模型"选项卡"定位特征"面板上的"工作平面"按钮📐，弹出如图 2-18 所示的创建工作平面方式。

- 📘 从平面偏移：选择一个平面，创建与此平面平行同时偏移一定距离的工作平面，如图 2-19 所示。

图 2-18　工作平面创建方式

图 2-19　从平面偏移创建工作平面

- ⬚平行于平面且通过点：选择一个点和一个平面，创建过该点且与平面平行的工作平面，如图 2-20 所示。
- ⬚两个平面之间的中间面：在视图中选择两个平行平面或工作面，创建一个采用第一个选定平面的坐标系方向并具有与第二个选定平面相同的外法向的工作平面，如图 2-21 所示。

图 2-20　平行于平面且通过点创建工作平面

图 2-21　在两个平行平面之间创建工作面

- ⬚圆环体的中间面：选择一个圆环体，创建一个通过圆环体中心或中间面的工作平面，如图 2-22 所示。
- ⬚平面绕边旋转的角度：选择一个平面和平行于该平面的一条边，创建一个与该平面呈一定角度的工作平面，如图 2-23 所示。

图 2-22　圆环体中间面创建工作平面

图 2-23　平面绕边旋转角度创建工作平面

- ⬚三点：选择不共线的三点，创建一个通过这三个点的工作平面，如图 2-24 所示。
- ⬚两条共面边：选择两条平行的边，创建过两条边的工作平面，如图 2-25 所示。

图 2-24　三点创建工作平面

图 2-25　通过两条边创建工作平面

- 与曲面相切且通过边：选择一个圆柱面和一条边，创建一个过这条边并且和圆柱面相切的工作平面，如图 2-26 所示。
- 与曲面相切且通过点：选择一个圆柱面和一个点，则创建在该点处与圆柱面相切的工作平面，如图 2-27 所示。

图 2-26　与曲面相切且通过边创建工作平面　　　图 2-27　与曲面相切且通过点创建工作平面

- 与曲面相切且平行于平面：选择一个曲面和一个平面，创建一个与曲面相切并且与平面平行的曲面，如图 2-28 所示。
- 与轴垂直且通过点：选择一个点和一条轴，创建一个通过点并且与轴垂直的工作平面，如图 2-29 所示。

图 2-28　与曲面相切且平行于平面创建工作平面　·　图 2-29　与轴垂直且通过点创建工作平面

- 在指定点处与曲线垂直：选择一条非线性边或草图曲线（圆弧、圆、椭圆或样条曲线），以及曲线上的顶点、边的中点、草图点或工作点创建平面，如图 2-30 所示。

在零件或部件造型环境中，工作平面表现为透明的平面。工作平面创建以后，在浏览器中可看到相应的符号，如图 2-31 所示。

图 2-30　在指定点处与曲线垂直创建工作点平面　　　图 2-31　浏览器

2.1.4　显示与编辑定位特征

定位特征创建以后，在左侧的浏览器中会显示出定位特征的符号，如图 2-32 所示，在这个符号上单击鼠标右键，将弹出快捷菜单。定位特征的显示与编辑操作主要通过右键菜单中提供的选项进行。下面以工作平面为例，说明如何显示和编辑工作平面。

1．显示工作平面

当新建了一个定位特征（如工作平面）后，这个特征是可见的，但是如果在绘图区域内建立了很多工作平面或工作轴等，使得绘图区域杂乱，或不想显示这些辅助的定位特征时，可选择将其隐藏。如果要将一个工作平面设置为不可见，可在浏览器中该工作平面符号上单击鼠标右键，在弹出的快捷菜单中取消勾选"可见性"选项，这时浏览器中的工作平面符号变成灰色的。如果要重新显示该工作平面，则选中"可见性"即可，如图 2-33 所示。

图 2-32　浏览器中的工作平面符号

图 2-33　快捷菜单

2．编辑工作平面

如果要改变工作平面的定义尺寸，在快捷菜单中选择"编辑尺寸"选项，打开"编辑尺寸"对话框，输入新的尺寸数值后单击 按钮即可。

如果现有的工作平面不符合设计的需求，需要进行重新定义，则选择快捷菜单中的"重定义特征"选项即可，这时候已有的工作平面将会消失，可重新选择几何要素以建立新的工组平面。如果要删除一个工作平面，可选择快捷菜单中的"删除"选项，则工作平面即被删除。对于其他的定位特征，如工作轴和工作点，可进行的显示和编辑操作与对工作平面进行的操作类似。

2.2　模型的显示

模型的图形显示可以视为模型上的一个视图，还可以视为一个场景，视图外观将会根据应用于视图的设置而变化。

2.2.1　视觉样式

在 Inventor 中提供了多种视觉样式：着色显示、隐藏边显示和线框显示等，打开功能区中的"视图"选项卡，可在"外观"面板中的"视觉样式"下拉列表中（如图 2-34 所示）选择一种视觉样式。

- 真实：显示高质量着色的逼真带纹理模型，如图 2-35 所示。
- 着色：显示平滑着色模型，如图 2-36 所示。
- 带边着色：显示带可见边的平滑着色模型，如图 2-37 所示。

图 2-34　显示模式　　　图 2-35　真实　　　图 2-36　着色　　　图 2-37　带边着色

- 带隐藏边着色：显示带隐藏边的平滑着色模型，如图 2-38 所示。
- 线框：显示用直线和曲线表示边界的对象，如图 2-39 所示。
- 带隐藏边的线框：显示用线框表示的对象并用虚线表示后向面不可见的边线，如图 2-40 所示。
- 仅带可见边的线框：显示用线框表示的对象并隐藏表示后向面的直线，如图 2-41 所示。
- 灰度：使用简化的单色着色模式产生灰色效果，如图 2-42 所示。
- 水彩色：手绘水彩色的外观显示模式，如图 2-43 所示。

- 草图插图：手绘外观显示模式，如图 2-44 所示。
- 技术插图：使用着色技术工程图外观来显示可见零部件，如图 2-45 所示。

图 2-38　带隐藏边着色

图 2-39　线框

图 2-40　带隐藏边的线框

图 2-41　仅带可见边的线框

图 2-42　灰度

图 2-43　水彩色

图 2-44　草图插图

图 2-45　技术插图

2.2.2　观察模式

1. 平行模式

在平行模式下，模型以所有的点都沿着平行线投影到它们所在的屏幕上的位置来显示，也就是所有等长平行边以等长显示。在此模式下三维模型平铺显示，如图 2-46 所示。

2. 透视模式

在透视模式下，三维模型的显示类似于我们现实世界中观察到的实体形状。模型中的点线面以三点透视的方式显示，这也是人眼感知真实对象的方式，如图 2-47 所示。

图 2-46　平行模式

图 2-47　透视模式

2.2.3 投影模式

投影模式增强了零部件的立体感，使得零部件看起来更加真实，同时投影模式还显示出光源的设置效果。

打开"视图"选项卡"外观"面板中的"阴影"下拉列表，如图 2-48 所示。

● 地面阴影：将模型阴影投射到地平面上，该效果不需要让地平面可见，如图 2-49 所示。

● 对象阴影：有时称为自己阴影，根据激活的光源样式的位置投射和接收模型阴影，如图 2-50 所示。

图 2-48　投影模式工具　　　　图 2-49　地面阴影　　　　图 2-50　对象阴影

● 环境光阴影：在拐角处和腔穴中投射阴影以在视觉上增强形状变化过渡，如图 2-51 所示。

● 所有阴影：地面阴影、对象阴影和环境光阴影可以一起应用，以增强模型视觉效果，如图 2-52 所示。

图 2-51　环境光阴影　　　　　　图 2-52　所有阴影

2.3　模型的动态观察

在 Inventor 中模型的动态观察主要依靠导航栏上的模型动态观察工具，如图 2-53 所示，也可以通过"视图"选项卡"导航"面板（如图 2-54 所示）中的工具来实现动态观察。

图 2-53　模型动态观察工具　　　　　图 2-54　"导航"面板

1．全导航控制盘◎

可以在特定导航工具之间快速切换的控制盘集合。

2．平移

单击此按钮，当鼠标变成，在绘图区域内的任何地方按下鼠标左键，移动鼠标即可移动当前窗口内的模型或者视图。

3．缩放

单击此按钮，当鼠标变成，在绘图区域内按下鼠标左键，上下移动鼠标，即可实现当前窗口内模型或者视图的缩放。

4．全部缩放

单击此按钮，模型中所有的元素都显示在当前窗口中。该工具在草图、零件图、装配图和工程图中都可使用。

5．窗口缩放

单击此按钮，当鼠标变成，在某个区域内拉出一个矩形，则矩形内的所有图形会充满整个窗口。当某个局部尺寸很小，给图形的绘制以及标注等操作带来不便时，可以利用这个工具将其局部放大。

6．缩放选定实体

单击此按钮，当鼠标变成，在绘图区域内用鼠标左键选择要放大的图元，选择以后，该图元自动放大到整个窗口，便于用户观察和操作。

7．动态观察

该工具用来在图形窗口内旋转零件或者部件，以便全面观察实体的形状。单击此按钮，弹出三维旋转符号，如图 2-55 所示。可以实现如下几种功能：

图 2-55　动态观察

- 左右移动鼠标以围绕竖直屏幕轴旋转视图。
- 将鼠标移走或朝向自己以围绕水平屏幕轴旋转视图。
- 旋转围绕屏幕中心进行。

8．受约束的动态观察

在图形窗口中绕轴旋转模型，相当于以纬度和经度围绕模型移动视线。

9．观察方向

单击此按钮，鼠标变成，如果在模型上选择一个面，则模型会自动旋转到该面正好面向用户的方向；如果选择一条直线，则模型会旋转到该直线在模型空间处于水平的位置。

2.4　获得模型的特性

Inventor 允许用户为模型文件指定特性，如物理特性，这样可方便在后期对模型进行工程分析、计算以及仿真等。若要获得模型特性，可通过选择菜单"文件"中的"iProperty"选项来实现，也可在浏览器上选择文件图标，单击鼠标右键，在弹出的快捷菜单中选择"特性"选项。如图 2-56 所示是阀体模型，如图 2-57 所示是它的特性对话框中的物理特性。

图 2-56　模型

图 2-57　阀体的物理特性

其中物理特性是工程中最重要的，从图 2-57 中可以看出 Inventor 已经分析出了模型的质量、体积、重心以及惯性信息等。在计算惯性时，除了可计算模型的主轴惯性矩外，还可计算出模型相对于 XYZ 轴的惯性特性。

除了物理特性以外，还包括模型的概要、项目、状态等信息，可根据自己的实际情况填写，方便以后查询和管理。

2.5　设置模型的物理特性

三维模型最重要的物理特性除了体积和形状之外，就是外观和材料了。模型在外观设计完成之后，主要就是对材料进行设置。

2.5.1　材料

Autodesk 产品中的材料代表实际材料，例如混凝土、木材和玻璃。可以将这些材料应用到设计的各个部分，为对象提供真实的外观和行为。在某些设计环境中，对象的外观是最重要的，因此材料具有详细的外观特性，如反射率和表面粗糙度。在其他环境下，材料的物理特性更为重要，因为材料必须支持工程分析。

材料库是一组材料和相关资料，库可以通过添加类别进行细分。Autodesk 提供的库包含许多按类型组织的材料类别，例如混凝土、金属和玻璃。

单击"工具"选项卡"材料和外观"面板中的"材料"按钮，弹出"材料浏览器"对话框，如图 2-58 所示，在该对话框中进行相应的修改即可。

图 2-58　"材料浏览器"对话框

- "文档材料"窗格：显示激活文档中的材料列表。
- 显示/隐藏库树：控制库树的可见性。

- 视图类型 : 单击此按钮，打开如图 2-59 所示的下拉菜单，通过选择菜单中的选项过滤列表中显示的材料。
- "库"窗格：库树中将显示库及每个可用库中的材料类别。
- 管理 : 单击此按钮，打开如图 2-60 所示的下拉菜单，包含用于管理库的命令。

图 2-59 视图类型下拉菜单   图 2-60 "管理"下拉菜单

- 打开现有库：选择此命令，打开"添加库"对话框，浏览要打开的库并选中。
- 创建新库：添加自定义的库。
- 删除库：从列表中删除选定的库。
- 创建类别：将新类别添加到选定的库。
- 删除类别：从库中删除选定的类别。
- 移植 inventor 样式：打开如图 2-61 所示的"材料移植"对话框，移植材料样式。

图 2-61 "材料移植"对话框

- 设置显示单位：设置默认材料单位是公制标准或英制标准。
- 添加到文档 : 单击此按钮，打开如图 2-62 所示的"材料编辑器"对话框，可以在该对话框中更改材料的外观和物理特性。

图 2-62　"材料编辑器"对话框

2.5.2　外观

外观可以精确地表示零件中使用的材料，可按类型列出，且每种类型都有唯一的特性。外观的定义包含颜色、图案、纹理图像和凸纹贴图等特性，将这些特性结合起来，即可提供唯一的外观，指定给材料的外观是材料定义的一个资源。

1．外观浏览器

外观分为不同的类别，例如金属、塑料和陶瓷，单击"工具"选项卡"材料和外观"面板中的"外观"按钮⬤，弹出"外观浏览器"对话框，如图 2-63 所示。

此对话框提供访问权限来创建和修改文档中的外观资源，并可用于访问材料库中的外观。

2．颜色编辑器

颜色栏显示了轮廓颜色与方案中计算得出的应力值或位移之间的对应关系。用户可以编辑颜色栏以设置彩色轮廓，从而使应力/位移按照用户所需的方式来显示。

Inventor Publisher 中同样提供了大量的材料，以及一个很方便的颜色编辑器，单击"工具"选项卡"材料和外观"面板上的"调整"按钮⬤，打开如图 2-64 所示的颜色编辑器。

图 2-63 "外观浏览器"对话框

图 2-64 颜色编辑器

在 Inventor Publisher 中导入 Inventor 部件后，处理颜色时将遵循下面的规则：

- 如果 Inventor 中给定了材料，则颜色按照材料走。
- 如果 Inventor 中给定了材料，并给了一个与材料不同的颜色，则使用新颜色。
- 如果已经导入到 Publisher 中，且通过修改材料又给了一个新的颜色，则这个新的颜色将覆盖前面的两个颜色。
- Publisher 中修改的颜色、材料无法返回到 Inventor 中。
- 在 Publisher 中存档后，Inventor 中又修改了颜色/材料时，通过检查存档状态，Publisher 可以自动更新颜色和材料。
- 如果在 Publisher 中修改过颜色/材料，则不会更新。

所以比较好的工作流程是：

步骤 01 设计部件，同时导入到 Publisher 中做固定模板。

步骤 02 更改设计，Publisher 更新文件。

步骤 03 完成材料、颜色的定义后，Publisher 更新文件。

步骤 04 如果有不满足需求的，则可在 Publisher 中进行颜色、材质的更改。

第 3 章 绘制草图

📥 **导言**

通常情况下，用户的三维设计应该从草图（Sketch）绘制开始。在 Inventor 的草图功能中可以建立各种基本曲线，对曲线建立几何约束和尺寸约束，然后对二维草图进行拉伸、旋转等操作，创建实体与草图关联的实体模型。

当用户需要对三维实体的轮廓图像进行参数化控制时，一般需要用草图创建。在修改草图时，与草图关联的实体模型也会自动更新。

3.1 进入草图环境

在 Inventor 中，绘制草图是创建零件的第一步。草图是截面轮廓特征和创建特征所需的几何图元（如扫掠路径或旋转轴），可通过投影截面轮廓或绕轴旋转截面轮廓来创建草图的三维模型。

可由两种途径进入到草图环境下：

● 新建一个零件文件，选择适当的平面，单击"开始创建二维草图"按钮，进入草图环境。

● 在现有的零件文件中，如果要进入草图环境，应该首先在浏览器中激活草图。这个操作会激活草图环境中的面板，即可为零件特征创建几何图元。由草图创建模型之后，可再次进入草图环境，以便修改特征，或者绘制新特征的草图。

3.1.1 由新建零件进入草图环境

步骤 **01** 运行 Inventor 2017，出现如图 3-1 所示的启动界面。

图 3-1 Inventor 2017 启动界面

步骤 02 单击"快速入门"选项卡"启动"面板中的"新建"按钮 🗋，弹出如图 3-2 所示的"新建文件"对话框。

图 3-2 "新建文件"对话框

步骤 03 选择"Standard.ipt"选项，新建一个标准零件文件。

步骤 04 单击"三维模型"选项卡"草图"面板上的"开始创建二维草图"按钮 🗊，选择适当的平面，进入如图 3-3 所示的草图环境。

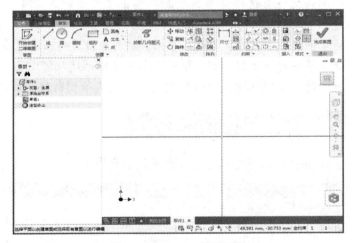

图 3-3 Inventor 草图环境

二维草图功能区如图 3-4 所示，草图绘图功能区包括创建、约束、阵列和修改等面板，使用功能区比起使用工具栏效率会有所提高。

图 3-4 二维草图功能区

注意 单击"工具"选项卡"选项"面板上的"应用程序选项"按钮，打开"应用程序选项"对话框中的"零件"选项卡，设置"新建零件时创建草图"选项组，例如选择"在 X-Y平面创建草图"单选按钮，如图 3-5 所示，进入建模环境后自动进入草图环境，所有的实体建模默认都是在 XY 平面上创建草图。

图 3-5 "应用程序选项"对话框

3.1.2 编辑退化的草图以进入草图环境

如果要在一个现有的零件图中进入草图环境，首先应该找到属于某个特征曾经存在的草图（也叫退化的草图），选择该草图后单击鼠标右键，在弹出的快捷菜单中选择"编辑草图"命令即可重新进入草图环境，如图 3-6 所示。当编辑某个特征的草图时，该特征会消失。

如果想从草图环境返回到零件（模型）环境下，只要在草图绘图区内单击鼠标右键，从弹出的快捷菜单中选择"完成二维草图"命令或者单击"草图"选项卡上的"完成草图"按钮，即可退出草图环境。被编辑的特征也会重新显示，并且根据重新编辑的草图自动更新。

图 3-6 "编辑草图"命令

3.2 定制草图工作区环境

本节主要介绍草图环境设置选项，读者可以根据自己的习惯定制自己需要的草图工作环境。

草图工作环境的定制主要依靠"工具"选项卡"选项"面板中的"应用程序选项"来实现，打开"应用程序选项"对话框以后，选择"草图"选项卡，如图 3-7 所示。

图 3-7 "草图"选项卡

对该选项卡的说明如下。

- 约束设置：单击"约束设置"中的"设置"按钮，打开"约束设置"对话框，可对约束条件进行设置。
- 样条曲线拟合方式：设定点之间的样条曲线过渡，确定样条曲线识别的初始类型。
  - ➤ 标准：设定该拟合方式可创建点之间平滑连续的样条曲线，适用于 A 类曲面。
  - ➤ AutoCAD：使用 AutoCAD 拟合方式来创建样条曲线，不适用于 A 类曲面。
  - ➤ 最小能量-默认张力：创建平滑连续且曲率分布良好的样条曲线，适用于 A 类曲面。选取最长的进行计算，并创建最大的文件。
- 显示：设置绘制草图时显示的坐标系和网格的元素。
  - ➤ 网格线：设置草图中网格线的显示。
  - ➤ 辅网格线：设置草图中次要的或辅网格线的显示。
  - ➤ 轴：设置草图平面轴的显示。
  - ➤ 坐标系指示器：设置草图平面坐标系的显示。
- 捕捉到网格：可通过设置"捕捉到网格"来设置草图任务中的捕捉状态，选中复选框以打开网格捕捉。
- 在创建曲线过程中自动投影边：启用选择功能，并通过"擦洗"线将现有几何图元投影到当前的草图平面上，此直线作为参考几何图元投影。选中复选框以使用自动投影，清除复选框则抑制自动投影。
- 创建和编辑草图时，将观察方向固定为草图平面：勾选此复选框，指定重新定位图形窗口，以使草图平面与新建草图的视图平行。若取消此复选框的勾选，则在选定的草图平面上创建一个草图，而不考虑视图的方向。

● 新建草图后，自动投影零件原点：若勾选此复选框，则指定新建草图上投影的零件原点配置。若取消此复选框的勾选，则手动投影原点。

● 点对齐：勾选此复选框，将创建几何图元的端点和现有几何图元的端点对齐。

● 默认情况下插入图像过程中启用"链接"选项：在"插入图像"对话框中将默认设置设为启用或禁用"链接"复选框。"链接"选项允许将图像进行的更改更新到 Inventor 中。

● 新建三维直线时自动折弯：该选项用于设置在绘制三维直线时，是否自动折弯。

3.3　草图绘制工具

本节主要讲述如何正确、快速地利用 Inventor 提供的草图工具绘制基本的几何元素，并且添加尺寸约束和几何约束等。工欲善其事，必先利其器，熟练掌握草图基本工具的使用方法和技巧，是绘制草图前的必修课程。

3.3.1　绘制点

步骤 01　单击"草图"选项卡"创建"面板上的"点"按钮╬，然后在绘图区域内的任意处单击左键出现一个点。

步骤 02　如果要继续绘制点，可在要创建点的位置再次单击鼠标左键，若要结束绘制可单击鼠标右键，在弹出的如图 3-8 所示的快捷菜单中选择"确定"选项，效果如图 3-9 所示。

图 3-8　快捷菜单　　　　　图 3-9　绘制点

3.3.2　直线

直线分为三种类型：水平直线、竖直直线和任意直线。在绘制过程中，不同类型的直线其显示方式也不同。

● 水平直线：在绘制直线的过程中，光标附近会出现水平直线的图标符号▦，如图 3-10（a）所示。

- 竖直直线：在绘制直线的过程中，光标附近会出现竖直直线的图标符号 ⫶，如图 3-10（b）所示。
- 任意直线：绘制直线如图 3-10（c）所示。

（a）水平直线　　　　　　　（b）竖直直线　　　　　　　（c）任意直线

图 3-10　绘制直线

绘制直线的步骤如下：

步骤 01　单击"草图"选项卡"创建"面板上的"直线"按钮／，开始绘制直线。

步骤 02　在绘图区域内的某一位置单击鼠标左键，然后到另外一个位置单击鼠标左键，在两次单击的点之间会出现一条直线，单击鼠标右键，在弹出的快捷菜单中选择"确定"选项或按下 Esc 键，直线绘制完成。

步骤 03　也可选择"重新启动"选项以接着绘制另外的直线，否则继续绘制，将绘制出首尾相连的折线，如图 3-11 所示。

直线命令还可创建与几何图元相切或垂直的圆弧，如图 3-12 所示，首先移动鼠标到直线的一个端点，然后按住左键，在要创建圆弧的方向上拖动鼠标，即可创建圆弧。

图 3-11　绘制首位相连的折线　　　　　　图 3-12　利用直线工具创建圆弧

3.3.3　样条曲线

1. 样条曲线（插值）

通过选定的点来创建样条曲线，操作步骤如下。

步骤 01　单击"草图"选项卡"创建"面板上的"样条曲线（插值）"按钮⌒，开始绘制样条曲线。

步骤 02　在绘图区域单击鼠标左键，确定样条曲线的起点。

步骤 **03**　移动鼠标，在图中合适的位置单击鼠标左键，确定样条曲线上的第二点，如图 3-13（a）所示。

步骤 **04**　重复移动鼠标，确定样条曲线上的其他点，如图 3-13（b）所示。

步骤 **05**　按 Enter 键，完成样条曲线的绘制，如图 3-13（c）所示。

（a）确定第二点　　　　　（b）确定其他点　　　　　（c）完成样条曲线

图 3-13　绘制样条曲线

当要改变样条曲线的形状时，选择关键点的控制线，如图 3-14 所示，拖动控制线调节样条曲线的形状，如图 3-15 所示。单击鼠标左键，完成样条曲线的更改。

图 3-14　选择控制线　　　　　　　　图 3-15　控制样条曲线的形状

2．样条曲线（控制顶点）

通过指定的控制顶点来创建样条曲线。

步骤 **01**　单击"草图"选项卡"创建"面板上的"样条曲线（控制顶点）"按钮 ，开始绘制样条曲线。

步骤 **02**　在绘图区域单击鼠标左键，确定样条曲线的起点。

步骤 **03**　移动鼠标，在图中合适的位置单击鼠标左键，确定样条曲线上的第二点，如图 3-16（a）所示。

步骤 **04**　重复移动鼠标，确定样条曲线上的其他点，如图 3-16（b）所示。

步骤 **05**　按 Enter 键，完成样条曲线的绘制，如图 3-16（c）所示。

（a）确定第二点　　　　（b）确定其他点　　　　　（c）完成样条曲线

图 3-16　绘制样条曲线

当要改变样条曲线的形状时，选择并拖动控制点，如图 3-17 所示，调节样条曲线的形状，如图 3-18 所示。单击鼠标左键，完成样条曲线的更改。

图 3-17　拖动控制点　　　　　　　　　　图 3-18　更改样条曲线的形状

3.3.4　圆

圆也可以通过两种方式来绘制：一种是圆心圆，另一种是相切圆。

1．圆心圆

步骤 01　单击"草图"选项卡"创建"面板上的"圆心圆"按钮，开始绘制圆。

步骤 02　在绘图区域单击鼠标左键确定圆的圆心，如图 3-19（a）所示。

步骤 03　移动鼠标拖出一个圆，然后单击鼠标左键或直接输入直径值，确定圆的直径，如图 3-19（b）所示。

步骤 04　单击鼠标左键，完成圆的绘制，如图 3-19（c）所示。

（a）确定圆心　　　　　（b）确定圆的直径　　　　（c）完成圆绘制

图 3-19　绘制圆心圆

2．相切圆

步骤 01　单击"草图"选项卡"创建"面板上的"相切圆"按钮，开始绘制圆。

步骤 02　在绘图区域选择一条直线确定第一条相切线，如图 3-20（a）所示。

步骤 03　在绘图区域选择一条直线确定第二条相切线，如图 3-20（b）所示。

步骤 04　在绘图区域选择一条直线确定第三条相切线，如图 3-20（c）所示。

步骤 05　单击鼠标左键，完成圆的绘制，如图 3-20（d）所示。

<table>
<tr><td>（a）确定第一条切线</td><td>（b）确定第二条切线</td><td>（c）确定第三条切线</td><td>（d）完成圆的绘制</td></tr>
</table>

图 3-20　绘制相切圆

3.3.5　椭圆

可根据中心点、长轴与短轴创建椭圆，操作步骤如下。

步骤01 单击"草图"选项卡"创建"面板上的"椭圆"按钮，绘制椭圆。

步骤02 在绘图区域的合适位置单击鼠标左键，确定椭圆的中心。

步骤03 移动鼠标，在鼠标附近会显示椭圆的长半轴。在图中合适的位置单击鼠标左键，确定椭圆的长半轴，如图 3-21（a）所示。

步骤04 移动鼠标，在图中合适的位置单击鼠标左键，确定椭圆的短半轴，如图 3-21（b）所示。

步骤05 单击鼠标左键，完成椭圆的绘制，效果如图 3-21（c）所示。

（a）确定长半轴　　　　　（b）确定短半轴　　　　　（c）完成椭圆绘制

图 3-21　绘制椭圆

3.3.6　圆弧

圆弧可以通过三种方式来绘制：第一种是通过三点绘制圆弧；第二种是通过圆心半径来确定圆弧；第三种是绘制基于周边的圆弧。

1．三点圆弧

步骤01 单击"草图"选项卡"创建"面板上的"三点圆弧"按钮，绘制三点圆弧。

步骤02 在绘图区域的合适位置单击鼠标左键，确定圆弧的起点。

步骤03 移动光标在绘图区域的合适位置单击鼠标左键，确定圆弧的终点，如图 3-22（a）所示。

步骤04 移动光标在绘图区域的合适位置单击鼠标左键，确定圆弧的方向，如图 3-22（b）所示。

步骤05 单击鼠标左键，完成圆弧的绘制，如图 3-22（c）所示。

（a）确定终点 　　　（b）确定圆弧方向 　　　（c）完成圆弧绘制

图 3-22　绘制三点圆弧

2．相切圆弧

步骤 01 单击"草图"选项卡"创建"面板上的"相切圆弧"按钮 ，绘制圆弧。

步骤 02 在绘图区域中选取曲线，自动捕捉曲线的起点，如图 3-23（a）所示。

步骤 03 移动光标在绘图区域的合适位置单击鼠标左键，确定圆弧的终点，如图 3-23（b）所示。

步骤 04 单击鼠标左键，完成圆弧的绘制，如图 3-23（c）所示。

（a）确定起点 　　　（b）确定终点 　　　（c）完成圆弧绘制

图 3-23　绘制相切圆弧

3．圆心圆弧

步骤 01 单击"草图"选项卡"创建"面板上的"圆心圆弧"按钮 ，绘制圆弧。

步骤 02 在绘图区域的合适位置单击鼠标左键，确定圆弧的中心。

步骤 03 移动光标在绘图区域的合适位置单击鼠标左键，确定圆弧的起点，如图 3-24（a）所示。

步骤 04 移动光标在绘图区域的合适位置单击鼠标左键，确定圆弧的终点，如图 3-24（b）所示。

步骤 05 单击鼠标左键，完成圆弧的绘制，如图 3-24（c）所示。

（a）确定起点　　　　　　（b）确定终点　　　　（c）完成圆弧绘制

图 3-24　绘制中心圆弧

3.3.7　矩形

矩形可以通过 4 种方式来绘制：一是通过两点绘制矩形；二是通过三点绘制矩形；三是通过两点中心绘制矩形；四是通过三点中心绘制矩形。

1．两点矩形

步骤 01　单击"草图"选项卡"创建"面板上的"两点矩形"按钮 ▭，绘制矩形。

步骤 02　在绘图区域单击鼠标左键，确定矩形的一个角点 1，如图 3-25（a）所示。

步骤 03　移动鼠标，单击鼠标左键确定矩形的另一个角点 2，或直接输入矩形的长度和宽度。完成矩形的绘制，如图 3-25（b）所示。

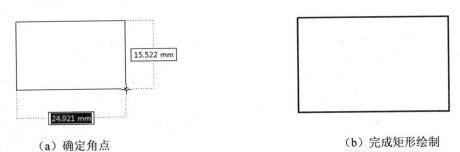

（a）确定角点　　　　　　　　　　　　（b）完成矩形绘制

图 3-25　绘制两点矩形

2．三点矩形

步骤 01　单击"草图"选项卡"创建"面板上的"三点矩形"按钮 ◇，绘制矩形。

步骤 02　在绘图区域单击鼠标左键，确定矩形的一个角点 1，如图 3-26（a）所示。

步骤 03　移动鼠标，单击鼠标左键确定矩形的另一个角点 2，如图 3-26（b）所示。

步骤 04　移动鼠标，单击鼠标左键确定矩形的另一个角点 3，也可以直接输入长度或宽度。完成矩形的绘制，如图 3-26（c）所示。

（a）确定角点 1　　　　　　　（b）确定角点 2　　　　　　　（c）完成矩形绘制

图 3-26　绘制三点矩形

3．两点中心矩形

步骤01　单击"草图"选项卡"创建"面板上的"两点中心矩形"按钮，绘制矩形。

步骤02　在图形窗口中单击第一点，以确定矩形的中心，如图 3-27（a）所示。

步骤03　移动鼠标，单击鼠标左键以确定矩形的对角点。完成矩形绘制，如图 3-27（b）所示。

（a）确定中心点　　　　　　　　　　　　（b）完成矩形

图 3-27　绘制两点中心矩形

4．三点中心矩形

步骤01　单击"草图"选项卡"创建"面板上的"三点中心矩形"按钮，绘制矩形。

步骤02　在图形窗口中单击第一点，以确定矩形的中心，如图 3-28（a）所示。

步骤03　单击第二点，以确定矩形的长度，如图 3-28（b）所示。

步骤04　拖动鼠标，以确定矩形相邻边的长度。完成矩形绘制，如图 3-28（c）所示。

（a）确定中心点　　　　　　　（b）确定长度　　　　　　　（c）完成矩形

图 3-28　绘制三点中心矩形

3.3.8　槽

槽包括 5 种方式，即"中心到中心槽""整体槽""中心点槽""三点圆弧槽"和"圆心圆弧槽"。

1．中心到中心槽

步骤 01　单击"草图"选项卡"创建"面板上的"中心到中心槽"按钮，绘制槽。

步骤 02　在图形窗口中单击任意一点，以确定槽的第一个中心点，如图 3-29（a）所示。

步骤 03　单击第二点，以确认槽的第二个中心点，如图 3-29（b）所示。

步骤 04　拖动鼠标单击确定槽的宽度，完成槽的绘制，如图 3-29（c）所示。

（a）确定第一中心点　　　　（b）确定第二中心点　　　　（c）完成槽

图 3-29　绘制中心到中心槽

2．整体槽

步骤 01　单击"草图"选项卡"创建"面板上的"整体槽"按钮，绘制槽。

步骤 02　在图形窗口中单击任意一点，以确定槽的第一个中心点，如图 3-30（a）所示。

步骤 03　拖动鼠标，以确认槽的长度，如图 3-30（b）所示。

步骤 04　拖动鼠标，以确定槽的宽度，完成槽的绘制，如图 3-30（c）所示。

（a）确定第一个中心点　　　　（b）确定长度　　　　（c）完成槽

图 3-30　绘制整体槽

3．中心点槽

步骤 01　单击"草图"选项卡"创建"面板上的"中心点槽"按钮，绘制槽。

步骤 02　在图形窗口中单击任意一点，以确定槽的中心点，如图 3-31（a）所示。

步骤 03　单击第二点，以确认槽圆弧的圆心，如图 3-31（b）所示。

步骤 04　拖动鼠标，以确定槽的宽度。完成槽绘制，如图 3-31（c）所示。

（a）确定中心点　　　　（b）确定圆心　　　　（c）完成槽

图 3-31　绘制中心点槽

4. 三点圆弧槽

步骤01 单击"草图"选项卡"创建"面板上的"三点圆弧槽"按钮 ⌒，绘制槽。

步骤02 在图形窗口中单击任意一点，以确定圆弧槽的起点，如图3-32（a）所示。

步骤03 单击任意一点，以确定槽的终点。

步骤04 单击任意一点，以确定圆弧槽的大小，如图3-32（b）所示。

步骤05 拖动鼠标，以确定槽的宽度，如图3-32（c）所示，完成槽的绘制如图3-32（d）所示。

（a）确定起点　　　　　　　　　　　（b）确定圆弧大小

（c）确定宽度　　　　　　　　　　　（d）完成槽

图 3-32　绘制三点圆弧槽

5. 圆心圆弧槽

步骤01 单击"草图"选项卡"创建"面板上的"圆心圆弧槽"按钮 ⌒，绘制槽。

步骤02 在图形窗口中单击任意一点，以确定槽的圆弧圆心，如图3-33（a）所示。

步骤03 单击任意一点，以确定圆弧槽的起点，拖动鼠标到适当位置，单击确定圆弧的终点，如图3-33（b）所示。

步骤04 拖动鼠标，以确定槽的宽度，如图3-33（c）所示。完成槽的绘制，如图3-33（d）所示。

（a）确定圆弧圆心　　　　　　　　　（b）确定圆弧大小

（c）确定宽度　　　　　　　　　　　（d）完成槽

图 3-33　绘制圆心圆弧槽

3.3.9　多边形

可以通过多边形命令创建最多包含 120 多条边的多边形。创建多边形的操作如下。

步骤 01 单击"草图"选项卡"创建"面板上的"多边形"按钮，弹出如图 3-34 所示的"多边形"对话框。

步骤 02 在"多边形"对话框中，输入多边形的边数。也可以使用默认的边数，在绘制以后再修改多边形的边数。

步骤 03 在绘图区域单击鼠标左键，确定多边形的中心。

步骤 04 在"多边形"对话框中选择是内接圆模式还是外切圆模式。

步骤 05 移动鼠标，在合适的位置单击鼠标左键，完成多边形的绘制，如图 3-35 所示。

图 3-34　"多边形"对话框　　　　图 3-35　创建多边形

3.3.10　投影几何图元

步骤 01 在浏览器中，选择要添加草图的工作平面，单击鼠标右键，在弹出的如图 3-36 所示的快捷菜单中选取"新建草图"命令，进入草图绘制环境。

图 3-36　快捷菜单

步骤 02 单击"草图"选项卡"创建"面板上的"投影几何图元"按钮，执行"投影几何图元"命令。

步骤 03 在视图中选择要投影的面或者轮廓线，如图 3-37（a）所示为投影几何前的图形。

步骤 04 退出草图绘制状态，如图 3-37（b）所示为投影几何后的图形。

（a）投影几何前的图形　　　　　　　（b）投影几何后的图形

图 3-37　投影几何图元的过程

3.3.11　创建文本

向工程图中的激活草图或工程图资源（例如标题栏格式、自定义图框或缩略图符号）中添加文本框，所添加的文本既可作为说明性的文字，又可作为创建特征的草图基础。

步骤01 单击"草图"选项卡"创建"面板上的"文本"按钮 **A**，创建文字。

步骤02 在草图绘图区域内要添加文本的位置单击鼠标左键，弹出"文本格式"对话框，如图 3-38 所示。

图 3-38　"文本格式"对话框

步骤03 用户可在该对话框中指定文本的对齐方式，指定行间距和拉伸的百分比，还可指定字体、字号等。

步骤04 在文本框中输入文本，如图 3-39 所示。

图 3-39　输入文本并设置参数

步骤 05 单击"确定"按钮完成文本的创建，结果如图 3-40 所示。

Inventor 2017

图 3-40　创建文本

如果要编辑已经生成的文本，可在文本上单击鼠标右键，在如图 3-41 所示的快捷菜单中选择"编辑文本"选项，打开"文本格式"对话框，用户可自行修改文本的属性。

图 3-41　快捷菜单

3.4 标注尺寸

给草图添加尺寸标注是草图设计过程中非常重要的一步，草图几何图元需要尺寸信息，以便保持大小和位置，从而满足设计意图。一般情况下，Inventor 中的所有尺寸都是参数化的。这意味着用户可通过修改尺寸来更改已进行标注的项目大小，也可将尺寸指定为计算尺寸，它反映了项目的大小，却不能用来修改项目的大小。向草图几何图元添加参数尺寸的过程也是用来控制草图中对象的大小和位置的约束过程。在 Inventor 中，如果要对尺寸值进行更改，那么草图以及基于该草图的特征都会自动更新，正所谓"牵一发而动全身"。

3.4.1 线性尺寸标注

线性尺寸标注用来标注线段的长度，或标注两个图元之间的线性距离，如点和直线的距离。

步骤 01 单击"草图"选项卡"约束"面板上的"尺寸"按钮 ，然后选择图元即可；若要标注一条线段的长度，单击该线段即可；若要标注平行线之间的距离，分别单击两条线即可；若要标注点到点、点到线的距离，单击两个点或点与线即可。

步骤 02 移动鼠标预览标注尺寸的方向，最后单击鼠标左键以完成标注，图 3-42 显示了线性尺寸标注的几种样式。

图 3-42 线性尺寸标注样式

3.4.2 圆弧尺寸标注

步骤 01 单击"草图"选项卡"约束"面板上的"尺寸"按钮 ，然后选择要标注的圆或圆弧，出现标注尺寸的预览。

步骤 02 单击鼠标右键，在打开的快捷菜单中选择"直径"选项，如图 3-43 所示，即可标注直径。如果在打开的快捷菜单中选择"半径"选项，则可标注半径，如图 3-44 所示，读者可根据自己的需要灵活地在二者之间进行切换。

图 3-43 快捷菜单

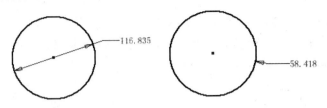

图 3-44　圆弧尺寸标注

步骤 03　单击鼠标左键完成标注。

3.4.3　角度标注

角度标注可标注相交线段形成的夹角，也可标注不共线的三个点之间的角度，还可对圆弧形成的角进行标注，标注的时候只要选择好形成角的元素即可。

步骤 01　单击"草图"选项卡"约束"面板上的"尺寸"按钮，然后选择图元即可。

步骤 02　如果要标注相交直线的夹角，只要依次选择这两条直线即可。

步骤 03　若要标注不共线的三个点之间的角度，依次选择这三个点即可。

步骤 04　若要标注圆弧的角度，只要依次选取圆弧的一个端点、圆心和圆弧的另外一个端点即可。

如图 3-45 所示是角度标注范例的示意图。

图 3-45　角度标注范例

3.4.4　自动标注尺寸

在 Inventor 中，可利用自动标注尺寸工具自动、快速地给图形添加尺寸标注，该工具可计算所有的草图尺寸，然后自动添加。如果单独选择草图的几何图元（例如直线、圆弧、圆和顶点），系统将自动应用尺寸标注和约束。如果不单独选择草图的几何图元，系统将自动对所有未标注尺寸的草图对象进行标注。"自动标注尺寸"工具使用户可通过一个步骤迅速、快捷地完成草图的尺寸标注。

通过自动标注尺寸，用户可完全标注和约束整个草图；可识别特定曲线或整个草图，以便进行约束；可仅创建尺寸标注或约束，也可同时创建两者；可使用"尺寸"工具来提供关键的尺寸，然后使用"自动尺寸和约束"来完成对草图的约束；在复杂的草图中，如果不能确定缺少哪些尺寸，可使用"自动尺寸和约束"工具来完全约束该草图，用户也可删除自动尺寸标注和约束，示意操作步骤如下。

步骤 01 需要标注尺寸的草图图形如图 3-46 所示，单击"草图"选项卡"约束"面板上的"自动尺寸和约束"按钮，打开如图 3-47 所示的"自动标注尺寸"对话框。

图 3-46 要标注尺寸的草图图形　　　　图 3-47 "自动标注尺寸"对话框

步骤 02 选择要标注尺寸的曲线，如果不选取曲线，则对整个图形标注尺寸。

步骤 03 如果"尺寸"和"约束"复选框都选中，那么对所选的几何图元应用自动尺寸和约束。 10 所需尺寸 显示要完全约束草图所需的约束和尺寸的数量。如果从方案中排除了约束或尺寸，则在显示的总数中也会减去相应的数量。

步骤 04 单击"应用"按钮，即可完成几何图元的自动标注。

步骤 05 单击"删除"按钮，则从所选的几何图元中删除尺寸和约束。标注完毕的草图如图 3-48 所示。

图 3-48 标注完毕的草图

3.4.5 编辑草图尺寸

用户可在任意时候编辑草图尺寸，不管草图是否已经退化：如果草图未退化，则它的尺寸可见，可直接编辑；如果草图已经退化，用户可在浏览器中选择该草图并激活草图进行编辑。

步骤 01 在草图上单击鼠标右键，在弹出的快捷菜单中选择"编辑草图"选项，如图 3-49 所示。

图 3-49　快捷菜单

步骤 02 进入草图绘制环境，双击要修改的尺寸数值，如图 3-50（a）所示。

步骤 03 打开"编辑尺寸"对话框，直接在数据框里输入新的尺寸数据，如图 3-50（b）所示。

步骤 04 在对话框中单击 ✔ 按钮接受新的尺寸，如图 3-50（c）所示。

（a）选取尺寸并双击　　　　（b）输入新的尺寸值　　　　（c）修改后的图形

图 3-50　编辑尺寸

3.5　草图几何约束

在草图的几何图元绘制完毕，往往需要对草图进行约束，如约束两条直线平行或垂直、约束两个圆同心等。

约束的目的就是保持图元之间的某种固定关系，这种关系不受被约束对象的尺寸或位置因素的影响，如在设计开始时绘制一条直线和一个圆始终相切，但是如果圆的尺寸或位置在设计过程中发生改变，这种相切关系不会自动维持，但是如果给直线和圆添加了相切约束的话，无论圆的尺寸和位置怎么改变，这种相切关系都会始终维持下去。

3.5.1　添加等长约束

步骤 01 单击"草图"选项卡"约束"面板上的"等长约束"按钮 =。

步骤 02 选中一个圆、圆弧或直线，如图 3-51（a）所示。

步骤 03 再选中一条同类型的曲线使两条曲线等长。如果第一次选中的曲线是圆弧或圆，则第二次只能选中圆弧和圆，如图 3-51（b）所示。

步骤 04 使被选中的几何图元具有相同的尺寸（使直线具有相同的长度，使圆、圆弧具有相同的半径），如图 3-51（c）所示。

（a）选中一个圆弧或圆　　　（b）选中另一圆弧或圆　　　（c）完成等长约束

图 3-51　添加等长约束

3.5.2　添加水平约束

步骤 01　单击"草图"选项卡"约束"面板上的"水平约束"按钮 ╤ 。

步骤 02　选中一个点，可以是一条直线的端点或圆的中心点等，如图 3-52（a）所示。

步骤 03　选中另一个圆的中心点或者直线的中点，如图 3-52（b）所示。完成水平约束，如图
　　　　3-52（c）所示。

（a）选中一点　　　　　　　（b）选中另一点　　　　　　（c）完成水平约束

图 3-52　添加水平约束

3.5.3　添加对称约束

步骤 01　单击"草图"选项卡"约束"面板中的"对称约束"按钮 ⊄ 。

步骤 02　选中要添加对称约束的第一个草图对象，如图 3-53（a）所示。

步骤 03　选中要添加对称约束的第二个草图对象，如图 3-53（b）所示。

步骤 04　选中要作为对称轴的草图图元，如图 3-53（c）所示。完成对称约束，如图 3-53（d）所示。

（a）选择第一条边　　　　　　　　　　　　（b）选择第二条边

（c）选择对称轴　　　　　　　　　　　　　（d）完成对称约束

图 3-53　添加对称约束

3.5.4 添加其他几何约束

1. 重合约束 ∟

重合约束 ∟ 可将两点约束在一起或将一个点约束到曲线上，当此约束被应用到两个圆、圆弧或椭圆的中心点时，得到的结果与使用同心约束相同。使用时分别用鼠标选取两个或多个要施加约束的几何图元即可创建重合约束，这里的几何图元要求是两个点或一个点和一条线。

创建重合约束时需要注意：

- 约束在曲线上的点可能会位于该线段的延伸线上。
- 重合在曲线上的点可沿线滑动，因此这个点可位于曲线的任意位置，除非其他约束或尺寸阻止它移动。
- 当使用重合约束来约束中点时，将创建草图点。
- 如果两个要进行重合限制的几何图元都没有其他位置，则添加约束后二者的位置由第一条曲线的位置决定。

2. 共线约束 ⫩

共线约束 ⫩ 使两条直线或椭圆轴位于同一条直线上。使用该约束工具时分别用鼠标选取两个或多个要施加约束的几何图元即可创建共线约束。如果两个几何图元都没有添加其他位置的约束，则由所选的第一个图元的位置来决定另一个图元的位置。

3. 同心约束 ◎

同心约束 ◎ 可将两段圆弧、两个圆或椭圆约束为具有相同的中心点，其结果与在曲线的中心点上应用重合约束是完全相同的。使用该约束工具时，分别用鼠标选取两个或多个要施加约束的几何图元即可创建同心约束。需要注意的是，添加约束后的几何图元的位置由所选的第一条曲线来设置中心点，未添加其他约束的曲线被重置为与已约束曲线同心，其结果与应用到中心点的重合约束是相同的。

4. 固定约束 🔒

固定约束 🔒 可将点和曲线固定到相对于草图坐标系的位置。如果移动或转动草图坐标系，固定曲线或点将随之运动。固定约束将点相对于草图坐标系固定。

5. 平行约束 ⫽

平行约束 ⫽ 将两条或多条直线（或椭圆轴）约束为互相平行。使用时分别用鼠标选取两个或多个要施加约束的几何图元，即可创建平行约束。

6. 垂直约束 ⟂

垂直约束 ⟂ 可使所选的直线、曲线或椭圆轴相互垂直。使用时分别用鼠标选取两个要施加约束的几何图元，即可创建垂直约束。需要注意的是，要对样条曲线添加垂直约束，约束必须应用于样条曲线和其他曲线的端点处。

7. 竖直约束 ▯

竖直约束 ▯使直线、椭圆轴或成对的点平行于草图坐标系的 "Y" 轴，添加了该几何约束后，几何图元的两点（如线的端点、中心点、中点等）被约束到与 "Y" 轴相等的距离。使用该约束工具时，分别用鼠标选取两个或多个要施加约束的几何图元即可创建竖直约束，这里的几何图元是直线、椭圆轴或成对的点。

8. 相切约束 ○

相切约束 ○可将两条曲线约束为彼此相切，即使它们并不实际共享一个点（在二维草图中）。相切约束通常用于将圆弧约束到直线，也可使用相切约束指定如何结束与其他几何图元相切的样条曲线。在三维草图中，相切约束可应用到三维草图中的其他几何图元共享端点的三维样条曲线中，包括模型边。使用时分别用鼠标选取两个或多个要施加约束的几何图元即可创建相切约束，这里的几何图元是直线和圆弧、直线和样条曲线、圆弧和样条曲线等。

9. 平滑约束 ▵

平滑约束 ▵用于在样条曲线和其他曲线（例如线、圆弧或样条曲线）之间使其曲率连续。

3.5.5 显示和删除几何约束

1. 显示所有几何约束

在给草图添加几何约束以后，默认情况下这些约束是不显示的，但是用户可自行设定是否显示约束。如果要显示全部约束的话，可在草图的绘图区域内单击鼠标右键，在如图 3-54 所示的快捷菜单中选择 "显示所有约束" 选项；相反，如果要隐藏全部的约束，可在快捷菜单中选择 "隐藏所有约束" 选项。

2. 显示单个几何约束

单击 "草图" 选项卡 "约束" 面板上的 "显示约束" 按钮 ▤，在草图的绘图区域选择单个几何图元，则该几何图元的约束会显示，如图 3-55 所示。当鼠标位于某个约束符号的上方时，与该约束有关的几何图元会变为红色，以方便用户观察和选择。另外，还可用鼠标移动约束显示窗口，用户可把它拖放到任何位置。

图 3-54　快捷菜单

图 3-55　显示对象的几何约束

3．删除某个几何约束

在约束符号上单击鼠标右键，在弹出的快捷菜单中选择"删除"选项来删除约束。如果多条曲线共享一个点，则每条曲线上都显示一个重合约束。如果在其中一条曲线上删除该约束，此曲线将可被移动。其他曲线仍保持约束状态，除非删除所有重合约束。

3.5.6　约束设置

单击"草图"选项卡"约束"面板上的"约束设置"按钮，打开如图 3-56 所示的"约束设置"对话框。

图 3-56　"约束设置"对话框

1．"常规"选项卡（如图 3-56 所示）

（1）约束
- 创建时显示约束：在创建几何图元或约束时将会显示约束。
- 显示选定对象的约束：在图形窗口中选择几何图元的约束高亮显示。
- 在草图中显示重合约束：设置创建约束时自动显示重合约束符。

（2）尺寸
- 在创建后编辑尺寸：创建尺寸时，设置是否要打开尺寸编辑框。选中复选框以显示编辑框；取消勾选复选框则在放置尺寸时不显示编辑框。
- 根据输入值创建尺寸：勾选此复选框，将根据输入框中输入的值自动创建永久尺寸。取消此复选框，则不会在草图几何图元上放置永久尺寸。
- 应用联动尺寸：应用括在括号中的非参数化尺寸。当改变草图时，尺寸也随之更新，但是不会改变草图大小。
- 警告用户将应用过约束条件：当添加尺寸会使草图过约束时，显示警告消息。

2. "推断"选项卡（如图 3-57 所示）

图 3-57　"推断"选项卡

- 推断约束：勾选此选项，完成草图后不会自动创建约束。
- 保留约束：完成草图后自动创建约束，在光标旁边会显示约束图标。
- 平行和垂直：在考虑草图图元与草图网格坐标之间的关系之前，优先定义草图图元之间的约束关系。
- 水平和竖直：在考虑草图图元之间的关系之前，优先定义草图图元与草图坐标之间的方向约束。
- 全选：单击此按钮，勾选所有的约束复选框。
- 全部清除：单击此按钮，将取消勾选所有复选标记，不推断任何约束。

3. "放宽模式"选项卡（如图 3-58 所示）

图 3-58　"放宽模式"选项卡

- 启用放宽模式：勾选此复选框，将打开放宽模式，也可以单击状态栏上的"放宽模型" ，或按 F11 键打开或关闭放宽模式。
- 执行放宽拖动时要删除的约束：列出要显示或隐藏的约束符。
- 保留带有表达式的尺寸标注：勾选此复选框，可以防止在拖动由表达式控制的线时更改尺寸。

3.6 草图编辑工具

本节主要介绍草图几何特征的编辑工具，包括倒角、圆角、偏移、延伸、修剪、移动、复制、旋转、镜像以及阵列等。

3.6.1 倒角

步骤 **01** 单击"草图"选项卡"创建"面板上的"倒角"按钮 ⬜，弹出如图 3-59 所示的"二维倒角"对话框。

图 3-59 "二维倒角"对话框

步骤 **02** 根据需要设置"二维倒角"对话框中的各选项，可选择一个点或者选择两个几何图元来创建倒角。

步骤 **03** 如果需要，可以改变"二维倒角"对话框中的各选项，或者继续选择其他点或几何图元以便创建其他倒角。

步骤 **04** 单击"二维倒角"对话框中的"确定"按钮，完成倒角的绘制，如图 3-60 所示。

（a）等边倒角　　　　（b）不等边倒角　　　　（c）距离和角度倒角

图 3-60 倒角

对"二维倒角"对话框中的选项说明如下。

- � ⬛：放置对齐尺寸来指示倒角的大小。
- ◆ "等长" ⬛：倒角的距离和角度设置与当前命令中创建的第一个倒角的参数相等。
- ◆ "等边" ⬛：即通过与点或选中直线的交点相同的偏移距离来定义倒角。
- ◆ "不等边" ⬛：即通过每条选中的直线指定到点或交点的距离来定义倒角。
- ◆ "距离和角度" ⬛：即由所选的第一条直线的角度和从第二条直线的交点开始的偏移距离来定义倒角。

3.6.2 圆角

步骤 01 单击"草图"选项卡"创建"面板上的"圆角"按钮，弹出如图 3-61 所示的"二维圆角"对话框。

图 3-61 "二维圆角"对话框

步骤 02 在"二维圆角"对话框中，输入圆角半径为 8mm，单击"等长"按钮，将创建多个等半径的圆角。

步骤 03 在图形窗口中选择要创建成为圆角的几何图元的拐角（顶点）或分别选择每条线段。

步骤 04 继续选择要创建圆角的几何图元，如图 3-62（a）所示。注意，设置"等长"选项的数值只能等于创建第一圆角半径的值。

步骤 05 关闭"二维圆角"对话框，完成圆角的绘制，如图 3-62（b）所示。

（a）选择图元 （b）绘制圆角

图 3-62 圆角绘制过程

3.6.3 偏移

偏移是指复制所选草图的几何图元，并将其放置在与原图元偏移一定距离的位置。在默认情况下，偏移的几何图元与原几何图元有等距约束。

步骤 01 单击"草图"选项卡"修改"面板上的"偏移"按钮，创建偏移图元。

步骤 02 在视图中选择要复制的草图几何图元，如图 3-63（a）所示。

步骤 03 在要放置偏移图元的方向上移动光标，此时可预览偏移生成的图元，如图 3-63（b）所示。

步骤 04 单击鼠标左键以创建新的几何图元，如图 3-63（c）所示。

（a）选择要偏移的图元　　　　（b）偏移图元　　　　（c）完成偏移

图 3-63　偏移过程

步骤 05　如果需要，可使用尺寸标注工具设置指定的偏移距离。

步骤 06　在移动鼠标以预览偏移图元的过程中，如果单击鼠标右键，可打开如图 3-64 所示的快捷菜单，在默认情况下，"回路选择"和"约束偏移量"两个选项是选中的，也就是说软件会自动选择回路（端点连在一起的曲线），并将偏移曲线约束为与原曲线距离相等。

图 3-64　偏移过程中的快捷菜单

步骤 07　如果要偏移一个或多个独立曲线，或要忽略等长约束，取消对"回路选择"和"约束偏移量"选项的勾选即可。

3.6.4　延伸

延伸命令用来清理草图或闭合处于开放状态的草图。

步骤 01　单击"草图"选项卡"修改"面板上的"延伸"按钮 ⇥，将曲线延伸到图元上，如图 3-65（a）所示。

步骤 02　将鼠标指针移动到要延伸的曲线上，此时，该功能将所选曲线延伸到最近的相交曲线上，用户可预览到延伸的曲线，如图 3-65（b）所示。

步骤 03　单击鼠标左键即可完成延伸，如图 3-65（c）所示。

（a）原始图　　　　　　（b）选取曲线　　　　　　（c）完成延伸

图 3-65　曲线的延伸

步骤 04 曲线延伸以后，在延伸曲线和边界曲线端点处创建重合约束。如果曲线的端点具有固定约束，那么该曲线不能延伸。

3.6.5 修剪

修剪工具可将选中曲线修剪到与最近曲线的相交处，该工具可在二维草图、部件和工程图中使用。在一个具有很多相交曲线的二维图环境中，该工具可很好地除去多余的曲线部分，使得图形更加整洁。

步骤 01 单击"草图"选项卡"修改"面板上的"修剪"按钮，修剪多余线段。

步骤 02 将鼠标指针移动到要修剪的曲线上，此时将被修改的曲线变成虚线，如图 3-66（a）所示。

步骤 03 单击鼠标左键则曲线被删除，如图 3-66（b）所示。

（a）选取要修剪的曲线　　　　　　　（b）完成修剪

图 3-66　曲线的修剪

在曲线中间进行选择会影响离光标最近的端点，如果有多个交点，则选择最近的一个。在修剪操作中，删除掉的是光标下面的部分。

3.6.6 移动

步骤 01 单击"草图"选项卡"修改"面板上的"移动"按钮，打开"移动"对话框，如图 3-67 所示。

图 3-67　"移动"对话框

利用几何图元选择工具 选择要移动的草图几何图元，如图 3-68（a）所示。

步骤 03　利用基准点选择工具 ，在视图中指定基准点，如图 3-68（b）所示。

步骤 04　移动鼠标，可以预览移动图元，将图元放置到适当位置，单击鼠标左键完成移动，如图 3-68（c）所示。单击"完毕"按钮，关闭对话框。

（a）选择几何图元　　　　（b）选择基点　　　　（c）完成移动

图 3-68　移动图元

对"移动"对话框中的选项说明如下。

● 选择：选择要移动的几何图元。

● 基准点：设置移动命令的起始点。勾选"精确输入"复选框，打开如图 3-69 所示的"Inventor 精确输入"对话框，输入基准点和端点的 X、Y 坐标。

图 3-69　"Inventor 精确输入"对话框

● 复制：勾选此复选框，可以复制选定的几何图元并将其放置在指定的端点处。

● 优化单个选择：选择几何图元后，将自动进行基准点的选择。若要在选择基准点之前选择多个几何图元，则取消此复选框的勾选。

● 释放尺寸约束。

　➢ 从不：不放宽尺寸，移动操作将遵守与选定几何图元关联的所有尺寸。

　➢ 如果无表达式：不会放宽用作任何其他尺寸的函数尺寸。

　➢ 始终：在移动操作完成后，将重新计算与选定几何图元关联的所有线性尺寸和角度尺寸。

　➢ 提示：系统默认选择此选项。如果无法完成移动操作，将显示一个对话框，指出发生的问题并提供解决方案。

● 打断几何约束。

　➢ 从不：不修改几何约束，移动操作遵守所有现有的几何约束。

　➢ 始终：仅删除与选定几何图元关联的固定约束。

　➢ 提示：系统默认选择此选项。如果无法完成移动操作，将显示一条消息来说明情况。

3.6.7　复制

步骤 01　单击"草图"选项卡"修改"面板上的"复制"按钮 <span></span>，打开"复制"对话框，如

图 3-70 所示。

步骤 **02** 利用几何图元选择工具 选择要复制的
草图几何图元，如图 3-71（a）所示。

步骤 **03** 利用基准点选择工具 ，在视图中指定基
准点，如图 3-71（b）所示。

步骤 **04** 移动鼠标，可以预览复制图元，将图元放
置到适当位置，单击鼠标左键完成复制，
如图 3-71（c）所示。

图 3-70 "复制"对话框

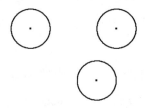

（a）选择几何图元　　　　（b）选择基点　　　　（c）复制移动

图 3-71 复制图元

需要说明的是："剪贴板"用于保存选定几何图元的临时副本以粘贴到草图中。

3.6.8 旋转

步骤 **01** 单击"草图"选项卡"修改"面板上的"旋转"按钮 ○，打开"旋转"对话框，如
图 3-72 所示。

图 3-72 "旋转"对话框

步骤 **02** 利用几何图元选择工具 选择要旋转的草图几何图元，如图 3-73（a）所示。

步骤 **03** 利用基准点选择工具 ，在视图中指定旋转中心点，如图 3-73（b）所示。

步骤 **04** 移动鼠标，可以预览旋转图元，将图元放置到适当位置，单击鼠标左键完成旋转，
如图 3-73（c）所示。

（a）选择几何图元　　　（b）选择基点　　　（c）完成旋转

图 3-73　旋转图元

3.6.9　镜像

步骤 01　单击"草图"选项卡"阵列"面板上的"镜像"按钮 ，打开"镜像"对话框，如图 3-74 所示。

图 3-74　"镜像"对话框

步骤 02　单击选择工具 ，选择要镜像的几何图元，如图 3-75（a）所示。

步骤 03　单击"镜像线"按钮 ，选择镜像线，如图 3-75（b）所示。

步骤 04　单击"应用"按钮，镜像草图几何图元，单击"完毕"按钮，关闭对话框，如图 3-75（c）所示。

（a）选择几何图元　　　（b）选择镜像线　　　　（c）完成镜像

图 3-75　镜像对象

 草图几何图元在镜像时，使用镜像线作为其镜像轴，相等约束自动应用到镜像的双方，但在镜像完毕后，用户可删除或编辑某些线段，同时其余的线段仍然保持对称。这时候请不要给镜像的图元添加对称约束，否则系统会给出约束多余的警告。

3.6.10　阵列

如果要线性阵列或圆周阵列几何图元，就会用到 Inventor 提供的矩形阵列和环形阵列工具：矩形阵列可在两个互相垂直的方向上阵列几何图元；环形阵列则可使得某个几何图元沿着圆周阵列。

1．矩形阵列

步骤 01 单击"草图"选项卡"阵列"面板上的"矩形阵列"按钮 🔡，弹出"矩形阵列"对话框，如图 3-76 所示。

图 3-76 "矩形阵列"对话框

步骤 02 利用几何图元选择工具 ▣ 选择要阵列的草图几何图元，如图 3-77（a）所示。

步骤 03 单击"方向 1"下的路径选择按钮 ▣，选择几何图元定义阵列的第一个方向，如果要选择相反的方向，可单击反向按钮 ▣。

步骤 04 在数量框 ••• [2 ▸] 中，指定阵列中元素的数量，在间距框 ◇ [10 ▸] 中指定元素之间的间距。

步骤 05 进行"方向 2"的设置，操作与"方向 1"相同，如图 3-77（b）所示。

步骤 06 单击"确定"按钮以创建阵列，如图 3-77（c）所示。

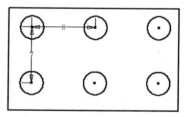

（a）选取阵列图元　　　　（b）选取阵列方向　　　　（c）完成矩形阵列

图 3-77 矩形阵列

对"矩形阵列"对话框中的选项说明如下。

- 抑制：抑制单个阵列元素，将其从阵列中删除，同时该几何图元将转换为构造几何图元。
- 关联：勾选此复选框，当修改零件时，会自动更新阵列。
- 范围：勾选此复选框，则阵列元素均匀分布在指定的间距范围内。取消复选框的勾选，阵列间距将取决于两元素之间的间距。

2．环形阵列

步骤 01　单击"草图"选项卡"阵列"面板上的"环形阵列"按钮 🔁，打开"环形阵列"对话框，如图 3-78 所示。

图 3-78　"环形阵列"对话框

步骤 02　利用几何图元选择工具 ▶ 选择要阵列的草图几何图元，如图 3-79（a）所示。

步骤 03　利用旋转轴选择工具，选择旋转轴，如果要选择相反的旋转方向（如将顺时针方向变为逆时针方向排列）可单击 ⚟ 按钮，如图 3-79（b）所示。

步骤 04　选择好旋转方向之后，再输入要复制的几何图元的个数 ∴ 6 ▸，以及旋转的角度 ◇ 360 deg ▸ 即可。

步骤 05　单击"确定"按钮完成环形阵列特征的创建，如图 3-79（c）所示。

（a）选取阵列图元　　　　　（b）选取旋转轴　　　　　（c）完成环形阵列

图 3-79　环形阵列

3.7　综合实例——曲柄草图

本实例将绘制曲柄草图，如图 3-80 所示。首先绘制中心线，然后绘制圆和直线，并添加几何约束，最后标注尺寸。

图 3-80　曲柄草图

下载资源\动画演示\第3章\曲柄草图.avi

操作步骤

步骤 01 新建文件。运行 Inventor，单击"快速"工具栏上的"新建"按钮，在打开的"新建文件"对话框的零件下拉列表中选择"Standard.ipt"选项，单击"创建"按钮，新建一个零件文件。

步骤 02 进入草图环境。单击"三维模型"选项卡"草图"面板上的"开始创建二维草图"按钮，在视图区或浏览器中选择 XY 平面作为草图绘制平面（也可以选择其他平面为草图绘制面），进入草图绘制环境。

步骤 03 绘制中心线。单击"草图"选项卡"格式"面板上的"中心线"按钮，单击"草图"选项卡中"创建"面板上的"直线"按钮，绘制斜的和水平的中心线，如图 3-81 所示。

步骤 04 绘制圆。单击"草图"选项卡"格式"面板上的"中心线"按钮，取消中心线的绘制，然后单击"草图"选项卡中"创建"面板上的"圆心圆"按钮，绘制如图 3-82 所示的草图。

图 3-81 绘制中心线   图 3-82 绘制圆

步骤 05 绘制直线。单击"草图"选项卡"创建"面板上的"直线"按钮，绘制 4 条直线，如图 3-83 所示。

步骤 06 添加几何约束。单击"草图"选项卡"约束"面板上的"相等约束"按钮，为两端的圆添加相等关系；单击"草图"选项卡中"约束"面板上的"相切约束"按钮，为两边直线与圆添加相切关系，如图 3-84 所示。

图 3-83 绘制直线   图 3-84 添加几何约束

步骤 07 修剪图形。单击"草图"选项卡"修改"面板上的"修剪"按钮，修剪多余的线
段，如图 3-85 所示。

图 3-85　修剪图形

步骤 08 绘制直线。单击"草图"选项卡"创建"面板上的"直线"按钮／，绘制直线，如
图 3-86 所示。

步骤 09 添加几何约束。单击"草图"选项卡"约束"面板上的"对称约束"按钮，为上
一步绘制的两条水平直线和水平中心线添加对称关系。

步骤 10 修剪图形。单击"草图"选项卡"修改"面板上的"修剪"按钮，修剪多余的线
段，如图 3-87 所示。

图 3-86　绘制直线　　　　　　　　　　　　图 3-87　修剪图形

步骤 11 标注尺寸。单击"草图"选项卡"约束"面板上的"尺寸"按钮，进行尺寸约束，
如图 3-88 所示。

图 3-88　标注尺寸

步骤 12 保存文件。单击"快速"工具栏上的"保存"按钮，打开"另存为"对话框，输
入文件名为"曲柄草图.ipt"，单击"保存"按钮即可保存文件。

第4章 基础特征

 导言

在 Inventor 中，基本的模型都是在草图的基础上创建的，本章主要介绍模型环境、草图特征、拉伸特征和旋转特征等。

4.1 模型环境

任何时候创建或编辑零件，都会激活零件环境，也叫模型环境。可使用零件（模型）环境来创建和修改特征、定义定位特征、创建阵列特征以及将特征组合为零件。使用浏览器可编辑草图特征、显示或隐藏特征、创建设计笔记、使特征自适应以及访问"特性"。

特征是组成零件的独立元素，可随时对其进行编辑。特征有 4 种类型：

- 草图特征：基于草图的几何图元，由特征创建命令中输入的参数来定义，用户可编辑草图的几何图元和特征参数。
- 放置特征：如圆角或倒角，在创建的时候不需要草图。若要创建圆角，只需输入半径并选择一条边。标准的放置特征包括抽壳、圆角、倒角、拔模斜度、孔和螺纹。
- 阵列特征：是指按照矩形、环形或镜像的方式重复多个特征或特征组。必要时，可以抑制阵列特征中的个别特征。
- 定位特征：用于创建和定位特征的平面、轴或点。

Inventor 的草图环境与零件环境有了一定的相通性，用户可以直接新建一个草图文件。但是任何一个零件，无论简单或复杂，都不是直接在零件环境下创建的，必须首先在草图里面绘制好轮廓，然后通过三维实体操作来生成特征。特征可分为基于草图的特征和非基于草图的特征。但是，一个零件最先得到的造型特征，一定是基于草图的特征，所以在 Inventor 中如果新建了一个零件文件，在默认的系统设置下会自动进入草图环境。

进入零件建模环境的操作如下：

步骤 01 单击"快速入门"选项卡"启动"面板上的"新建"按钮，在打开的"新建文件"（如图 4-1 所示）对话框中选择"Standard.ipt"选项。

图 4-1　"新建文件"对话框

步骤 02　单击"创建"按钮，进入零件建模环境，如图 4-2 所示。

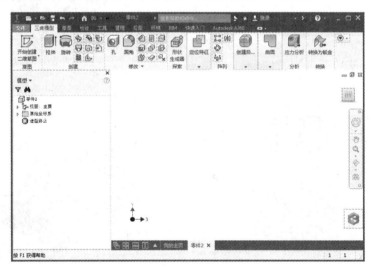

图 4-2　零件建模环境

4.2　草图特征

草图特征是在 Autodesk Inventor 中创建三维特征时采用的一种特征类型，这里所指的采用"草图特征"创建的三维特征是基于二维草图基础的。可以使用共享草图创建零件，如图 4-3 所示。

图 4-3　使用一个共享草图创建零件

4.2.1 简单的草图特征

草图特征是一种三维特征,利用 Autodesk Inventor 的草图特征可以表现出大多数基本的设计意图。当创建一个草图特征时,必须首先创建一个三维的草图或者创建一个截面轮廓,而所绘制的轮廓通常用于表现被创建的三维特征的二维截面形状,对于大多数复杂的草图特征,截面轮廓可以创建在一张草图上。

可以以不同的三维模型轮廓创建零件的多个草图,然后在这些草图之上建立草图特征。所创建的第一个草图特征被称为基础特征。当创建好基础特征之后,就可以在此三维模型的基础上添加草图特征或者添加放置特征了。

1. 典型草图特征的建立

如图 4-4 所示,这是一个典型的基于草图所创建的三维特征,第一个基础的草图用来创建基础的特征,第二个草图的特征是在三维模型的基础上添加的。

（a）基础草图 （b）基础特征

（c）二级草图 （d）二级草图特征

图 4-4 基于草图创建的三维特征

2. 草图特征的属性

草图特征的主要属性如下。

- 需要一个未退化的草图。
- 可以用于基础特征和次级特征。
- 可以从三维模型中添加或去除材料来得到草图特征的结果。

4.2.2　退化和未退化的草图

当创建一个零件时，第一个草图是自动创建的，在大多数情况下会使用默认的草图作为三维模型的基础视图。草图创建好之后，就可以创建草图特征，例如利用拉伸或旋转来创建三维模型最初的特征。对于三维特征来说，在创建三维草图特征的同时，草图本身也就变成了退化草图。除此之外，草图还可以通过"共享草图"重新定义成未退化的草图，以便在更多的草图特征中使用。

1. 未退化草图

图 4-5 展示了一个被草图特征退化之前最初的草图。

2. 退化草图

图 4-6 通过一个草图特征展示了退化草图。

图 4-5　未退化的草图

图 4-6　退化的草图

草图被退化后，仍可以进入草图编辑状态，在浏览器中单击鼠标右键，打开如图 4-7 所示的快捷菜单，选择"编辑草图"选项，进入草图编辑状态。

图 4-7　快捷菜单

对快捷菜单中的命令说明如下。

- 编辑草图：激活草图环境可以进行编辑，草图上的一些改变可以直接反映在三维模型中。
- 特性：可以对几何图元特性（如线颜色、线型、线宽等）进行设置。
- 重定义：可以确保用户能重新选择创建草图的面，草图上的一些改变可以直接反映在三维模型中。
- 共享草图：可以重复使用该草图添加一些其他的草图特征。
- 编辑坐标系：可以编辑坐标系，例如改变 X 轴和 Y 轴的方向，或者重新定义草图方向。
- 创建注释：用于为草图增加注释。
- 可见性：可以设置草图可见性处于打开或关闭状态。

可以用共享草图的方式重复使用一个已存在的被退化的草图。共享草图后，为了重复添加草图特征仍需将草图设置为可见。

通常，共享草图可以创建多个草图特征。当共享草图后，它的几何轮廓就可以无限地添加草图特征。例如在浏览器中选择任意草图，单击鼠标右键，在打开的如图 4-8 所示的快捷菜单中选择"共享草图"选项，如图 4-9 所示草图已被共享，并且已被用于两个草图特征。

图 4-8　快捷菜单

图 4-9　共享草图

4.3　拉伸特征

拉伸特征是通过草图截面轮廓添加深度的方式创建的特征。在零件的造型环境中，拉伸用来创建实体或切割实体；在部件的造型环境中，拉伸通常用来切割零件。特征的形状由截面形状、拉伸范围和扫掠斜角三个要素来控制。

4.3.1　设置拉伸特征

步骤 01　单击"三维模型"选项卡"创建"面板上的"拉伸"按钮，打开"拉伸"对话框，如图 4-10 所示。

图 4-10　"拉伸"对话框

步骤 02　如果草图中只有一个截面轮廓，系统将自动选择它为拉伸截面；如果有多个截面轮廓，则单击"截面轮廓"按钮<img>，选择要拉伸的截面。

步骤 03　在对话框中设置拉伸参数，完成拉伸操作。

对"拉伸"对话框中的选项说明如下。

1. "形状"选项卡

（1）截面轮廓形状

在选择截面轮廓时，可以选择多种类型的截面轮廓创建拉伸特征：

- 可选择单个截面轮廓，系统会自动选择该截面轮廓。
- 可选择多个截面轮廓。
- 若要取消对某个截面轮廓的选择，请按下 Ctrl 键，然后单击要取消的截面轮廓即可。
- 可选择嵌套的截面轮廓。
- 可选择开放的截面轮廓，该截面轮廓将延伸它的两端直到与下一个平面相交，拉伸操作将填充最接近的面，并填充周围孤岛（如果存在）。这种方式对部件拉伸来说是不可用的，它只能形成拉伸曲面。

（2）输出方式

拉伸操作提供两种输出方式：实体和曲面。单击<img>可将一个封闭的截面形状拉伸成实体，单击<img>可将一个开放的或封闭的截面形状拉伸成曲面。如图 4-11 所示是将封闭曲线和开放曲线拉伸成曲面的示意图。

图 4-11　将封闭曲线和开放曲线拉伸成曲面

（3）布尔操作

- 求并<img>，将拉伸特征产生的体积添加到另一个特征上去，二者合并为一个整体，如图 4-12（a）所示。
- 求差<img>，从一个特征中去除由拉伸特征产生的体积，如图 4-12（b）所示。

- 求交 ，将拉伸特征和其他特征的公共体积创建为新特征，未包含在公共体积内的材料被全部去除，如图 4-12（c）所示。

（a）求并　　　　（b）求差　　　　（c）求交

图 4-12　布尔操作

（4）终止方式

终止方式用来确定要把轮廓截面拉伸的距离，也就是说要把截面拉伸到什么范围才停止。用户完全可决定用指定的深度进行拉伸，或使拉伸终止到工作平面、构造曲面或零件面（包括平面、圆柱面、球面或圆环面）。在 Inventor 中提供了 5 种终止方式。

- 距离：是系统的默认方法，它需要指定起始平面和终止平面之间建立拉伸的深度。在该模式下，需要在拉伸深度文本框中输入具体的深度数值，数值可有正负，正值代表拉伸方向为正方向。方向 1 拉伸、方向 2 拉伸、对称拉伸和不对称拉伸的效果比较，如图 4-13 所示。

方向 1　　　　方向 2　　　　对称　　　　不对称

图 4-13　4 种方向的拉伸

- 到表面或平面：需要用户选择下一个可能的表面或平面，以指定的方向终止拉伸。可拖动截面轮廓使其反向拉伸到草图平面的另一侧。
- 到：对于零件拉伸来说，需要选择终止拉伸的面或平面。可在所选面或终止平面延伸的面上终止零件特征。对于部件拉伸，选择终止拉伸的面或平面时，可选择位于其他零部件上的面和平面。创建部件拉伸时，所选的面或平面必须位于相同的部件层次，也就是说 A 部件的零件拉伸只能选择 A 部件的子零部件的平面作为参考。
- 介于两面之间：对于零件拉伸来说，需要选择终止拉伸的起始面、终止面或平面；对于部件拉伸来说，也需要选择终止拉伸的面或平面，可选择位于其他零部件上的面和平面，但是所选的面或平面必须位于相同的部件层次。
- 贯通：可使得拉伸特征在指定方向上贯通所有特征和草图拉伸的截面轮廓。可通过拖动截面轮廓的边，将拉伸反向到草图平面的另一端。

（5）匹配形状

如果勾选此复选框，将创建填充类型操作。将截面轮廓的开口端延伸到公共边或面，所需的面将被缝合在一起，以形成与拉伸实体的完整相交。如果取消此复选框的勾选，则通过将截面轮廓的开口端延伸到零件，并通过包含由草图平面和零件的交点定义的边，来消除开口端之间的间隙、闭合开放的截面轮廓。按照指定闭合截面轮廓的方式来创建拉伸。

2．"更多"选项卡（如图 4-14 所示）

（1）替换方式

当终止方式选择"到"和"介于两面之间"时，此选项可用。如果选择圆柱面或不规则曲面为终止面，可以指定替代的终止平面。

- 方向：设置拉伸方向和终止方式。
- 最短方式：默认情况下，拉伸终止于距离最远的面。勾选此复选框，可以指定拉伸在距离最近的面上终止。

图 4-14　"更多"选项卡

（2）锥度

对于所有的终止方式类型，都可为拉伸（垂直于草图平面）设置最大为 180º 的拉伸斜角，拉伸斜角在两个方向对等延伸。如果指定了拉伸斜角，图形窗口中会有符号显示拉伸斜角的固定边和方向，如图 4-15 所示。

拉伸斜角功能的一个常规用途就是创建锥形。若要在一个方向上使特征变成锥形，在创建拉伸特征时，可使用"锥度"文本框为特征指定拉伸斜角。在指定拉伸斜角时，正角表示实体沿拉伸矢量增加截面面积，负角则相反，如图 4-16 所示。对于嵌套截面轮廓来说，正角导致外回路增大，内回路减小，负角则相反。

正拉伸斜角　　　　　　负拉伸斜角

图 4-15　拉伸锥度　　　　　　　　图 4-16　不同拉伸角度时的拉伸结果

（3）🔲 🟢复选框

勾选此复选框，可在整个环形边上自动放置 iMate，系统会尝试将此 iMate 放置在最可能有用的封闭回路上。大多数情况下，每个零件只能放置一个或两个 iMate。

4.3.2 创建长方体

步骤 01 单击"三维模型"选项卡"基本要素"面板上的"长方体"按钮⬜，选择基准平面或平面。

步骤 02 在适当位置单击鼠标左键指定中心点，拖动鼠标指定拐角，如图 4-17 所示。

步骤 03 单击鼠标左键完成矩形绘制，打开"拉伸"对话框，输入拉伸参数，如图 4-18 所示。

图 4-17 绘制矩形

图 4-18 设置参数

步骤 04 单击"确定"按钮，完成长方体的绘制，如图 4-19 所示。

图 4-19 创建长方体

4.3.3 创建圆柱体

步骤 01 单击"三维模型"选项卡"基本要素"面板上的"圆柱体"按钮⬤，选择基准平面或平面。

步骤 02 在适当位置单击鼠标左键指定圆心，拖动鼠标指定圆的直径或直接输入直径值，如图 4-20 所示。

步骤 03 单击鼠标左键完成圆的绘制，打开"拉伸"对话框，输入拉伸参数，如图 4-21 所示。

图 4-20 绘制圆

图 4-21 设置参数

步骤 04 单击"确定"按钮，完成圆柱体的绘制，结果如图 4-22 所示。

图 4-22　创建圆柱体

4.3.4　编辑拉伸特征

　　创建拉伸特征之后，可以在任何时候进行编辑，由于它是一个草图特征，所以有两个可被编辑的潜在选项：特征本身和用来创建特征的草图。

　　编辑草图特征的时候，可以改变参数，例如距离、特征关系、终止方式，也可以重新选定所包含的几何图元。

　　在浏览器的拉伸特征上单击鼠标右键，打开如图 4-23 所示的快捷菜单。

图 4-23　特征快捷菜单

- ● 编辑特征：选择该命令，打开"拉伸"对话框，在创建特征时所有的选项都可以被编辑。
- ● 编辑草图：选择该命令可以对草图进行操作，在编辑几何轮廓时，所有的草图轮廓都可以使用。在编辑草图的时候，可以改变尺寸和约束，增加或移去几何轮廓。所有的改变都反映在拉伸特征中。

4.3.5　实例——胶垫

　　绘制如图 4-24 所示的胶垫。

 下载资源\动画演示\第4章\胶垫.avi

操作步骤

步骤 01　新建文件。运行 Inventor，单击"快速入门"工具栏上的"新建"按钮，在打开的"新建文件"对话框中的零件下拉列表中选择"Standard.ipt"选项，单击"创建"按钮，新建一个零件文件。

步骤 02　创建草图。单击"三维模型"选项卡"草图"面板上的"开始创建二维草图"按钮，选择 XY 平面为草图绘制平面，进入草图绘制环境。单击"草图"选项卡中"创建"面板上的"圆心圆"按钮，绘制两个同心圆。单击"约束"面板上的"尺寸"按钮，标注尺寸如图 4-25 所示。单击"完成草图"按钮，退出草图环境。

图 4-24　胶垫　　　　　　　　　　　　　图 4-25　绘制草图

步骤 03　创建拉伸体。单击"三维模型"选项卡"创建"面板上的"拉伸"按钮 ，打开"拉伸"对话框，选取上一步绘制的草图为拉伸截面轮廓，将拉伸距离设置为 2mm，如图 4-26 所示，单击"确定"按钮。

图 4-26　设置参数

步骤 04　保存文件。单击"快速"工具栏上的"保存"按钮 ，打开"另存为"对话框，输入文件名为"胶垫.ipt"，单击"保存"按钮即可保存文件。

4.4　旋转特征

在 Inventor 中可让一个封闭的或不封闭的截面轮廓围绕一根旋转轴来创建旋转特征，如果截面轮廓是封闭的，则创建实体特征；如果是非封闭的，则创建曲面特征，如图 4-27 所示。

图 4-27　旋转示意图

4.4.1　设置旋转特征

步骤 01　单击"三维模型"选项卡"创建"面板上的"旋转"按钮，打开"旋转"对话框，如图 4-28 所示。

图 4-28　"旋转"对话框

步骤 02　在视图中选择旋转截面轮廓。

步骤 03　单击旋转轴选择工具，在草图中选择一个旋转轴。

步骤 04　在对话框中设置相关参数，单击"确定"按钮，完成旋转操作。

在"旋转"对话框中可以设置以下选项。

- 截面轮廓：单击此按钮，选择包含旋转特征的草图几何轮廓，红色的箭头表明还没有为旋转特征选取草图轮廓。
- 旋转轴：单击此按钮，选取一条线段作为旋转特征的旋转轴。如果草图包含一条中心线，它将会自动作为中心轴。
- 输出：选择想要输出的选项，有实体和曲面两种。
- 范围：从下拉列表中选择想要的选项。其中"角度"可以确保用户为旋转特征选择特定的角度或者方向，"全部"可以将草图旋转 360°。
- 方向：选择方向按钮，或者单击并拖曳旋转的预览特征到想要的方位。

4.4.2　创建球体

步骤 01　单击"三维模型"选项卡"基本要素"面板上的"球体"按钮，选择基准平面或平面。

步骤 02　在适当位置单击鼠标左键指定球体圆心，拖动鼠标指定球体直径或直接输入直径值，如图 4-29 所示。

步骤 03　单击鼠标左键完成圆的绘制，打开"旋转"对话框，输入旋转参数，如图 4-30 所示。

图 4-29　绘制圆　　　　　　　　　　　图 4-30　设置参数

步骤 **04**　单击"确定"按钮，完成球体的绘制，如图 4-31 所示。

图 4-31　创建球体

4.4.3　创建圆环体

步骤 **01**　单击"三维模型"选项卡"基本要素"面板上的"圆环体"按钮◎，选择基准平面或平面。

步骤 **02**　在适当位置单击鼠标左键指定圆环体的圆心，拖动鼠标指定圆环体的截面圆心或直接输入距离值，如图 4-32 所示。

步骤 **03**　拖动鼠标指定圆环体的截面大小或直接输入直径，如图 4-33 所示。

图 4-32　指定截面中心　　　　　　　　　图 4-33　输入直径

步骤 **04**　单击鼠标左键完成圆的绘制，打开"旋转"对话框，输入旋转参数，如图 4-34 所示。

步骤 **05**　单击"确定"按钮，完成圆环体的绘制，结果如图 4-35 所示。

图 4-34 设置参数   图 4-35 创建圆环体

4.4.4 编辑旋转特征

步骤 01 在浏览器中选择想要编辑的旋转特征，单击鼠标右键，在弹出的快捷菜单中选择"编辑草图"命令，如图 4-36 所示。

步骤 02 利用草图绘制命令，改变所需编辑的草图，如图 4-37 所示。

图 4-36 选择"编辑草图"命令   图 4-37 改变草图

步骤 03 单击"草图"选项卡中"退出"面板上的"完成草图"按钮✔，退出草图状态。

步骤 04 在浏览器中选择要编辑的旋转特征，单击鼠标右键，在弹出的快捷菜单中选择"编辑特征"命令，如图 4-38 所示。

步骤 05 在打开的"旋转"对话框中调整所需的选项，然后单击"确定"按钮，如图 4-39 所示。

图 4-38 选择"编辑特征"命令   图 4-39 编辑特征参数值

4.4.5 实例——阀杆

绘制如图 4-40 所示的阀杆。

图 4-40　阀杆

  下载资源\动画演示\第4章\阀杆.avi

操作步骤

步骤 01 新建文件。运行 Inventor，单击"快速"工具栏上的"新建"按钮，在打开的"新建文件"对话框中的零件下拉列表中选择"Standard.ipt"选项，单击"创建"按钮，新建一个零件文件。

步骤 02 创建草图。单击"三维模型"选项卡"草图"面板上的"开始创建二维草图"按钮，选择 XY 平面为草图绘制平面，进入草图绘制环境。单击"草图"选项卡"绘图"面板上的"直线"按钮和"圆心圆弧"按钮，绘制草图。单击"约束"面板上的"尺寸"按钮，标注尺寸如图 4-41 所示。单击"完成草图"按钮，退出草图环境。

步骤 03 创建旋转体。单击"三维模型"选项卡"创建"面板上的"旋转"按钮，打开"旋转"对话框，由于草图中只有如图 4-41 所示的一个截面轮廓，所以自动被选取为旋转截面轮廓，选取竖直直线段作为旋转轴，如图 4-42 所示。单击"确定"按钮完成旋转。

图 4-41　绘制草图

图 4-42　设置参数

步骤 04　保存文件。单击"快速"工具栏上的"保存"按钮，打开"另存为"对话框，输入文件名为"阀杆.ipt"，单击"保存"按钮即可保存文件。

4.5　综合实例——销钉

绘制如图 4-43 所示的销钉。

图 4-43　销钉

下载
资源　下载资源\动画演示\第4章\销钉.avi

操作步骤

步骤 01　新建文件。运行 Inventor，单击"快速"工具栏上的"新建"按钮，在打开的"新建文件"对话框中的零件下拉列表中选择"Standard.ipt"选项，单击"创建"按钮，新建一个零件文件。

步骤 02　创建草图。单击"三维模型"选项卡"草图"面板上的"开始创建二维草图"按钮，选择 XZ 平面为草图绘制平面，进入草图绘制环境。单击"草图"选项卡"绘图"面板上的"直线"按钮和"圆心圆弧"按钮，绘制草图。单击"约束"面板上的"尺寸"按钮，标注尺寸如图 4-44 所示。单击"完成草图"按钮，退出草图环境。

图 4-44　绘制草图

步骤 03　创建旋转体。单击"三维模型"选项卡"创建"面板上的"旋转"按钮，打开"旋转"对话框，由于草图中只有如图 4-44 所示的一个截面轮廓，所以自动被选取为旋转截面轮廓，选取竖直直线段作为旋转轴，如图 4-45 所示。单击"确定"按钮完成旋转，结果如图 4-46 所示。

图 4-45 设置参数   图 4-46 创建旋转体

步骤 04 创建草图。单击"三维模型"选项卡"草图"面板上的"开始创建二维草图"按钮 ，选择 XZ 平面为草图绘制平面，进入草图绘制环境。单击"草图"选项卡中"绘图"面板上的"圆心圆"按钮 ，绘制圆。单击"约束"面板上的"尺寸"按钮 ，标注尺寸如图 4-47 所示。单击"草图"选项卡上的"完成草图"按钮 ，退出草图环境。

图 4-47 绘制草图

步骤 05 创建拉伸体。单击"三维模型"选项卡"创建"面板上的"拉伸"按钮 ，打开"拉伸"对话框，选取上一步绘制的草图为拉伸截面轮廓，设置拉伸范围为"贯通"，拉伸方向为对称，选择布尔求差方式，如图 4-48 所示。单击"确定"按钮，创建如图 4-49 所示的孔。

图 4-48 设置参数   图 4-49 创建拉伸体

步骤 06 保存文件。单击"快速"工具栏上的"保存"按钮 ，打开"另存为"对话框，输入文件名为"销钉.ipt"，单击"保存"按钮即可保存文件。

第5章　高级特征

📥 **导言**

　　在上一章中学习了基础的特征建模，在本章中将主要介绍加强筋、扫掠、放样、螺旋扫掠、凸雕和塑料特征。通过本章的学习，可以使读者掌握特征的各种创建方法。

5.1　加强筋

　　加强筋是一种特殊的结构，是铸件、塑胶件等不可或缺的设计结构。在结构设计过程中，可能出现结构体悬出面过大或跨度过大的情况。在这种情况下，如果结构面本身与连接面能承受的负荷有限，则在两结合面体的公共垂直面上增加一块加强板，俗称加强筋，以增加结合面的强度。例如，厂房钢结构的立柱与横梁结合处，或是铸铁件的两垂直浇铸面上通常都会设有加强筋。在塑料零件中，加强筋也常常用来提高刚性和防止弯曲。

　　加强筋的厚度可垂直于草图平面，并在草图的平行方向上延伸材料；也可平行于草图，并在草图平面的垂直方向上延伸材料。

　　使用开放或闭合的截面轮廓定义加强筋或腹板的截面，用户可以将截面轮廓延伸至与下一个面相交。另外，还可以定义它的方向（以指定加强筋或腹板的形状）和厚度。用户可以向腹板添加拔模或凸柱特征。

5.1.1　设置加强筋

　　若要创建网状加强筋，请在草图中指定多个相交或不相交的截面轮廓。整个网状腹板将应用相同的厚度和拔模斜度（如果已指定）。

　　单击"三维造型"选项卡"创建"面板上的"加强筋"按钮🔨，弹出"加强筋"对话框，如图5-1所示。通过此对话框可以设定加强筋的轮廓、加强方向以及厚度等相关参数。用户可以延伸截面轮廓使其与下一个面相交，即使截面轮廓与零件不相交，也可以指定一个深度。还可以定义它的方向（以指定加强筋或腹板的形状）和厚度，由于加强筋的成型工艺大多采用铸造形成，很多情况下需要沿产品的出模方向对加强筋施加拔模角，使之易于出模。

　　对"加强筋"对话框中的选项说明如下。

1. 截面轮廓

　　创建加强筋时，经常使用一个开放截面轮廓定义加强筋或腹板的形状，或者选择多个相交或不相交的截面轮廓来定义网状加强筋或腹板对于加强筋的特征。

　　在这里需要注意的是：选择多条截面轮廓创建加强筋，并非是对选择单条截面轮廓创建加强筋特征的简单累加。有时选择多个截面轮廓所获得的结果可能不是我们想要的，这时候可以选择单条轮廓，逐个进行创建。

图 5-1 "加强筋"对话框

2．延伸截面轮廓

如果截面轮廓的末端不与零件相交，会显示"延伸截面轮廓"复选框。截面轮廓的末端将自动延伸。如果需要，可取消选择该复选框，以按照截面轮廓的精确长度创建加强筋和腹板。

3．创建方式

- 到表面或平面🗔：截面轮廓被投影到下一个面上，将加强筋或腹板终止于下一个面，用于创建封闭的薄壁支撑形状，即加强筋。
- 有限的🗔：截面轮廓以一个指定的距离投影其深度，用来创建开放的薄壁支撑形状，即腹板。

4．加强筋厚度

加强筋厚度，即指定加强筋或腹板的宽度。

5．加强筋方向

加强筋方向，即控制加强筋或腹板的加厚方向。在截面轮廓的任意一侧应用厚度，或在截面轮廓的两侧同等延伸，也可以单击"反向"按钮以指定加强筋厚度的方向。

6．方向

方向箭头指明加强筋是沿平行于草图图元的方向延伸还是沿垂直的方向延伸，以设定加强筋的方向。

7．锥度

锥度，即在"锥度"文本框中为加强筋或腹板输入锥角或拔模值。只有加强筋延伸方向垂直于截面轮廓草图时，此选项才可用；否则，如果施加锥度，则需借助"拔模"命令。

5.1.2 创建平行于草图平面的加强筋

加强筋使用开放的截面轮廓来创建单个支撑形状，指定的厚度垂直于草图平面，并在草图的平行方向上拉伸材料。

步骤 **01** 设置草图平面，并创建截面轮廓的几何图元。

步骤 **02** 单击"三维造型"选项卡"创建"面板上的"加强筋"按钮，打开"加强筋"对话框。

步骤 **03** 选择截面轮廓。

步骤 **04** 单击按钮，设定加强筋的方向。单击"反向"按钮，指定材料的拉伸方向。

步骤 **05** 如果零件文件中存在多个实体，可单击"实体"按钮，选择参与的实体。

步骤 **06** 在"厚度"数值框中输入加强筋的厚度。单击"反向"按钮，以指定加强筋厚度的方向。

步骤 **07** 设定加强筋的深度。

步骤 **08** 单击"确定"按钮，以创建加强筋或腹板。

5.1.3　创建垂直于草图平面的加强筋

加强筋使用开放或闭合的截面轮廓来创建支撑形状。指定的厚度平行于草图平面，并在草图的垂直方向上拉伸材料。

步骤 **01** 设定草图平面，并创建截面轮廓的几何图元。

步骤 **02** 单击"三维造型"选项卡"创建"面板上的"加强筋"按钮，打开"加强筋"对话框。

步骤 **03** 选中截面轮廓。

步骤 **04** 单击按钮，设定加强筋的方向。

步骤 **05** 单击"反向"按钮，指定材料的拉伸方向。

步骤 **06** 如果零件文件中存在多个实体，可单击"实体"按钮，选择参与的实体。

步骤 **07** 如果截面轮廓的末端不与零件相交，会显示"延伸截面轮廓"复选框，截面轮廓的末端将自动延伸。如果需要，取消选择该复选框以按照截面轮廓的精确长度创建加强筋和腹板。

步骤 **08** 在"厚度"数值框中输入加强筋的厚度。单击"反向"按钮，以指定加强筋厚度的方向。

步骤 **09** 设定加强筋的深度。

步骤 **10** 在"拔模斜度"数值框中为加强筋或腹板输入拔模斜度或拔模值。若要应用拔模斜度值，方向必须垂直于草图平面。

步骤 **11** 单击"确定"按钮，以创建加强筋或腹板。

> ⚠ **注意**　若要创建网状加强筋或腹板，可以在草图平面上绘制多个相交或不相交的截面轮廓，然后执行以上步骤。

5.1.4　实例——导流盖

本实例将绘制导流盖，如图 5-2 所示。

下载资源\动画演示\第5章\导流盖.avi

操作步骤

步骤 01 新建文件。运行 Inventor，单击"快速"工具栏上的"新建"按钮，在打开的"新建文件"对话框中的零件下拉列表中选择"Standard.ipt"选项，单击"创建"按钮，新建一个零件文件。

步骤 02 创建草图。单击"三维模型"选项卡"草图"面板上的"开始创建二维草图"按钮，选择 XY 平面作为草图绘制平面，进入草图绘制环境。单击"草图"选项卡"创建"面板上的"直线"按钮和"三点圆弧"按钮，绘制草图；单击"约束"面板上的"尺寸"按钮标注尺寸，如图5-3所示。单击"完成草图"按钮，退出草图环境。

图 5-2 导流盖

图 5-3 绘制草图

步骤 03 创建旋转体。单击"三维模型"选项卡"创建"面板上的"旋转"按钮，打开"旋转"对话框，选取上一步绘制的草图为旋转截面轮廓，选取竖直线段为旋转轴，如图5-4所示。单击"确定"按钮完成旋转，创建如图5-5所示的零件基体。

图 5-4 设置参数

图 5-5 创建基体

步骤 04 创建草图。单击"三维模型"选项卡"草图"面板上的"开始创建二维草图"按钮，选择 XY 平面为草图绘制平面，进入草图绘制环境。单击"草图"选项卡"创建"面板上的"投影几何图元"按钮，提取旋转体的外边线；单击"草图"选项卡"创

建"面板上的"直线"按钮 ✏，捕捉边线的端点绘制草图；单击"约束"面板上的
"尺寸"按钮 ⊟，标注尺寸如图 5-6 所示。单击"草图"选项卡上的"完成草图"
按钮 ✔，退出草图环境。

图 5-6　绘制草图

步骤 05 创建加强筋。单击"三维造型"选项卡"创建"面板上的"加强筋"按钮 🔨，打开
"加强筋"对话框，在对话框中选择"平行于草图平面"类型 🔲，在视图中选取上
一步创建的草图作为截面轮廓，输入厚度为 3mm，单击"对称"按钮 🔀，如图 5-7
所示；单击"确定"按钮，结果如图 5-8 所示。

图 5-7　"加强筋"对话框　　　　　　　　　图 5-8　创建加强筋

步骤 06 重复上述步骤，创建其他三个加强筋，读者也可以利用"环形阵列"命令，创建其
他三个加强筋。

步骤 07 保存文件。单击"快速"工具栏上的"保存"按钮 💾，打开"另存为"对话框，输
入文件名为"导流盖.ipt"，单击"保存"按钮即可保存文件。

5.2　扫　掠

扫掠特征（或实体）是通过沿路径移动（或扫掠）一个或多个草图截面轮廓而创建的。用
户使用的多个截面轮廓必须位于同一草图中。路径可以是开放回路，也可以是封闭回路，但是
必须穿透截面轮廓平面。

单击"三维模型"选项卡"创建"面板中的"扫掠"按钮 🎈，弹出"扫掠"对话框，如
图 5-9 所示，选用的路径类型不同，对话框设置也不同。通过此对话框，用户可以设置截面轮
廓、扫掠路径、扫掠类型等。

图 5-9　"扫掠"对话框

1．截面轮廓

选择草图的一个或多个截面轮廓以沿选定的路径进行扫掠。

由"扫掠"对话框可知，扫掠也是集创建实体和曲面于一体的特征：对于封闭截面轮廓，用户可以选择创建实体或曲面；而对于开放的截面轮廓，则只创建曲面。无论扫掠路径开放与否，扫掠路径必须要贯穿截面草图平面，否则无法创建扫掠特征。

2．扫掠路径

选择扫掠截面轮廓所围绕的轨迹或路径，路径可以是开放回路，也可以是封闭回路，但无论扫掠路径开放与否，扫掠路径必须要贯穿截面草图平面，否则无法创建扫掠特征。

3．扫掠类型

用户创建扫掠特征时，除了必须指定截面轮廓和路径外，还要选择引导路径和引导曲面等来控制截面轮廓的比例和扭曲。因此，基于扫掠过程中截面轮廓变形控制的类型不同，创建扫掠实体或曲面的方法可分为传统路径扫掠、引导轨道扫掠和引导曲面扫掠。

（1）传统路径扫掠

传统路径扫掠，即创建扫掠时指定路径扫掠的截面轮廓，用户可以选择控制扫掠过程的扫掠斜角。这种扫掠用于沿某个轨迹具有相同截面轮廓的对象，如火车系统的轨道、输油系统的管道或用于输电的电线等。

传统路径扫掠有两种控制截面轮廓的变形方式，即路径和平行。

- 若选择"路径"方式，创建扫掠时，截面轮廓相对于扫掠路径保持不变，即所有扫掠截面都维持与该路径相关的原始截面轮廓。原始截面轮廓与路径垂直，在结束处扫掠截面仍维持这种几何关系。
- 若选择"平行"方式，截面轮廓会保持平行于原始截面轮廓，在路径任一点做平行截面轮廓的剖面，获得的几何形状仍与原始截面相当。

当选择控制方式为"路径"时，用户可以指定路径方向上截面轮廓的锥度变化，即扫掠斜角。它相当于拉伸特征的拔模角度，用来设置扫掠过程中在路径的垂直平面内扫掠体的拔模角度变化。当选择正角度时，扫掠特征沿离开起点方向的截面面积增大，反之减小。它不适于封闭的路径。

（2）引导轨道扫掠

引导轨道扫掠，即创建扫掠时，选择一条附加曲线或轨道来控制截面轮廓的比例和扭曲。这种扫掠用于具有不同截面轮廓的对象，沿着轮廓被扫掠时，这些设计可能会旋转或扭曲，如吹风机的手柄和高跟鞋底。

在此类型的扫掠中，可以通过控制截面轮廓在 X 和 Y 方向上的缩放创建符合引导轨道的扫掠特征。截面轮廓缩放方式有以下 3 种。

● X 和 Y：在扫掠过程中，截面轮廓在引导轨道的影响下随路径在 X 和 Y 方向同时绽放。

● X：在扫掠过程中，截面轮廓在引导轨道的影响下随路径在 X 方向上进行绽放。

● 无：使截面轮廓保持固定的形状和大小，此时轨道仅控制截面轮廓扭曲。当选择此方式时，相当于传统路径扫掠。

（3）引导曲面扫掠

引导曲面扫掠，即创建扫掠时附加一个曲面来控制截面轮廓的扭曲。这种扫掠用于具有相同截面轮廓的对象，这些截面轮廓沿着非平面轨迹扫掠。在该轨迹中，必须保持指定给选定曲面的方向，例如对圆柱形零件进行车削加工所形成的轨迹。

5.2.1　沿路径创建扫掠

步骤 01　在相交的平面上绘制截面轮廓和路径，路径必须穿透截面轮廓平面。

步骤 02　单击"三维模型"选项卡"创建"面板中的"扫掠"按钮🔄，如果草图中只有一个截面轮廓，将自动亮显。

步骤 03　如果有多个截面轮廓，可单击"截面轮廓"按钮，然后选择要扫掠的截面轮廓。

步骤 04　单击"路径"按钮，然后选择二维草图、三维草图或几何图元的边。

 如果使用边作为路径，则完成扫掠命令时，边将投影到新的三维草图上。

步骤 05　如果有多个实体，则单击"实体"按钮，然后选择参与实体。

步骤 06　从"类型"下拉列表中选择"路径"选项。

步骤 07　选择路径的方向。

● "路径"：使扫掠截面轮廓相对于路径保持不变。

● "平行"：将使扫掠截面轮廓平行于原始截面轮廓。

步骤 08　如果需要，可在"扩张角"数值框中输入一个角度值。

步骤 09　单击"求并"、"求差"或"求交"按钮，与其他特征、曲面或实体交互。单击"新建实体"按钮来创建新实体。如果扫掠是零件文件中的第一个实体特征，则此选项是默认选项。

步骤 ⑩ 如果图形窗口中的扫掠预览和预期相同，可单击"确定"按钮。

5.2.2 沿着路径和引导轨道创建扫掠

使用引导轨道扫掠，选择轨道和路径以引导扫掠截面轮廓。轨迹可以控制扫掠截面轮廓的缩放和扭曲。

步骤 ① 在相交的平面上绘制一个截面轮廓和一个路径。绘制一条附加曲线，作为可以控制截面轮廓的缩放和扭曲的轨道。路径和轨道必须穿透截面轮廓平面。

步骤 ② 单击"三维模型"选项卡"创建"面板中的"扫掠"按钮 🐟，如果草图中只有一个截面轮廓，将自动亮显。

步骤 ③ 如果有多个截面轮廓，可单击"截面轮廓"按钮，然后选择要扫掠的平面截面轮廓。

步骤 ④ 单击"路径"按钮，选择路径草图或边。

步骤 ⑤ 如果有多个实体，则单击"实体"按钮，然后选择参与实体。

步骤 ⑥ 从"类型"下拉列表中选择"路径和引导轨道"选项。

步骤 ⑦ 在图形窗口中，选择引导曲线或轨道。

步骤 ⑧ 单击某个截面轮廓缩放选项，以指示如何缩放扫掠截面才能符合引导轨道。

步骤 ⑨ 单击"求并"、"求差"或"求交"按钮，与其他特征、曲面或实体交互。单击"新建实体"按钮来创建新实体。如果扫掠是零件文件中的第一个实体特征，则此选项是默认选项。

步骤 ⑩ 如果图形窗口中的扫掠预览和预期相同，可单击"确定"按钮。

5.2.3 沿路径和引导曲面创建扫掠

步骤 ① 将一条曲线投影到非平面曲面上以创建扫掠路径，此曲面可控制截面轮廓的扭曲。在相交的平面上绘制截面轮廓，路径必须穿透截面轮廓平面。

步骤 ② 单击"三维模型"选项卡"创建"面板中的"扫掠"按钮 🐟，如果草图中只有一个截面轮廓，将自动亮显。

步骤 ③ 如果有多个截面轮廓，可单击"截面轮廓"按钮，然后选择要扫掠的截面轮廓。

步骤 ④ 单击"路径"按钮，然后选择平面路径、非平面草图或边。

步骤 ⑤ 如果有多个实体，则单击"实体"按钮，然后选择参与实体。

步骤 ⑥ 从"类型"下拉列表中选择"路径和引导曲面"选项。

步骤 ⑦ 在图形窗口中，选择曲面以控制绕路径的扫掠截面轮廓的扭曲。

步骤 ⑧ 单击"求并"、"求差"或"求交"按钮，与其他特征、曲面或实体交互。单击"新建实体"按钮来创建新实体。如果扫掠是零件文件中的第一个实体特征，则此选项是默认选项。

步骤 ⑨ 如果图形窗口中的扫掠预览和预期相同，可单击"确定"按钮。

5.2.4　实例——节能灯

本实例将要绘制的节能灯如图 5-10 所示。

图 5-10　节能灯

　　下载资源\动画演示\第5章\节能灯.avi

操作步骤

步骤 01　新建文件。运行 Inventor，单击"快速"工具栏上的"新建"按钮，在打开的"新建文件"对话框中的零件下拉列表中选择"Standard.ipt"选项，单击"创建"按钮，新建一个零件文件。

步骤 02　创建草图。单击"三维模型"选项卡"草图"面板上的"开始创建二维草图"按钮，选择 XY 平面为草图绘制平面，进入草图绘制环境。单击"草图"选项卡"创建"面板上的"直线"按钮，绘制草图的大体轮廓。单击"创建"面板上的"圆角"按钮，对草图进行倒圆角；单击"约束"面板上的"尺寸"按钮，标注尺寸如图 5-11 所示。单击"完成草图"按钮，退出草图环境。

步骤 03　创建旋转体。单击"三维模型"选项卡"创建"面板上的"旋转"按钮，打开"旋转"对话框，选取上一步创建的截面为旋转截面轮廓，选取竖直线段为旋转轴，如图 5-12 所示。单击"确定"按钮完成旋转，结果如图 5-13 所示。

图 5-11　绘制草图

图 5-12　设置参数

步骤 **04** 创建扫掠截面草图。单击"三维模型"选项卡"草图"面板上的"开始创建二维草图"按钮[￼],选择如图 5-13 所示的面 1 为草图绘制平面,进入草图绘制环境。单击"草图"选项卡"创建"面板上的"圆心圆"按钮[￼],绘制草图;单击"约束"面板上的"尺寸"按钮[￼],标注尺寸如图 5-14 所示。单击"完成草图"按钮[￼],退出草图环境。

步骤 **05** 创建工作平面。单击"三维模型"选项卡"定位特征"面板上的"工作平面"按钮[￼],在浏览器原始坐标系文件夹下选取 XY 平面为参考面,在视图中选取上一步创建的圆的圆心为参考点,创建工作平面如图 5-15 所示。

图 5-13　创建旋转体　　　　　图 5-14　绘制扫掠截面　　　　　图 5-15　创建工作平面

步骤 **06** 创建扫掠路径草图。单击"三维模型"选项卡"草图"面板上的"开始创建二维草图"按钮[￼],选择上一步创建的工作平面 1 为草图绘制平面,进入草图绘制环境。在视图中选择工作平面 1 为草图绘制面。单击"草图"选项卡"创建"面板上的"直线"按钮[￼]和"三点圆弧"按钮[￼],绘制草图;单击"约束"面板上的"尺寸"按钮[￼],标注尺寸如图 5-16 所示。单击"完成草图"按钮[￼],退出草图环境。

步骤 **07** 创建灯管。单击"三维模型"选项卡"创建"面板中的"扫掠"按钮[￼],打开"扫掠"对话框,在视图中选取圆为截面轮廓,选取上一步创建的草图为扫掠路径,如图 5-17 所示,单击"确定"按钮,结果如图 5-18 所示。

图 5-16　绘制扫掠路径　　　　　　　　　图 5-17　设置参数

步骤 08 重复步骤 05~07，创建另一侧的灯管，结果如图 5-19 所示。

图 5-18　扫掠创建灯管　　　　　　　　　　图 5-19　创建另一侧灯管

步骤 09 保存文件。单击"快速"工具栏上的"保存"按钮，打开"另存为"对话框，输入文件名为"节能灯.ipt"，单击"保存"按钮即可保存文件。

5.3　放　样

放样是将两个或两个以上具有不同形状或尺寸的截面轮廓均匀过渡，从而形成特征实体或曲面。与扫掠相比，放样更加复杂，用户可以选择多个截面轮廓和轨道来控制曲面。

由于其具有可控性并能创建更为复杂的曲面，常用于创建与人机工程学、空气动力学或美学相关的曲面，例如电器产品的外形和汽车表面等。

5.3.1　设置放样

单击"三维模型"选项卡"创建"面板上的"放样"按钮，弹出"放样"对话框，该对话框中有"曲线"、"条件"和"过渡"3 个选项卡，如图 5-20 所示。

图 5-20　"放样"对话框

对"放样"对话框中的选项说明如下。

1. 截面轮廓

放样的截面轮廓可以是二维草图或三维草图中的曲线、模型边、点或面回路。截面轮廓的增加会控制模型更加逼近真实或者期待的形状，但随着截面轮廓的增加，计算时间也会增加，应酌情选择适量的轮廓或者其他辅助几何要素。如果出现截面误选，可在"截面"列表中单击误选的轮廓，然后通过"Ctrl+单击"、"Shift+单击"或直接按下"Delete"键清除误选的截面。

2. 轨道

轨道是指截面之间的放样形状。轨道将影响整个放样实体，而不仅仅是与轨道相交的截面顶点。没有轨道的截面顶点将受到相邻轨道的影响。轨道必须与每个截面相交，并且必须在第一个和最后一个截面上（或在这些截面之外）终止。创建放样时，将忽略延伸到截面之外的那一部分轨道，轨道必须连续相切。

3. 中心线

中心线是一种与放样截面呈法向的轨道类型，其作用与扫掠路径类似。中心线放样使选定的放样截面的相交截面区域之间的过渡更平滑。中心线与轨道遵循相同的标准，只是中心线无须与截面相交，且只能选择一条中心线。

4. 放样类型

根据添加的轨道和中心线控制等约束条件的不同，可将放样分为以下 4 种类型。

- 一般放样：只使用多个截面轮廓而不施加中心线、导轨或面积等控制，如图 5-21 所示。
- 轨道放样：对选择的多个截面轮廓施加单个或多个轨道控制，如图 5-22 所示。默认为此方式，当没有选择轨道时，默认创建为一般放样，即放样的曲面只能由提供的截面轮廓控制。若要创建轨道放样，请单击鼠标右键，并从弹出的快捷菜单中选择"轨道"命令，或在"放样"对话框的"轨道"列表框中单击"单击以添加"，并选择一个（或多个）二维或三维曲线用于引导轨道。

图 5-21　一般放样

图 5-22　轨道放样

- 中心线放样：令选择的多个截面轮廓按某条中心线变化，如图 5-23 所示。若要创建中心线放样，需单击鼠标右键，并且从弹出的快捷菜单中选择"中心线"命令，或选择"放样"对话框中"曲线"选项卡中的"中心线"单选按钮，选择二维或三维曲线作为中心线。中心线将保持垂直于中心线截面之间的放样形状。

图 5-23 中心线放样

● 面积放样：对放样过程中的指定截面的面积进行控制。面积放样允许控制沿中心线放样的指定点处的横截面面积。面积放样可以与实体和曲面输出结合使用，但需要选择单个轨道作为中心线，将显示放样中心线上所选的每个点的截面尺寸。使用截面尺寸定义每个点的横截面面积和比例系数。使用此特征可以设计比较复杂的液体管道系统，由于各个截面面积近似相等，在一定程度上能降低流量损失和流动噪声。

5. 闭合回路

此选项为可选项，用于连接放样的第一个和最后一个截面以构成封闭回路。

6. 合并相切面

此选项为可选项，用于自动缝合相切放样面，这样，特征的切面之间将不创建边，效果如图 5-24 所示。

图 5-24 合并相切放样效果对比

7. 选择条件

为截面和轨道指定的边界条件如下。

● 无条件：即自由条件，相当于 G0 连续，为默认选项，不应用任何边界条件。
● 方向条件：用以指定相对于截面或轨道平面测量的角度。设置条件的角度和权值，仅当曲线是二维草图时可用。
● 角度：表示截面或轨道平面与放样创建的面之间的过渡段包角，范围为 0°～180°，默认值为 90°，即垂直过渡，180° 的值可提供平面过渡。
● 权值：一种无量纲系数，通过在转换到下一形状之前确定截面形状延伸的距离，以控制放样的外观。大的权值和小的权值是相对于模型的大小而言的，大的权值可能导致放样曲面扭曲，并且可能生成自交曲面。权值系数通常在 1～20 之间。
● 相切 G1 条件：用以创建与相邻面相切的放样，然后设置条件的权值。当截面或轨道与曲面或实体相邻，或选择面回路时可用，不适用于草图截面轮廓。

- 平滑 G2 条件：用以指定与相邻面连续的放样曲率。此条件只在截面轮廓边与曲面或实体边界相邻，或选择面回路时可用，而且不适用于截面轮廓为草图的情况。
- 尖锐点：用以创建尖头或锥形顶面，仅当起始截面或终止截面是一个点时可用。
- 相切：用以创建圆头的盖形顶面，然后设置条件的权值，仅当起始截面或终止截面是一个点时可用。
- 与平面相切：指定工作平面或平面，然后设置条件的权值，仅当起始截面或终止截面是一个点时可用。

8. 选择过渡

- 在"过渡"选项卡中，默认选中"自动映射"复选框。映射点、轨道、中心线和截面顶点将定义一个截面的各段如何映射到其前后截面的各段中。如果取消选择"自动映射"复选框，将列出自动计算的点集并根据需要添加或删除点。
- 点集：在每个放样截面上列出自动计算的点。
- 映射点：在草图上列出自动计算的点，以便沿这些点对齐截面，从而使放样特征的扭曲最小化，点按照截面的顺序列出。
- 位置：以无量纲值指定相对于选定点的位置。0 表示直线的一端，5 表示直线的中点，1 表示直线的另一端。

5.3.2　创建放样特征

这里只使用多个截面轮廓而不施加中心线、导轨或面积等控制，操作步骤如下。

步骤01 单击"三维模型"选项卡"创建"面板上的"放样"按钮 ⬚，打开如图 5-25 所示的"放样"对话框。

图 5-25　"放样"对话框

步骤02 在视图中选取放样截面，如图 5-26 所示。

步骤03 在对话框中设置放样参数，选择"轨道"类型。

步骤04 在对话框中单击"确定"按钮，完成放样特征的创建，结果如图 5-27 所示。

图 5-26　选取截面　　　　　　　　　　图 5-27　完成放样

5.3.3　创建中心线放样

步骤 01　单击"三维模型"选项卡"创建"面板上的"放样"按钮 🍼 ，打开"放样"对话框。

步骤 02　在"曲线"选项卡上指定要放样的截面。在"截面"列表框中单击"单击以添加"，然后按照希望形状光滑过渡的顺序来选择截面。如果在任一平面上选择多个截面，则这些截面必须相交。

如果草图中有多个回路，则应先选择该草图，然后选择曲线或回路。

步骤 03　若要选择中心线导向曲线，则单击鼠标右键，并从弹出的快捷菜单中选择"中心线"命令，或在"放样"对话框中选择"中心线"单选按钮。选择二维或三维曲线作为中心线。中心线将保持垂直于中心线的截面之间的放样形状。

步骤 04　如果该零件包含的实体不止一个，则单击"实体"按钮来选择参与实体。

步骤 05　在"输出"下选择"实体"或"曲面"。

步骤 06　选择"封闭回路"复选框，以连接放样的起始和终止截面。

步骤 07　选择"合并相切面"复选框，以无缝合并放样面。

步骤 08　在"过渡"选项卡中，默认选项为"自动映射"。如果需要，可取消选择该复选框，以修改自动创建的点集、添加点或删除点。

步骤 09　单击"确定"按钮以创建放样。

5.3.4　创建面积放样

步骤 01　单击"三维模型"选项卡"创建"面板上的"放样"按钮 🍼 ，在图形窗口中按照希望形状过渡的顺序选择截面。

步骤 02　选择"面积放样"，然后选择一条二维或三维曲线作为中心线。中心线将保持垂直于中心线的截面之间的放样形状。选择中心线时，截面尺寸将显示在每个端点处，并提供相对于每个选定截面中心线的区域和位置。可以使用面积放样查看中心线是否与截面呈法向。截面尺寸指向与中心线呈法向的截面。除了这两个截面外，还可以添加放置的截面以定义横截面，从而控制放样形状。

步骤 03 若要添加放置的截面，可在"放样"对话框的"截面"列表框中单击"单击以添加"，并沿中心线将指示器移至点位置，然后单击以添加点。将显示每个放置截面的截面尺寸。

步骤 04 双击一个放置的截面以访问"截面尺寸"对话框，可以更改放置的截面位置和尺寸。若要相对于中心线长度更改或控制截面位置，请选择所需的"截面位置"选项并输入值。若使用"成比例的距离"，则相对于中心线长度定位截面；若使用"绝对距离"，则沿中心线的绝对距离放置截面。例如，如果中心线是 16，则输入 8，在中心线的中点创建放置的截面。

步骤 05 若要更改或控制比例，请选择所需的"截面尺寸"选项并输入值。选择"区域"并输入值，以按比例调整截面、匹配指定的区域值。选择"比例系数"并输入值，以按比例调整截面、匹配指定的区域值。使用"比例系数"选项作为外观设计工具或用来调整放样形状。

步骤 06 使用"从动截面"和"主动截面"将截面定义为"主动"或"从动"（检验）。选择"主动截面"更改截面的位置和尺寸。选择"从动截面"以禁用所有截面尺寸控件并仅允许控制截面位置。通常，将"放置的截面"设置为"主动截面"。

步骤 07 单击"确定"按钮退出对话框。若要进行其他编辑，请双击截面尺寸或在图形窗口中的尺寸上单击鼠标右键，并从弹出的快捷菜单中选择"编辑"命令。

步骤 08 若要删除截面尺寸，可在图形窗口中的尺寸上单击鼠标右键，并从弹出的快捷菜单中选择"删除"命令。

5.3.5 实例——电源插头

本实例绘制的电源插头如图 5-28 所示。

图 5-28 电源插头

下载资源\动画演示\第5章\电源插头.avi

操作步骤

步骤 01 新建文件。运行 Inventor，单击"快速"工具栏上的"新建"按钮，在打开的"新建文件"对话框中的零件下拉列表中选择"Standard.ipt"选项，单击"创建"按钮，新建一个零件文件。

步骤 02　创建截面草图 1。单击"三维模型"选项卡"草图"面板上的"开始创建二维草图"按钮 🗐，选择 XY 平面为草图绘制平面，进入草图绘制环境。单击"草图"选项卡"创建"面板上的"两点矩形"按钮 ▭ 和"圆角"按钮 🗀，绘制草图。单击"约束"面板上的"尺寸"按钮 ⊢⊣，标注尺寸如图 5-29 所示。单击"完成草图"按钮 ✅，退出草图环境。

步骤 03　创建工作平面 1。单击"三维模型"选项卡"定位特征"面板上的"工作平面"按钮 🗔，在浏览器原点文件夹下选取 XY 平面并拖动，输入偏移距离为 30mm，如图 5-30 所示，单击 ✅ 按钮，创建工作平面 1。

图 5-29　绘制草图

图 5-30　创建工作平面

步骤 04　创建截面草图 2。单击"三维模型"选项卡"草图"面板上的"开始创建二维草图"按钮 🗐，选择上一步绘制的工作平面 1 为草图绘制平面，进入草图绘制环境。单击"草图"选项卡"创建"面板上的"两点矩形"按钮 ▭ 和"圆角"按钮 🗀，绘制草图。单击"约束"面板上的"尺寸"按钮 ⊢⊣，标注尺寸如图 5-31 所示。单击"完成草图"按钮 ✅，退出草图环境。

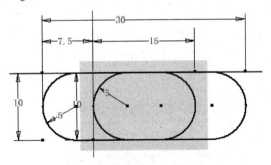

图 5-31　绘制截面草图 2

步骤 05　放样实体。单击"三维模型"选项卡"创建"面板上的"放样"按钮 🗇，打开"放样"对话框，在视图中选择上一步创建的草图作为截面，如图 5-32 所示，单击"确定"按钮，结果如图 5-33 所示。

图 5-32　设置参数　　　　　　　　　　图 5-33　创建放样实体

步骤 06　创建工作平面 2。单击"三维模型"选项卡"定位特征"面板上的"工作平面"按钮，在浏览器原点文件夹下选取 YZ 平面并拖动，输入偏移距离为 7.5mm，单击✔按钮，创建工作平面 2，结果如图 5-34 所示。

步骤 07　创建草图。单击"三维模型"选项卡"草图"面板上的"开始创建二维草图"按钮，选择上一步创建的工作平面 2 作为草图绘制平面，进入草图绘制环境。单击"草图"选项卡"创建"面板上的"直线"按钮，绘制草图。单击"约束"面板上的"尺寸"按钮，标注尺寸如图 5-35 所示。单击"完成草图"按钮✔，退出草图环境。

图 5-34　创建工作平面 2　　　　　　　图 5-35　绘制草图

步骤 08　创建旋转体。单击"三维模型"选项卡"创建"面板上的"旋转"按钮，打开"旋转"对话框，选择上一步创建的草图作为旋转截面，选取竖直直线段为旋转轴，如图 5-36 所示。单击"确定"按钮完成旋转，结果如图 5-37 所示。

图 5-36　"旋转"对话框及预览

步骤 09　创建截面轮廓草图。单击"三维模型"选项卡"草图"面板上的"开始创建二维草图"按钮，选择如图 5-37 所示的平面作为草图绘制平面，进入草图绘制环境。单击"草图"选项卡"创建"面板上的"圆心圆"按钮，绘制直径为 2mm 的圆。单击"完成草图"按钮，退出草图环境。

步骤 ⑩　创建路径轮廓草图。单击"三维模型"选项卡"草图"面板上的"开始创建二维草图"按钮，选择工作平面 2 为草图绘制平面，进入草图绘制环境。单击"草图"选项卡"创建"面板上的"样条曲线（控制顶点）"按钮，以圆心为起点绘制样条曲线，如图 5-38 所示。单击"完成草图"按钮，退出草图环境。

图 5-37　创建草图　　　　　　　　　　　　图 5-38　绘制样条曲线

步骤 ⑪　扫掠实体。单击"三维模型"选项卡"创建"面板中的"扫掠"按钮，打开"扫掠"对话框，在视图中选取圆为截面轮廓，选取上一步创建的样条曲线为扫掠路径，如图 5-39 所示，单击"确定"按钮，结果如图 5-40 所示。

图 5-39　设置参数　　　　　　　　　　　　图 5-40　扫掠实体

步骤 ⑫　创建草图。单击"三维模型"选项卡"草图"面板上的"开始创建二维草图"按钮，选择工作平面 1 为草图绘制平面，进入草图绘制环境。单击"草图"选项卡"创建"面板上的"两点矩形"按钮，绘制草图。单击"约束"面板上的"尺寸"按钮，标注尺寸如图 5-41 所示。单击"完成草图"按钮，退出草图环境。

图 5-41　绘制草图

步骤 13 创建拉伸体。单击"三维模型"选项卡"创建"面板上的"拉伸"按钮 ，打开"拉伸"对话框，选取上一步绘制的草图为拉伸截面轮廓，将拉伸距离设置为 20mm，如图 5-42 所示。单击"确定"按钮完成拉伸，结果如图 5-43 所示。

图 5-42　"拉伸"对话框及预览　　　　　　　　图 5-43　创建拉伸体

步骤 14 圆角处理。单击"三维模型"选项卡"修改"面板上的"圆角"按钮 ，打开"圆角"对话框，在视图中选择上一步创建的拉伸体的棱边，输入圆角半径为 2mm，如图 5-44 所示，单击"确定"按钮，结果如图 5-45 所示。

图 5-44　输入圆角半径　　　　　　　　　　图 5-45　创建圆角

步骤 15 打孔。单击"三维模型"选项卡"修改"面板上的"孔"按钮 ，打开"孔"对话框，选择"线性"放置类型，选择上一步创建的拉伸体的外表面，在视图中选取水平边为参考 1，距离为 4mm；选取竖直边为参考 2，距离为 3mm，输入孔直径为 3mm，如图 5-46 所示，单击"确定"按钮，结果如图 5-47 所示。

图 5-46　参数设置　　　　　　　　　　　　图 5-47　打孔

步骤 16 隐藏工作平面。在浏览器中选取工作平面，单击鼠标右键，在打开的快捷菜单中选择"可见性"选项，使工作平面不可见。

步骤 17　保存文件：单击"快速"工具栏上的"保存"按钮 🖫，打开"另存为"对话框，输入文件名为"电源插头.ipt"，单击"保存"按钮即可保存文件。

5.4　螺旋扫掠

螺旋扫掠用于构造对象，如弹簧或圆柱表面的螺纹。螺旋扫掠可以是多实体零件中的新实体。

5.4.1　设置螺旋扫掠

单击"三维模型"选项卡"创建"面板上的"螺旋扫掠"按钮 🥚，弹出"螺旋扫掠"对话框，如图 5-48 所示，用于创建基于螺旋的特征或实体。

1．"螺旋形状"选项卡

截面轮廓应该是一个封闭的曲线，以创建实体；旋转轴应该是一条直线，它不能与截面轮廓曲线相交，但是必须与之位于同一个平面内。可指定螺旋扫掠按顺时针方向 🗘 或逆时针方向 🗘 旋转。

2．"螺旋规格"选项卡（如图 5-49 所示）

可设置的螺旋类型一共有 4 种，即螺距和转数、转数和高度、螺距和高度以及平面螺旋。选择了不同的类型以后，在下面的参数文本框中输入对应的参数即可。需要注意的是，如果要创建发条之类没有高度的螺旋特征，可使用"平面螺旋"选项。

图 5-48　"螺旋扫掠"对话框

图 5-49　"螺旋规格"选项卡

3．"螺旋端部"选项卡（如图 5-50 所示）

注意只有当螺旋线是平底时可用，而在螺旋扫掠截面轮廓时不可用。可指定螺旋扫掠的两端为"自然"或"平底"样式，开始端和终止端可以是不同的终止类型。如果选择"平底"选项，可指定具体的过渡段包角和平底段包角。

图 5-50　"螺旋端部"选项卡

- 过渡段包角：螺旋扫掠获得过渡的距离（单位为度数，一般少于一圈）。在图 5-51（a）的示例中显示了顶部是自然结束，底部是四分之一圈（90deg）过渡，并且未使用平底段包角的螺旋扫掠。
- 平底段包角：螺旋扫掠过渡后不带螺距（平底）的延伸距离（度数），它是从螺旋扫掠的正常旋转的末端过渡到平底端的末尾。在图 5-51（b）的示例中显示了与图 5-51（a）显示的过渡段包角相同，但指定了一半转向（180deg）的平底段包角的螺旋扫掠。

（a）未使用平底段包角　　　（b）使用平底段包角

图 5-51　不同过渡包角下的扫掠结果

5.4.2　实例——弹簧

本小节将绘制如图 5-52 所示的弹簧。

下载资源\动画演示\第5章\弹簧.avi

操作步骤

步骤 01　新建文件。运行 Inventor，单击"快速"工具栏上的"新建"按钮，在打开的"新建文件"对话框中的零件下拉列表中选择"Standard.ipt"选项，单击"创建"按钮，新建一个零件文件。

步骤 02　创建草图。单击"三维模型"选项卡"草图"面板上的"开始创建二维草图"按钮，选择 XY 平面为草图绘制平面，进入草图绘制环境。单击"草图"选项卡"绘图"

面板上的"直线"按钮 ╱ 和"圆心圆"按钮 ⊙，绘制轮廓。单击"约束"面板上的"尺寸"按钮 ⊢⊣，标注尺寸如图 5-53 所示。单击"完成草图"按钮 ✓，退出草图环境。

图 5-52　弹簧

图 5-53　绘制草图

步骤 03　创建螺旋扫掠。单击"三维模型"选项卡"创建"面板上的"螺旋"按钮 ☰，打开"螺旋扫掠"对话框，由于草图中只有如图 5-53 所示的一个截面轮廓，所以自动被选取为扫掠截面轮廓，选取竖直线为旋转轴，在"螺旋规格"选项卡中选择"螺距和高度"类型，输入螺距为 10mm，高度为 50mm，如图 5-54 所示。在"螺旋端部"选项卡中设置"起始位置"、"终止位置"为平底，其他采用默认设置，单击"确定"按钮，则创建如图 5-55 所示的弹簧。

图 5-54　设置参数

图 5-55　弹簧

步骤 04　创建草图。单击"三维模型"选项卡"草图"面板上的"开始创建二维草图"按钮 ▱，选择 YZ 平面为草图绘制平面，进入草图绘制环境。单击"草图"选项卡"绘图"面板上的"两点矩形"按钮 ▢，绘制轮廓，如图 5-56 所示。单击"完成草图"按钮 ✓，退出草图环境。

步骤 05　创建拉伸体。单击"三维模型"选项卡"创建"面板上的"拉伸"按钮 ▤，打开"拉伸"对话框，由于草图中只有如图 5-53 所示的一个截面轮廓，所以自动被选取为拉伸截面轮廓，设置拉伸范围为"贯通"，拉伸方向为"对称"，如图 5-57 所示。单击"确定"按钮完成拉伸。

图 5-56 绘制草图

图 5-57 设置参数

步骤 06 保存文件。单击"快速"工具栏上的"保存"按钮 ，打开"另存为"对话框，输入文件名为"弹簧.ipt"，单击"保存"按钮即可保存文件。

5.5 凸 雕

在零件设计中，往往需要在零件表面增添一些凸起、凹进的图案或文字，以实现某种功能或增强美观性。

在 Inventor 中，可利用凸雕工具来实现这种设计功能。进行凸雕的基本思路是：首先建立草图，因为凸雕也是基于草图的特征，然后在草图上绘制用来形成特征的草图几何图元或草图文本。通过在指定的面上进行特征的生成，将特征缠绕或投影到其他面上。

5.5.1 设置凸雕

单击"三维模型"选项卡"创建"面板上的"凸雕"按钮 ，打开"凸雕"对话框，如图 5-58 所示。

图 5-58 "凸雕"对话框

1．截面轮廓

在创建截面轮廓以前，首先应该选择创建凸雕特征的面：

- 如果是在平面上创建，则可直接在该平面上创建草图，绘制截面轮廓。
- 如果在曲面上创建凸雕特征，则应该在对应的位置建立工作平面，或利用其他的辅助平面建立草图。

草图中的截面轮廓用作凸雕图像，可使用"草图"选项卡内的工具创建截面轮廓，截面轮廓主要有两种：一是使用"文本"工具创建文本；二是使用草图工具创建形状，如圆形、多边形等。

2．类型

用于指定凸雕区域的方向，有三个选项可供选择。

- 从面凸雕：升高截面轮廓区域，也就是说截面将凸起。
- 从面凹雕：凹进截面轮廓区域。
- 从平面凸雕/凹雕：从草图平面向两个方向或一个方向拉伸，向模型中添加并从中去除材料。如果向两个方向拉伸，则会去除同时添加的材料，这取决于截面轮廓相对于零件的位置。如果凸雕或凹雕对零件的外形没有任何的改变作用，那么该特征将无法生成，系统也会给出错误信息。

3．深度和方向

可指定凸雕或凹雕的深度，即凸雕或凹雕截面轮廓的偏移深度。还可指定凸雕或凹雕特征的方向，当截面轮廓位于从模型面偏移的工作平面上时尤其有用，因为如果截面轮廓位于偏移的平面上时，若深度不合适则不能生成凹雕特征，截面轮廓不能延伸到零件的表面形成切割。

4．顶面外观

通过单击"顶面外观"按钮指定凸雕区域面（注意不是其边）上的颜色。在打开的"颜色"对话框中，单击向下箭头显示一个列表，在列表中滚动或键入开头的字母以查找所需的颜色。

5．折叠到面

对于"从面凸雕"和"从面凹雕"类型，用户可通过选中"折叠到面"复选框指定截面轮廓缠绕在曲面上。注意仅限于单个面，不能是接缝面。面只能是平面或圆锥形面，而不能是样条曲线。如果不选中该复选框，图像将投影到面而不是折叠到面。如果截面轮廓相对于曲率有些大，那么当凸雕或凹雕区域向曲面投影时就会轻微失真。遇到垂直面时，缠绕即停止。

6．锥度

对于"从平面凸雕/凹雕"类型，可指定扫掠斜角，指向模型面的角度为正，允许从模型中去除一部分材料。

5.5.2 实例——章

本实例将绘制章，如图 5-59 所示。

图 5-59 章

下载资源\动画演示\第5章\章.avi

操作步骤

步骤 01 新建文件。运行 Inventor，单击"快速"工具栏上的"新建"按钮，在打开的"新建文件"对话框中的零件下拉列表中选择"Standard.ipt"选项，单击"创建"按钮，新建一个零件文件。

步骤 02 创建草图。单击"三维模型"选项卡"草图"面板上的"开始创建二维草图"按钮，选择 XY 平面为草图绘制平面，进入草图绘制环境。单击"草图"选项卡"创建"面板上的"直线"按钮和"三点圆弧"按钮，绘制草图。单击"约束"面板上的"尺寸"按钮，标注尺寸如图 5-60 所示。单击"完成草图"按钮，退出草图环境。

图 5-60 绘制草图

步骤 03 创建旋转体。单击"三维模型"选项卡"创建"面板上的"旋转"按钮，打开"旋转"对话框，由于草图中只有如图 5-60 所示的一个截面轮廓，所以自动被选取为旋转截面轮廓，选取竖直直线段为旋转轴，如图 5-61 所示。单击"确定"按钮完成旋转，创建如图 5-62 所示的零件基体。

图 5-61　"旋转"对话框及浏览　　　　　　　　图 5-62　旋转基体

步骤 04 输入文字。单击"三维模型"选项卡"草图"面板上的"开始创建二维草图"按钮，选择旋转体的下表面为草图绘制平面，进入草图绘制环境。单击"草图"选项卡"创建"面板上的"文本"按钮 **A**，在视图中的适当位置选定区域后打开"文本格式"对话框，输入"公章"，更改大小为 7mm，如图 5-63 所示，单击"确定"按钮，结果如图 5-64 所示。单击"完成草图"按钮，退出草图环境。

图 5-63　"文本格式"对话框　　　　　　　　　图 5-64　输入文字

步骤 05 雕刻文字。单击"三维模型"选项卡"创建"面板上的"凸雕"按钮，打开"凸雕"对话框，选择"从面凸雕"类型，在视图中选取上一步创建的草图为截面轮廓，输入深度为 1mm，如图 5-65 所示，单击"确定"按钮，结果如图 5-66 所示。

步骤 06 保存文件。单击"快速"工具栏上的"保存"按钮，打开"另存为"对话框，输入文件名为"章.ipt"，单击"保存"按钮即可保存文件。

图 5-65　"凸雕"对话框　　　　　　　　　　　图 5-66　雕刻文字

5.6　塑料特征

多实体零件是自上而下的工作流，即在单个零件文档中创建和放置多个实体。这种技术对于设计塑料零件尤其有用。自上而下的工作流不再需要零件之间的复杂文件关系和投影边。用户可以控制每个实体的可见性，为其定义单独的颜色并计算其质量。完成设计时，可以将单个实体作为零件文件直接导出至部件，如图 5-67 所示。

图 5-67　塑料特征

Inventor 中的塑料零件命令用于自动创建复杂的塑料零件特征。

 塑料零件命令并非专用于塑料零件。例如，"规则圆角"命令可基于指定的设计规则在任意类型的特征上创建圆角。

5.6.1　凸柱特征

紧固件是塑料零件中的常用连接机构。若要放置和固定紧固件，可在两个零件上塑造匹配特征，为紧固件的头塑造凸柱，以及用于契合紧固件的螺纹部分的通道。

使用凸柱特征，用户可以设计紧固件放置的两个零部件，称为"端部"和"螺纹"，也可以设计紧固加强筋。当凸柱长度大于直径的 3 倍时，加强筋便可以发挥作用。

凸柱特征放置在头和螺纹匹配面中心的点上，然后凸柱延伸到目标零件实体的下一个面中。若要在两个相对实体中设计两个配合零部件，可使用方向相对的相同放置元素，如图 5-68 所示。

单击"三维模型"选项卡"塑料零件"面板上的"凸柱"按钮，打开如图 5-69 所示的"凸柱"对话框。

图 5-68　凸柱放置

图 5-69　"凸柱"对话框

1．类型规格

- 头类型：紧固件头所在的位置。
- 螺纹类型：紧固件螺纹所占的位置。

2．放置

- 从草图：从在相同草图中定义的点中选择放置点。草图法向表示凸柱方向。若要切换到相反方向，请拖动凸柱方向的预览箭头。
- 参考点：从不同的草图或工作点中选择放置点。在此情况下，不使用草图法向。若要定义凸柱方向，请选择几何元素或工作元素。

使用二维草图的点、三维工作点和方向元素创建凸柱特征，如图 5-70 所示。

在预览期间，凸柱的截面显示在与照相机轴垂直的平面中。将光标悬停在截面上以亮显可以拖动的线段，将光标悬停在关键点上以显示可以拖动的其他点，某些点保持隐藏状态以防止预览过于杂乱。

图 5-70　创建凸柱特征

5.6.2　止口特征

止口和槽特征通常是塑料产品设计的一部分，它们用于在沿墙壁的分模线上精确连接两个零件。特征通常由两个精确匹配的独立元素组成：止口本身和槽。基于沿墙壁的路径和几何参数创建止口或槽特征，如图 5-71 所示。

图 5-71　基于沿墙壁的路径和几何参数创建止口或槽特征

在零件的薄壁上创建止口或槽特征，如图 5-72 所示。

图 5-72　在薄壁上创建止口或槽特征

创建止口特征的操作步骤如下：

步骤 01 创建或导入薄壁零件。

步骤 02 定义沿路径的两个工作平面和两个工作点，如图 5-73 所示。

图 5-73　定义工作平面和点

步骤 03 单击"三维模型"选项卡"塑料零件"面板中的"止口"按钮 ，打开"止口"对话框，如图 5-74 所示。

图 5-74　"止口"对话框

步骤 04　选择两条路径，如图 5-75 所示。

步骤 05　调整止口截面和挖空体的体积，还可以沿路径将截面拖到适当的位置。

步骤 06　选择两个平面和两点作为路径范围，选择要保留或删除的部分，如图 5-76 所示。

步骤 07　在对话框中单击"确定"按钮，完成止口的创建，如图 5-77 所示。

图 5-75　选择路径　　　　　图 5-76　选择路径范围　　　　　图 5-77　止口特征

对"止口"对话框中的选项说明如下。

1．"形状"选项卡

● 路径边：选择一条或多条路径，每条路径都必须是连续相切的。相同止口/槽的所有路径都必须在相切连续的面上。

● 引导面：选择引导面，导向面包含相邻区域中的路径边。选中后，保留沿路径的定角处的止口/槽的截面。

● 拔模方向：展开以显示选择箭头，单击以选择止口/坡口焊的拔模方向。对于导向面是可选的。选中后，确保止口/槽截面沿整条路径与其平行。

● 路径范围：展开以显示选择箭头，单击以选择修剪止口/坡口焊所依据的元素。相同选择器允许选择两个修剪元素、要保留或删除的路径部分。使用绿色点和黄色点可确定要保留或删除的路径部分。

2．"止口"选项卡

该选项卡包括止口类型的几何参数输入：止口拔模斜度 D1 和 D2、止口高度 H、止口厚度 T、轴位宽度 S、挖空体高度 C，如图 5-78 所示。

槽类型的几何参数包括：槽拔模斜度 D1 和 D2、槽高度 H、槽厚度 T、轴位宽度 S、挖空体高度 C，如图 5-79 所示。

图 5-78　止口类型的几何参数　　　　图 5-79　槽类型的几何参数

5.6.3 支撑台特征

支撑台是一种塑料零件元素，应用于塑料抽壳的倾斜壁或弯曲壁，形成一个"平台面区域"，部分在实体内突出，部分在实体外突出，平台面区域可用于另一个零件的放置或提供与整体形状方向不同的曲面，如图 5-80 所示。

图 5-80　支撑台特征

步骤 01　创建或导入薄壁零件，如图 5-81 所示。

图 5-81　创建或导入薄壁零件

步骤 02　在薄壁零件的上表面和下表面之间的二维草图上创建支撑台截面轮廓。

⚠️ 注意　为草图位置使用偏移工作平面，如图 5-82 所示。

图 5-82　使用偏移工作平面

步骤 03　单击"三维模型"选项卡"塑料零件"面板上的"支撑台"按钮，打开如图 5-83 所示的"支撑台"对话框。

图 5-83　"支撑台"对话框

步骤 **04** 验证 "形状" 选项卡中的框是否设定为 "贯通"。平台体方向箭头类似于如图 5-84
所示的箭头（例如，与相应的挖空体体积相对）。

步骤 **05** 可以拖动平台面的截面轮廓或更改平台面的选项以指定新距离，单击 "确定" 按钮。

步骤 **06** 支撑台特征已完成，如图 5-85 所示。

图 5-84　平台体方向箭头　　　　　　　图 5-85　支撑台特征

5.6.4　栅格孔特征

栅格孔特征用于在零件的薄壁上创建孔或缺口，从而为内部零部件提供空气流，如图 5-86
所示。

图 5-86　栅格孔特征

用于定义栅格孔几何图元的阵列有如下几种。

● 外部轮廓：必须是封闭的草图。限制栅格孔的范围，通常外部轮廓在零件曲面的偏
移处扩展，如图 5-87 所示。

● 内部轮廓：填满材料的区域，通常位于栅格孔的中心处。内部轮廓通常与抽壳的厚
度相同。其必须是封闭的草图，如图 5-88 所示。

图 5-87　外部轮廓　　　　　　　　　图 5-88　内部轮廓

● 加强筋：一个填充栅格孔区域的阵列。加强筋的外部面相对于外部轮廓的外部面是

表面齐平或稍微嵌入的，如图 5-89 所示。

● 加强肋：一个二级阵列，通常用来增加加强筋的硬度，如图 5-90 所示。

图 5-89　加强筋

图 5-90　加强肋

● 外部轮廓投影（加上外部轮廓周围 10%的公差带）必须完全位于零件曲面内：在外部轮廓投影内不允许有任何材料间隙（孔）。

● 栅格孔成功：栅格孔外部轮廓投影的外部轮廓保留在目标实体内部，可以有 10% 的公差，如图 5-91 所示。

● 栅格孔未进行计算：栅格孔外部轮廓投影的外部轮廓不会全部包括在目标实体内，如图 5-92 所示。

图 5-91　栅格孔成功

图 5-92　栅格孔未进行计算

● 栅格孔不会进行计算：栅格孔外部轮廓投影的外部轮廓与目标实体的边缘过于接近（距离公差在 10%以内），如图 5-93 所示。

图 5-93　栅格孔不会进行计算

外部轮廓草图是建立栅格孔时的唯一强制元素。栅格孔特征的缺口区域位于对话框的"通风面积"部分，以及在参考参数中报告。通风面积不会考虑可选拔模斜度。

通过在零件的曲面上投影一个或多个二维草图的阵列来创建栅格孔特征，操作步骤如下。

步骤 **01**　创建或导入薄壁零件，如图 5-94 所示。

步骤 **02**　在需要栅格孔的曲面外平面上的二维草图上定义各种栅格孔要素，如图 5-95 所示。

图 5-94　创建或导入薄壁零件　　　　　　　　图 5-95　定义栅格孔要素

步骤 **03**　单击"三维模型"选项卡"塑料零件"面板上的"栅格孔"按钮，打开如图 5-96 所示的"栅格孔"对话框。

图 5-96　"栅格孔"对话框

步骤 **04**　选择"外部轮廓"截面轮廓，并输入"厚度"、"高度"和"外部高度"（例如，从实体面的偏移）参数。预览将显示对应的几何图元，如图 5-97 所示。

步骤 **05**　选择"内部轮廓"截面轮廓并输入"内部轮廓壁厚"参数，如图 5-98 所示。

图 5-97　设置"外部轮廓"截面轮廓　　　　　图 5-98　设置"内部轮廓"截面轮廓

步骤 **06**　选择"加强筋"截面轮廓，可以使用框选，即将鼠标从左至右拖动，以仅选择完全包含在窗口中的内容。将鼠标从右至左拖动以选择窗口边界断开的任何实体。输入"加强筋厚度"、"高度"和"顶部偏移"（从栅格孔外部轮廓面）参数，如图 5-99 所示。

步骤 07 选择"加强肋"截面轮廓，也可在此使用窗选。输入"加强肋厚度"和"偏移"（从加强筋面）参数，如图 5-100 所示。

图 5-99　设置"加强筋"截面轮廓　　　　图 5-100　设置"加强肋"截面轮廓

步骤 08 输入拔模斜度。

5.6.5　卡扣式连接特征

塑料零件之间的普通连接机构是卡扣式连接。该特征可塑造卡扣式连接的最常见形状：挂钩和环孔样式，如图 5-101 所示。

（a）挂钩样式　　　　　　　　　　　　（b）环孔样式

图 5-101　挂钩和环孔样式

卡扣式连接特征的放置由以下元素决定：

● 草图上的点，其中草图法向表示梁方向。单击方向预览按钮可将梁切换为相反的方向，如图 5-102 所示。

图 5-102　梁切换为相反的方向

● 挂钩/扣方向与梁方向垂直。单击方向预览按钮可按 90° 向 4 个象限切换，如图 5-103 所示。

图 5-103　按 90° 向 4 个象限切换

● 工作点或草图点，从不同的草图或工作点中选择放置点。在该情况下，不使用草图法向，并且梁方向和挂钩/扣方向必须通过选择几何元素或工作元素进行定义，如图 5-104 所示。

图 5-104　通过几何元素或工作元素定义方向

● 选中梁方向和挂钩/扣方向后，仍可以通过选择和拖动箭头来反转它们的方向，如图 5-105 所示。

图 5-105　反转方向

最后，可以自动将梁形状延伸到下一个表面，如图 5-106 所示。

图 5-106　将梁形状延伸到下一个表面

　　可以通过使用操纵器设置卡扣式连接特征的尺寸，它们在预览中可用，在不使用精确尺寸输入时互动定义几何元素。

　　卡扣式连接预览图像用于显示可操纵的某些控制点。在截面上悬停光标以亮显可以拖动的线束段，在关键点上悬停光标以显示可以拖动的其他点，某些点保持隐藏状态，以避免预览过于杂乱。在预览上悬停光标，以获得对操纵器响应的感觉。

第6章　放置特征

📥 导言

有些特征不需要创建草图，而是直接在实体上创建，如倒角特征，它需要的要素是实体的边线，与草图没有任何关系，这些特征就是非基于草图的特征。在 Inventor 2015 中，放置特征包括圆角、倒角、螺纹特征、孔特征、抽壳特征、面拔模、镜像特征以用阵列特征等。

6.1　圆　角

单击"三维模型"选项卡"修改"面板上的"圆角"按钮，打开"圆角"对话框，如图 6-1 所示，可以看到有 3 种圆角模式"边圆角"、"面圆角"和"全圆角"，下面分别进行介绍。

图 6-1　"圆角"对话框

6.1.1　边圆角

可在零件的一条或多条边上添加内圆角或外圆角。在一次操作中，用户可以创建等半径和变半径圆角、不同大小的圆角和具有不同连续性（相切或平滑 G2）的圆角。在同一次操作中创建不同大小的所有圆角将成为单个特征。

1. 等半径圆角

等半径圆角特征由三个部分组成：边、半径和模式。首先要选择产生圆角半径的边，然后指定圆角的半径，最后再选择一种圆角模式即可。

● 选择模式：包括如下选项。
  ➢ 边：只对选中的边创建圆角，如图 6-2（a）所示。
  ➢ 回路：可选中一个回路，这个回路的整条边线都会创建圆角特征，如图 6-2（b）所示。
  ➢ 特征：选择因某个特征与其他面相交所导致的边以外的所有边都会创建圆角，如图 6-2（c）所示。

（a）边模式　　　　　　　　（b）回路模式　　　　　　　　（c）特征模式

图 6-2　选择模式

● 所有圆角：选择此选项，所有的凹边和拐角都将创建圆角特征。
● 所有圆边：选择此选项，所有的凸边和拐角都将创建圆角特征。
● 沿尖锐边旋转：设置当指定圆角半径会使相邻面延伸时，对圆角的解决方法。选中此复选框可在需要时改变指定的半径，以保持相邻面的边不延伸，若清除复选框，则保持等半径，并且在需要时延伸相邻的面。
● 在可能的位置使用球面连接：设置圆角的拐角样式，选中该复选框可创建一个圆角，如同一个球沿着边和拐角滚动的轨迹一样，若清除该复选框，则在锐利拐角的圆角之间创建连续相切的过渡，如图 6-3 和图 6-4 所示。

图 6-3　拐角样式 1　　　　　　　　　　　图 6-4　拐角样式 2

● 自动链选边：设置边的选择配置。选择该复选框，再选择一条边以添加圆角，则自动选择所有与之相切的边，若清除该复选框，则只选择指定的边。
● 保留所有特征：勾选此选项，所有与圆角相交的特征都将被选中，并且在圆角操作中将计算它们的交线。如果清除了该复选框，则在圆角操作中只计算参与操作的边。

2．变半径圆角

若要创建变半径圆角，可打开"变半径"选项卡，如图 6-5 所示。创建变半径圆角的原理是：首先选择边线上至少三个点，分别指定这几个点的圆角半径，Inventor 会自动根据指定的半径创建变半径圆角。

图 6-5　"变半径"选项卡

若选中"平滑半径过渡"复选框，可使圆角在控制点之间逐渐混合过渡，过渡是相切的（在点之间不存在跃变）。若清除该复选框，则在点之间用线性过渡来创建圆角。

3．过渡圆角

过渡圆角是指相交边上的圆角连续地相切过渡，若要创建变半径的圆角，可打开"过渡"选项卡，如图 6-6 所示。首先选择一个两条或更多要创建过渡圆角边的顶点，然后依次选择边即可，此时会出现圆角的预览，修改左侧窗口内的每一条边的过渡尺寸，最后单击"确定"按钮即可完成过渡圆角的创建。

图 6-6　"过渡"选项卡

6.1.2 面圆角

面圆角在不需要共享边的两个所选面集之间添加内圆角或外圆角，示意图如图 6-7 所示。选择类型，"圆角"对话框如图 6-8 所示。

图 6-7　面圆角示意图　　　　图 6-8　"圆角"对话框

- 面集 1：选中 可指定包括在要创建圆角的第一个面集中的模型或曲面实体的一个或多个相切、相邻面。若要添加面，请单击"选择"工具，然后单击图形窗口中的面。
- 面集 2：选中 可指定要创建圆角的第二个面集中的模型或曲面实体的一个或多个相切、相邻面。若要添加面，请单击"选择"工具，然后单击图形窗口中的面。
- 反向：反向反转在选择曲面时可在其上创建圆角的一侧。
- 包括相切面：用于设置面圆角的面选择配置。选择复选框以允许圆角在相切、相邻面上自动继续。若清除复选框以仅在两个选择的面之间创建圆角。此选项不会从选择集中添加或删除面。
- 优化单个选择：进行单个选择后，即自动前进到下一个"选择"按钮。对每个面集进行多项选择时，可清除复选框。
- 半径：指定所选面集的圆角半径。若要改变半径，请单击该半径值，然后输入新的半径值。

6.1.3 全圆角

全圆角用于添加与三个相邻面相切的变半径圆角或外圆角，示意图如图 6-9 所示。中心面集由变半径圆角取代。

图 6-9　全圆角示意图

选择 类型，即可打开"圆角"对话框，如图 6-10 所示。

图 6-10　"圆角"对话框

- 侧面集 1：选中 可指定与中心面集相邻的模型或曲面实体的一个或多个相切、相邻面。若要添加面，请单击"选择"工具，然后单击图形窗口中的面。
- 中心面集：选中 可指定使用圆角替换的模型或曲面实体的一个或多个相切、相邻面。若要添加面，请单击"选择"工具，然后单击图形窗口中的面。
- 侧面集 2：选中 可指定与中心面集相邻的模型或曲面实体的一个或多个相切、相邻面。若要添加面，请单击"选择"工具，然后单击图形窗口中的面。
- 包括相切面：设置全圆角的面选择配置。选择复选框以允许圆角在相切、相邻面上自动继续。若清除复选框，将仅在两个选择的面之间创建圆角。此选项不会从选择集中添加或删除面。
- 优化单个选择：进行单个选择后，即自动前进到下一个"选择"按钮。进行多项选择时可清除复选框。

6.1.4　实例——手柄

绘制如图 6-11 所示的手柄。

图 6-11　手柄

操作步骤

 01　新建文件。运行 Inventor，单击"快速"工具栏上的"新建"按钮，在打开的"新建文件"对话框中的零件下拉列表中选择"Standard.ipt"选项，单击"创建"按钮，新建一个零件文件。

步骤 02　创建草图。单击"三维模型"选项卡"草图"面板上的"开始创建二维草图"按钮，选择 XY 平面为草图绘制平面，进入草图绘制环境。利用草图命令，绘制轮廓。单击"约束"面板上的"尺寸"按钮，标注尺寸如图 6-12 所示。单击"完成草图"按钮，退出草图环境。

图 6-12　绘制草图

步骤 03　创建拉伸体。单击"三维模型"选项卡"创建"面板上的"拉伸"按钮，打开"拉伸"对话框，选取上一步绘制的草图为拉伸截面轮廓，将拉伸距离设置为 6mm，拉伸方向为"对称"，如图 6-13 所示。单击"确定"按钮完成拉伸，创建如图 6-14 所示的零件基体。

图 6-13　设置参数　　　　　　　　　　图 6-14　创建拉伸体

步骤 04 创建草图。单击"三维模型"选项卡"草图"面板上的"开始创建二维草图"按钮▣，选择 XY 平面为草图绘制平面，进入草图绘制环境。单击"草图"选项卡"创建"面板上的"圆心圆"按钮⊙，绘制两个同心圆。单击"约束"面板上的"尺寸"按钮▭，标注尺寸如图 6-15 所示。单击"完成草图"按钮✔，退出草图环境。

图 6-15　绘制草图

步骤 05 创建拉伸体。单击"三维模型"选项卡"创建"面板上的"拉伸"按钮▮，打开"拉伸"对话框，选取上一步绘制的草图为拉伸截面轮廓，将拉伸距离设置为 12mm，拉伸方向为"对称"，如图 6-16 所示。单击"确定"按钮完成拉伸，则创建如图 6-17 所示的零件基体。

图 6-16　设置参数　　　　　　　　　　图 6-17　创建拉伸体

步骤 06 创建草图。单击"三维模型"选项卡"草图"面板上的"开始创建二维草图"按钮▣，选择如图 6-17 所示的平面为草图绘制平面，进入草图绘制环境。单击"草图"选项卡"创建"面板上的"圆心圆"按钮⊙，绘制一个圆。单击"约束"面板上的"尺寸"按钮▭，标注尺寸如图 6-18 所示。单击"完成草图"按钮✔，退出草图环境。

135

图 6-18　绘制草图

步骤 07 创建拉伸体。单击"三维模型"选项卡"创建"面板上的"拉伸"按钮，打开"拉伸"对话框，选取上步绘制的草图为拉伸截面轮廓，将拉伸距离设置为 10mm，如图 6-19 所示。单击"确定"按钮完成拉伸，则创建如图 6-20 所示的零件基体。

图 6-19　设置参数　　　　　　　　　　　　　图 6-20　创建拉伸体

步骤 08 圆角处理。单击"三维模型"选项卡"修改"面板上的"圆角"按钮，打开"圆角"对话框，在视图中选择如图 6-21 所示的边线，输入圆角半径为 2mm，单击"确定"按钮，结果如图 6-11 所示。

图 6-21　选择边线

步骤 09 保存文件。单击"快速"工具栏上的"保存"按钮，打开"另存为"对话框，输入文件名为"手柄.ipt"，单击"保存"按钮即可保存文件。

6.2 倒 角

倒角可在零件和部件环境中使零件的边产生斜角。倒角可使与边的距离等长,距边指定的距离和角度或从边到每个面的距离不同。与圆角相似,倒角不要求有草图,并被约束到要放置的边上。

单击"三维模型"选项卡"修改"面板上的"倒角"按钮，打开"倒角"对话框如图6-22所示。在 Inventor 中,提供三种创建倒角的方式:倒角边长、倒角边长和角度、两个倒角边长。

6.2.1 倒角边长

以倒角边长创建倒角是最简单的一种创建倒角的方式,通过指定与所选择的边线偏移同样的距离来创建倒角,可选择单条边、多条边或相连的边界链以创建倒角,还可指定拐角过渡类型的外观。创建时,仅需选择用来创建倒角的边以及指定倒角距离即可。对于该方式下的选项说明如下。

1. 链选边

- 所有相切连接边：在倒角中一次可选择所有相切边。
- 独立边：一次只选择一条边。

2. 过渡类型

可在选择了三个或多个相交边创建倒角时应用,以确定倒角的形状。

- 过渡：在各边交汇处创建交叉平面而不是拐角,如图 6-23(a)所示。
- 无过渡：倒角的外观如同通过铣去每个边而形成的尖角,如图 6-23(b)所示。

图 6-22 "倒角"对话框

（a）过渡 （b）无过渡

图 6-23 过渡类型

6.2.2 倒角边长和角度

利用倒角边长和角度创建倒角时需要指定倒角边长和倒角角度两个参数,选择了该选项后,"倒角"对话框如图 6-24 所示。首先选择创建倒角的边,然后选择一个表面,倒角所形成的斜面与该面的夹角就是所指定的倒角角度，倒角距离和倒角角度均可在右侧的"倒角边长"和"角度"文本框中输入，单击"确定"按钮即可创建倒角特征。

图 6-24　用倒角边长和角度创建倒角

6.2.3　两个倒角边长

利用两个倒角边长创建倒角 时，需要指定两个倒角距离来创建倒角。选择该选项后，"倒角"对话框如图 6-25 所示。首先选定倒角边，然后分别指定两个倒角距离即可。可利用"反向"选项使得模型距离反向，单击"确定"按钮即可完成创建。

图 6-25　用两个边长创建倒角

6.2.4　实例——底座

本实例将绘制如图 6-26 所示的底座。

 下载资源\动画演示\第6章\底座.avi

操作步骤

步骤 01　新建文件。运行 Inventor，单击"快速"工具栏上的"新建"按钮，在打开的"新

建文件"对话框中的零件下拉列表中选择"Standard.ipt"选项,单击"创建"按钮,
新建一个零件文件。

步骤 02 创建草图。单击"三维模型"选项卡"草图"面板上的"开始创建二维草图"按钮，
选择 XZ 平面为草图绘制平面,进入草图绘制环境。单击"草图"选项卡"绘图"
面板上的"多边形"按钮⬡,绘制六边形。单击"约束"面板上的"尺寸"按钮，
标注尺寸如图 6-27 所示。单击"完成草图"按钮✔,退出草图环境。

图 6-26　底座

图 6-27　绘制草图

步骤 03 创建拉伸体。单击"三维模型"选项卡"创建"面板上的"拉伸"按钮，打开"拉
伸"对话框,由于草图中只有如图 6-27 所示的一个截面轮廓,所以自动被选取为拉
伸截面轮廓,将拉伸距离设置为 8mm,如图 6-28 所示。单击"确定"按钮完成拉伸,
则创建如图 6-29 所示的零件基体。

图 6-28　设置参数

图 6-29　创建拉伸体

步骤 04 创建草图。单击"三维模型"选项卡"草图"面板上的"开始创建二维草图"按钮，
选择 YZ 平面为草图绘制平面,进入草图绘制环境。单击"草图"选项卡"绘图"
面板上的"直线"按钮╱,绘制轮廓。单击"约束"面板上的"尺寸"按钮，标
注尺寸如图 6-30 所示。单击"完成草图"按钮✔,退出草图环境。

图 6-30　绘制草图

步骤 05 创建旋转体。单击"三维模型"选项卡"创建"面板上的"旋转"按钮📷，打开"旋转"对话框，选取如图 6-30 所示的草图为截面轮廓，选取竖直直线段为旋转轴，如图 6-31 所示。单击"确定"按钮完成旋转，如图 6-32 所示。

图 6-31　设置参数　　　　　　　　　　　　图 6-32　创建旋转特征

步骤 06 创建草图。单击"三维模型"选项卡"草图"面板上的"开始创建二维草图"按钮📝，选择 YZ 平面为草图绘制平面，进入草图绘制环境。单击"草图"选项卡"绘图"面板上的"直线"按钮✏️，绘制轮廓。单击"约束"面板上的"尺寸"按钮📐，标注尺寸如图 6-33 所示。单击"完成草图"按钮✓，退出草图环境。

图 6-33　绘制草图

步骤 07 创建旋转体。单击"三维模型"选项卡"创建"面板上的"旋转"按钮📷，打开"旋转"对话框，由于草图中只有如图 6-33 所示的一个截面轮廓，所以自动被选取为旋转截面轮廓，选取竖直直线段为旋转轴，选择布尔求差方式，如图 6-34 所示。单击"确定"按钮完成旋转，如图 6-35 所示。

图 6-34　设置参数　　　　　　　　　　　　图 6-35　创建旋转特征

步骤 08 创建倒角。单击"三维模型"选项卡"修改"面板上的"倒角"按钮⬜，打开"倒角"对话框,设置"倒角边长",选择如图 6-36 所示的边线,输入倒角边长为 1.6mm,单击"确定"按钮,结果如图 6-37 所示。

图 6-36　设置参数　　　　　　　　　　　　　　　图 6-37　倒角处理

步骤 09 创建外螺纹。单击"三维模型"选项卡"修改"面板上的"螺纹"按钮，打开"螺纹"对话框,选择如图 6-38 所示的面为螺纹放置面,勾选"全螺纹"复选框,单击"确定"按钮,创建螺纹如图 6-39 所示。

图 6-38　设置参数　　　　　　　　　　　　　　　图 6-39　创建螺纹

步骤 10 保存文件。单击"快速"工具栏上的"保存"按钮，打开"另存为"对话框,输入文件名为"底座.ipt",单击"保存"按钮即可保存文件。

6.3　螺纹特征

在机械设计中,螺纹是极其常用的设计结构,而螺纹连接也是机械设计中最为常见的连接方式,对螺纹结构设计的支持是一个机械设计软件的必备功能。

在 Inventor 中,螺纹特征用来帮助用户进行机械设计中的螺纹结构设计。螺纹特征可以在完整的或者部分的圆柱或圆锥体表面创建螺纹,但是并无真实几何结构,而是简化成对表面的贴图。同时,将相关设计数据记录在模型中,这样处理螺纹的好处是:机械设计中的螺纹结构都是有一定标准的,所以在进行螺纹设计时,只需要设置相关的螺纹参数就可以加工出所需的螺纹,这里不绘制真实的螺纹结构,而是用贴图表示,从而节省计算机的数据资源,在贴图的同时将相关的螺纹设计数据记录在模型中,也满足了设计的需求。螺纹特征不能在曲面上(如圆柱面、圆锥面)创建螺纹结构。

螺纹特征属于放置特征,也就是基于特征的特征,所以在启用螺纹特征前,在该模型中必须要具有可以创建螺纹特征的实体表面——圆柱或圆锥体表面,否则在启用螺纹特征时会弹出启用失败的提示对话框。

6.3.1 设置螺纹特征

单击"三维模型"选项卡"修改"面板上的"螺纹"命令 ⬛,弹出"螺纹"对话框,如图6-40所示。

图 6-40 "螺纹"对话框

1. "位置"选项卡

该选项卡用来设置要创建螺纹的面及螺纹长度。

- 面:选择单一圆柱或圆锥表面(锥管螺纹)。
- 在模型上显示:指定是否在模型上使用螺纹表达。当要表达时,应选择此复选框。
- 全螺纹:指定是否对选定面的整个长度范围创建螺纹。
- 偏移量:非全螺纹时有效,以距光标较近的端面为基准,用于定义螺纹距起始端面的距离。
- 长度:非全螺纹时有效,以螺纹开始处为基准,用于定义螺纹部分的长度。

2. "定义"选项卡

该选项卡用来定义螺纹规格,如图6-41所示。

图 6-41 "定义"选项卡

- 螺纹类型：单击下拉箭头，在弹出的下拉列表中可以选择公制、英制等类型。
- 尺寸：为所选螺纹类型选择尺寸（可选择，也可与当前模型所指面的直径匹配检测）。
- 规格：根据所选螺纹的直径选择所需的螺距，按螺纹参数表提供的序列选择。
- 类：设置螺纹精度，根据所选螺纹的直径和螺距进行选择。
- 方向：定义螺纹的旋向，如"右旋"或"左旋"。

以上参数设置完成后，在对话框中单击"确定"或"应用"按钮即可在所选实体面上创建螺纹特征。区别是：单击"确定"按钮可创建螺纹特征并关闭对话框；单击"应用"按钮创建螺纹特征，但不关闭对话框，螺纹特征功能处于激活状态，还可以继续对其他面进行螺纹创建。

6.3.2　实例——锁紧螺母

本实例将绘制如图 6-42 所示的锁紧螺母。

图 6-42　锁紧螺母

 下载资源\动画演示\第6章\锁紧螺母.avi

操作步骤

步骤 01 新建文件。运行 Inventor，单击"快速"工具栏上的"新建"按钮，在打开的"新建文件"对话框中的零件下拉列表中选择"Standard.ipt"选项，单击"创建"按钮，新建一个零件文件。

步骤 02 创建草图。单击"三维模型"选项卡"草图"面板上的"开始创建二维草图"按钮，选择 XZ 平面为草图绘制平面，进入草图绘制环境。单击"草图"选项卡"绘图"面板上的"直线"按钮，绘制草图。单击"约束"面板上的"尺寸"按钮，标注尺寸如图 6-43 所示。单击"完成草图"按钮，退出草图环境。

图 6-43 绘制草图

步骤 03 创建旋转体。单击"三维模型"选项卡"创建"面板上的"旋转"按钮，打开"旋转"对话框，由于草图中只有如图 6-43 所示的一个截面轮廓，所以自动被选取为旋转截面轮廓，选取水平直线段为旋转轴，如图 6-44 所示。单击"确定"按钮完成旋转，结果如图 6-45 所示。

图 6-44 设置参数   图 6-45 创建主体

步骤 04 创建外螺纹。单击"三维模型"选项卡"修改"面板上的"螺纹"按钮，打开"螺纹"对话框，选择如图 6-46 所示的面为螺纹放置面，取消对"全螺纹"复选框的勾选，输入长度为 6mm，单击"确定"按钮，结果如图 6-47 所示。

图 6-46 设置参数   图 6-47 创建螺纹

步骤 05 保存文件。单击"快速"工具栏上的"保存"按钮，打开"另存为"对话框，输入文件名为"锁紧螺母.ipt"，单击"保存"按钮即可保存文件。

6.4　孔特征

在 Inventor 中可利用打孔工具在零件环境、部件环境和焊接环境中创建参数化直孔、沉头孔、锪平或倒角孔特征，还可自定义螺纹孔的螺纹特征和顶角类型，从而满足设计要求，示意图如图 6-48 所示。

图 6-48　孔示意图

6.4.1　设置孔特征

单击"三维模型"选项卡"修改"面板上的"孔"按钮，打开"孔"对话框，如图 6-49 所示。对创建孔时需要设定的参数，按照顺序简要说明如下。

1. 放置尺寸

- 从草图：在该方式下，孔是基于草图的特征，要求在现有特征上绘制一个孔的中心点，用户也可在现有几何图元上选择端点或中心点来作为孔中心。单击"中心"按钮选择几何图元的端点或中心点作为孔中心。如果当前草图中只有一个点，则孔中心点将被自动选择为该点。

- 线性：该方式根据两条线性边在面上创建孔。如果选择了"线性"方式，在"放置尺寸"框中将出现选择"面"以及两个"参考"按钮。单击"面"按钮则选择要放置孔的面。单击"参考 1"按钮，选择用于标注孔放置尺寸的第一条线性参考边，单击"参考 2"按钮，选择用于标注孔放置尺寸的第二条线性参考边。当选择了两个参考之后，与参考相关的尺寸会自动显示，可单击该尺寸以进行修改，如图 6-50 所示为线性方式下的打孔示意图。

- 同心：使用该方式可在面上创建与环形边或圆柱面同心的孔。选择该方式以后，在"放置尺寸"框中将出现选择"面"和"同心参考"的按钮。单击"面"按钮选择要放置孔的面或工作平面。单击"同心参考"按钮，选择孔中心放置所引用的对象，可以是环形边或圆柱面，最后所创建的孔与同心引用对象具有同心约束。

- 参考点：该方式创建与工作点重合并根据轴、边或工作平面进行放置的孔。选择该方式以后，在"放置尺寸"框中出现选择"点"和"方向"的按钮。单击"点"按钮选择要设置为孔中心的工作点。单击"方向"按钮选择孔轴的方向，可选择与孔轴垂直的平面或工作平面，则该平面的法线方向成为孔轴的方向，或选择与孔轴平行的边或轴。单击"反向"按钮可反转孔的方向。

图 6-49　"孔"对话框　　　　　　　图 6-50　线性方式下的打孔示意图

2．孔的形状

可选择创建 4 种形状的孔，即直孔、沉头孔、沉头平面孔和倒角孔。直孔与平面齐平，并且具有指定的直径；沉头孔具有指定的直径、沉头直径和沉头深度；沉头平面孔具有指定的直径、沉头平面直径和沉头平面深度，且孔和螺纹深度从沉头平面的底部曲面进行测量；倒角孔具有指定的直径、倒角直径和倒角深度。

 注意　不能将锥螺纹孔与沉头孔结合使用。

3．孔预览区域

在孔的预览区域内可预览孔的形状，需要注意的是孔的尺寸是在预览窗口中修改的，双击对话框中孔图像上的尺寸，此时尺寸值变为可编辑状态，然后输入新值即可完成修改。

4．孔底

通过"孔底"选项组可设定孔的底部形状，有两个选项：平直和角度，如果选择"角度"选项，可设定角度的值。

5．终止方式

通过"终止方式"选项组中的选项可设置孔的方向和终止方式，单击"终止方式"下拉列表中的向下箭头，可看到的选项有"距离"、"贯通"和"到"。其中，"到"方式仅可用于零件特征，在该方式下需要指定是在曲面还是在延伸面（仅适用于零件特征）上终止孔。如果选择"距离"或"贯通"选项，则通过方向按钮选择是否反转孔的方向。

6．孔的类型

可选择创建 4 种类型的孔，即简单孔、螺纹孔、配合孔和锥螺纹孔。

若要为孔设置螺纹特征，可选中"螺纹孔"或"锥螺纹孔"选项，此时出现如图 6-51 所示的"螺纹"选项组，用户可自行指定螺纹类型。

图 6-51　"螺纹"选项组

- 英制孔对应于"ANSI Unified Screw Threads"选项作为螺纹类型，公制孔则对应于"GB Metrio profile"选项作为螺纹类型。
- 可设定螺纹的右旋或左旋方向，以及设置是否为全螺纹，可设定尺寸、规格和直径等。

若选中"配合孔"选项，创建与所选紧固件配合的孔，此时出现如图 6-52 所示的"紧固件"选项组。可从"标准"下拉列表中选择紧固件标准，从"紧固件类型"下拉列表中选择紧固件类型，从"尺寸"下拉列表中选择紧固件的大小，从"配合"下拉列表中设置孔配合的类型，可选的值为："常规"、"紧"或"松"。

图 6-52　"紧固件"选项组

6.4.2　实例——球头

本实例将绘制如图 6-53 所示的球头。

图 6-53　球头

下载资源\动画演示\第6章\球头.avi

操作步骤

步骤01　新建文件。运行 Inventor，单击"快速"工具栏上的"新建"按钮，在打开的"新

147

建文件"对话框中的零件下拉列表中选择"Standard.ipt"选项，单击"创建"按钮，新建一个零件文件。

步骤 02 创建球体。单击"三维模型"选项卡"基本要素"面板上的"球体"按钮⚪，选择 XZ 平面为草图绘制面，进入草图绘制环境，选择原点为圆心，绘制直径为 17 的圆，如图 6-54 所示，按 Enter 键，返回建模环境，系统打开"旋转"对话框，自动选取圆为旋转截面轮廓，如图 6-55 所示。单击"确定"按钮完成旋转，结果如图 6-56 所示。

图 6-54　绘制草图　　　　　　　　　　　图 6-55　设置参数

步骤 03 创建草图。单击"三维模型"选项卡"草图"面板上的"开始创建二维草图"按钮，选择 XZ 平面为草图绘制平面，进入草图绘制环境。单击"草图"选项卡"绘图"面板上的"两点矩形"按钮，绘制草图。单击"约束"面板上的"尺寸"按钮，标注尺寸如图 6-57 所示。单击"完成草图"按钮，退出草图环境。

图 6-56　创建球体　　　　　　　　　　　图 6-57　绘制草图

步骤 04 创建拉伸体。单击"三维模型"选项卡"创建"面板上的"拉伸"按钮，打开"拉伸"对话框，选取上一步绘制的草图为拉伸截面轮廓，设置拉伸范围为"贯通"，拉伸方向为"对称"，选择布尔求差方式，如图 6-58 所示。单击"确定"按钮，完成拉伸切除，如图 6-59 所示。

图 6-58　设置参数　　　　　　　　　　图 6-59　创建拉伸体

步骤 05　创建直孔。单击"三维模型"选项卡"修改"面板上的"孔"按钮 ，打开"孔"
对话框。在"放置"下拉列表中选择"同心"放置方式，在视图中选取上一步创建
的拉伸体外表面为孔放置平面，选取圆弧边线为同心参考，选择"直孔"类型，终
止方式为"距离"，输入孔直径为 6mm，距离为 10mm，如图 6-60 所示，单击"确
定"按钮。

图 6-60　设置参数

注意　绘制球头时还有另一种方法比较简单，直接绘制如图 6-61 所示的草图轮廓，通过旋转
即可得到球头，读者可以自己动手操作。

图 6-61　绘制草图

步骤 06　保存文件。单击"快速"工具栏上的"保存"按钮 ，打开"另存为"对话框，输

入文件名为"球头.ipt"，单击"保存"按钮即可保存文件。

6.5　抽壳特征

抽壳特征是指从零件的内部去除材料，创建一个具有指定厚度的空腔零件。抽壳也是参数化特征，常用于模具和铸造方面的造型，示意图如图 6-62 所示。

6.5.1　设置抽壳特征

单击"三维模型"选项卡"修改"面板上的"抽壳"按钮 回 ，打开"抽壳"对话框，如图 6-63 所示。

图 6-62　抽壳示意图

图 6-63　"抽壳"对话框

1．抽壳方式

● 向内 ：向零件内部偏移壳壁，原始零件的外壁成为抽壳的外壁。
● 向外 ：向零件外部偏移壳壁，原始零件的外壁成为抽壳的内壁。
● 双向 ：向零件内部和外部以相同距离偏移壳壁，每侧的偏移厚度是零件厚度的一半。

2．特殊面厚度

用户可忽略默认厚度，而对所选的壁面应用其他厚度。需要指出的是：指定相等的壁厚是一个好的习惯，因为相等的壁厚有助于避免在加工和冷却的过程中出现变形。当然如果情况特殊的话，可为特定壳壁指定不同的厚度。

● 选择：显示应用新厚度的所选面个数。
● 厚度：显示和修改为所选面设置的新厚度。

6.5.2 实例——支架

本实例将绘制移动轮支架，如图 6-64 所示。

 下载资源\动画演示\第6章\支架.avi

操作步骤

步骤 01 新建文件。运行 Inventor，单击"快速"工具栏上的"新建"按钮，在打开的"新建文件"对话框中的零件下拉列表中选择"Standard.ipt"选项，单击"创建"按钮，新建一个零件文件。

步骤 02 创建草图。单击"三维模型"选项卡"草图"面板上的"开始创建二维草图"按钮，选择 XY 平面为草图绘制平面，进入草图绘制环境。单击"草图"选项卡"创建"面板上的"直线"按钮和"圆心圆"按钮，绘制草图；单击"修改"面板上的"修剪"按钮，修剪多余的线段；单击"约束"面板内的"尺寸"按钮，标注尺寸如图 6-65 所示。单击"完成草图"按钮，退出草图环境。

图 6-64　移动轮支架

图 6-65　绘制草图

步骤 03 创建拉伸体。单击"三维模型"选项卡"创建"面板上的"拉伸"按钮，打开"拉伸"对话框，选取上一步绘制的草图为拉伸截面轮廓，将拉伸距离设置为 65mm，如图 6-66 所示。单击"确定"按钮完成拉伸，结果如图 6-67 所示。

图 6-66　设置参数

图 6-67　创建拉伸体

步骤 04 创建抽壳。单击"三维模型"选项卡"修改"面板上的"抽壳"按钮回，打开"抽壳"对话框，选择"向内"类型，在视图中选取如图 6-68 所示的两个面为开口面，输入厚度为 3mm，单击"确定"按钮，结果如图 6-69 所示。

图 6-68　设置参数　　　　　　　　　　　图 6-69　抽壳处理

步骤 05 创建草图。单击"三维模型"选项卡"草图"面板上的"开始创建二维草图"按钮，选择 YZ 平面为草图绘制平面，进入草图绘制环境。单击"草图"选项卡"创建"面板上的"直线"按钮和"三点圆弧"按钮，绘制草图；单击"约束"面板上的"尺寸"按钮，标注尺寸如图 6-70 所示。单击"完成草图"按钮，退出草图环境。

图 6-70　绘制草图

步骤 06 切除拉伸。单击"三维模型"选项卡"创建"面板上的"拉伸"按钮，打开"拉伸"对话框，选取上一步绘制的草图为拉伸截面轮廓，在"范围"下拉列表中选择"贯通"，选择"求差"选项，单击"对称"按钮，如图 6-71 所示。单击"确定"按钮完成拉伸，结果如图 6-72 所示。

图 6-71　设置参数　　　　　　　　　　　图 6-72　拉伸切除实体

步骤 **07**　创建孔。单击"三维模型"选项卡"修改"面板上的"孔"按钮，打开"孔"对话框。在"放置"下拉列表中选择"线性"放置方式，选取侧面为孔放置面，选取竖直边线为参考 1，输入距离为 57mm，选取水平边线为参考 2，输入距离为 13mm；选择"直孔"类型，输入孔直径为 10mm，终止方式为"贯通"，如图 6-73 所示；单击"确定"按钮，结果如图 6-74 所示。

图 6-73　设置参数

图 6-74　创建孔

步骤 **08**　创建孔。单击"三维模型"选项卡"修改"面板上的"孔"按钮，打开"孔"对话框。在"放置"下拉列表中选择"同心"放置方式，选取如图 6-75 所示的面为孔放置面，选取圆弧边线为同心参考，选择"直孔"类型，输入孔直径为 16mm，终止方式为"贯通"，单击"确定"按钮，结果如图 6-76 所示。

图 6-75　参数设置

步骤 **09**　圆角处理。单击"三维模型"选项卡"修改"面板上的"圆角"按钮，打开"圆角"对话框，输入圆角半径为 15mm，在视图中选取如图 6-77 所示的两条边线，单击"确定"按钮，结果如图 6-78 所示。

图 6-76　创建孔

图 6-77　选择边

图 6-78　圆角处理

步骤 **10** 保存文件。单击"快速"工具栏上的"保存"按钮 ⬛,打开"另存为"对话框,输入文件名为"支架.ipt",单击"保存"按钮即可保存文件。

6.6 面拔模

在进行铸件设计时,通常需要一个拔模面使得零件更容易从模子里面取出。在为模具或铸造零件设计特征时,可通过为拉伸或扫掠指定正的或负的扫掠斜角来应用拔模斜度,当然也可直接对现成的零件进行拔模斜度操作。在 Inventor 中提供了一个拔模斜度工具,可方便地对零件进行拔模操作,如图 6-79 所示。

6.6.1 设置面拔模

单击"三维造型"选项卡"修改"面板上的"面拔模"命令 🗐,弹出"面拔模"对话框,如图 6-80 所示。

图 6-79 面拔模示意图

图 6-80 "面拔模"对话框

1. 拔模类型

拔模分为固定边、固定平面和分模线三种方式,选择的拔模方式不同,对话框的设置也不同。

● 固定边:在每个平面的一个或多个相切的连续固定边处创建拔模,结果将创建额外的面。除了直线性棱边外,样条曲面也可以作为固定边,如图 6-81 所示。

● 固定平面:选择一个平面并确定拔模方向,拔模方向垂直于所选面。创建固定平面的拔模,选定的平面可确定对哪些面进行拔模。根据固定平面的位置,拔模可以添加和去除材料。固定平面处的截面面积不变,其他截面随固定平面的距离变化而放大或缩小,如图 6-82 所示。

● 分模线:其前提是有一个三维的线,即分模线。选择一个平面确定拔模方向,再选择分模线,最后选择需要拔模的面进行拔模。

图 6-81　固定边拔模

图 6-82　固定平面拔模

2．拔模方向

拔模方向表示从零件拔出的方向。当在图形窗口中移动鼠标指针时，会显示一个垂直于亮显面或沿亮显边的矢量。

当拔模方向与实际不符时，可以通过"反向"来改变拔模方向，或者直接使用负值使拔模方向指向相反方向。

3．面

面，即拔模基准面，选择要将拔模应用到的面或边。当在面上移动鼠标指针时，将有一个符号表示拔模的固定边及如何应用拔模。单击顶边将其固定，使用扫掠斜角移动底边，或者单击底边将其固定，并使用扫掠斜角移动顶边，再次单击以选择所选面的一条边。

4．拔模斜度

可以设置拔模的角度，输入正的或负的角度，或者从下拉列表中选择一种计算方法。

6.6.2　实例——充电器

本实例将绘制充电器，如图 6-83 所示。

| 下载资源\动画演示\第6章\充电器.avi |

操作步骤

步骤 **01** 新建文件。运行 Inventor，单击"快速"工具栏上的"新建"按钮，在打开的"新建文件"对话框中的零件下拉列表中选择"Standard.ipt"选项，单击"创建"按钮，新建一个零件文件。

步骤 **02** 创建草图。单击"三维模型"选项卡"草图"面板上的"开始创建二维草图"按钮，选择 XY 平面为草图绘制平面，进入草图绘制环境。单击"草图"选项卡"绘图"面板上的"两点矩形"按钮▭，绘制轴轮廓。单击"约束"面板上的"尺寸"按钮╠┤，标注尺寸如图 6-84 所示。单击"完成草图"按钮✔，退出草图环境。

图 6-83 充电器

图 6-84 绘制草图

步骤 03 创建拉伸体。单击"三维模型"选项卡"创建"面板上的"拉伸"按钮▮，打开"拉伸"对话框，选取上一步绘制的草图为拉伸截面轮廓，将拉伸距离设置为 4mm，如图 6-85 所示。单击"确定"按钮完成拉伸，结果如图 6-86 所示。

图 6-85 设置参数

图 6-86 创建拉伸体

步骤 04 创建工作平面。单击"三维模型"选项卡"定位特征"面板上的"工作平面"按钮▭，在视图中选取拉伸体的上表面并拖动，输入偏移距离为 0.5mm，单击"确定"按钮✔，创建工作平面 1，如图 6-87 所示。

步骤 05 创建草图。单击"三维模型"选项卡"草图"面板上的"开始创建二维草图"按钮▱，选择上一步创建的工作平面 1 为草图绘制平面，进入草图绘制环境。单击"草图"选项卡"创建"面板上的"投影几何图元"按钮▤，提取上一步创建的拉伸体的外边线，单击"完成草图"按钮✔，退出草图环境。

步骤 06 创建拉伸体。单击"三维模型"选项卡"创建"面板上的"拉伸"按钮▮，打开"拉伸"对话框，选取上一步绘制的草图为拉伸截面轮廓，将拉伸距离设置为 2mm，如图 6-88 所示。单击"确定"按钮完成拉伸，结果如图 6-89 所示。

图 6-87　创建工作平面　　　　　　　图 6-88　设置参数

步骤 07　拔模处理。单击"三维造型"选项卡"修改"面板上的"面拔模"命令，打开"面拔模"对话框，如图 6-90 所示。选择"固定平面"类型，在视图中选取第一个拉伸体的上表面为固定平面，选择 4 个面为拔模面，输入拔模斜度为 10°，单击"确定"按钮，结果如图 6-91 所示。

图 6-89　创建拉伸体　　　　　　　图 6-90　参数设置

步骤 08　拔模处理。单击"三维造型"选项卡"修改"面板上的"面拔模"命令，打开"面拔模"对话框，如图 6-92 所示。选择"固定平面"类型，在视图中选取第二个拉伸体的下表面为固定平面，选择 4 个面为拔模面，输入拔模斜度为 30°，单击"确定"按钮，结果如图 6-93 所示。

图 6-91　拔模处理　　　　图 6-92　参数设置　　　　图 6-93　拔模处理

步骤 09 创建共享草图。在浏览器中"拉伸2"特征下选取草图2，单击鼠标右键，在打开的快捷菜单中选择"共享草图"选项，如图 6-94 所示。系统自动生成一个草图2，如图 6-95 所示。

图 6-94　快捷菜单　　　　　　　图 6-95　共享草图

步骤 10 创建拉伸体。单击"三维模型"选项卡"创建"面板上的"拉伸"按钮▥，打开"拉伸"对话框，选取上一步共享的草图为拉伸截面轮廓，在"范围"下拉列表中选择"到"，在视图中选取拉伸体1的上表面，如图 6-96 所示。单击"确定"按钮完成拉伸，结果如图 6-97 所示，即隐藏工作平面1和共享草图2。

图 6-96　设置参数　　　　　　　　　图 6-97　创建拉伸体

步骤 11 创建草图。单击"三维模型"选项卡"草图"面板上的"开始创建二维草图"按钮▱，选择拉伸体上表面为草图绘制平面，进入草图绘制环境。单击"草图"选项卡"创建"面板上的"两点矩形"按钮▭，绘制矩形。单击"约束"面板内的"尺寸"按钮▐，标注尺寸如图 6-98 所示。单击"完成草图"按钮✔，退出草图环境。

步骤 12 创建拉伸体。单击"三维模型"选项卡"创建"面板上的"拉伸"按钮▥，打开"拉伸"对话框，选取上一步创建的草图为拉伸截面轮廓，输入拉伸距离为 0.3mm。单击"确定"按钮完成拉伸，如图 6-99 所示。

步骤 13 创建草图。单击"三维模型"选项卡"草图"面板上的"开始创建二维草图"按钮▱，选择上一步绘制的拉伸体上表面为草图绘制平面，进入草图绘制环境。单击"草图"

选项卡"创建"面板上的"两点矩形"按钮 🖵，绘制矩形。单击"约束"面板内的"尺寸"按钮 ⊢⊣，标注尺寸如图 6-100 所示。单击"完成草图"按钮 ✔，退出草图环境。

图 6-98　绘制草图

图 6-99　创建拉伸体

步骤⑭　创建拉伸体。单击"三维模型"选项卡"创建"面板上的"拉伸"按钮 ▯，打开"拉伸"对话框，选取上一步绘制的草图为拉伸截面轮廓，输入拉伸距离为 2mm。单击"确定"按钮完成拉伸，结果如图 6-101 所示。

图 6-100　绘制草图

图 6-101　创建拉伸体

步骤⑮　圆角处理。单击"三维模型"选项卡"修改"面板上的"圆角"按钮 🫖，打开"圆角"对话框，在视图中选择如图 6-102 所示的边进行圆角处理，圆角半径为 0.6mm，单击"确定"按钮，结果如图 6-103 所示。

图 6-102　选择边

图 6-103　圆角

步骤 ⑯ 保存文件：单击"快速"工具栏上的"保存"按钮🔲，打开"另存为"对话框，输入文件名为"充电器.ipt"，单击"保存"按钮即可保存文件。

6.7 镜像特征

镜像特征可以以等长距离在平面的另外一侧创建一个或多个特征甚至整个实体的副本。如果零件中有多个相同的特征且在空间的排列上具有一定的对称性，可使用镜像工具以减少工作量，提高工作效率，示意图如图 6-104 所示。

图 6-104　镜像特征和镜像实体

单击"三维模型"选项卡"阵列"面板上的"镜像"按钮🔳，打开"镜像"对话框。首先要选择对各个特征进行镜像操作🔗还是对整个实体进行镜像操作🔗，两种类型操作的"镜像"对话框分别如图 6-105（a）与 6-105（b）所示。

（a）

（b）

图 6-105　两种类型操作的对话框

6.7.1　镜像各个特征

镜像各个特征的基础是特征，可以是实体特征、定位特征和曲面特征。对图 6-105（a）的说明如下。

● 特征：用户可以选择一个或多个要包括在镜像中的实体特征、定位特征和曲面特征。

如果所选特征带有从属特征，则将被自动选中。需要注意的是：不能镜像在整个实体上创建的特征，如所有圆角等；不能镜像急于求交操作结果的特征。

- 镜像平面：选择作为创建面对称模型的对称面，包括工作平面和平面，选定的特征将通过该平面镜像。
- 实体：选择接受上述生成镜像的实体，即生成的镜像特征属于哪个实体。当零件中包含多个实体时，对话框中的"实体"按钮可用；如果只有一个实体，则该按钮灰显不可用。
- 优化：通过镜像特征面来创建与选定特征完全相同的副本，这是最快的计算方法，使用该选项可加快镜像的计算速度。
- 完全相同：通过复制原始特征来创建与选定特征完全相同的副本，这是默认选项。
- 调整：通过镜像特征，并分别计算各个阵列引用的范围或终止方式来创建可能与选定特征不同的副本。

6.7.2　镜像实体

使用该选项选定镜像的基础是实体，当单击"镜像实体"按钮后，对话框会有所变化，多了"包括定位/曲面特征"、"求并"、"新建实体"和"删除原始特征"功能。

- 包括定位/曲面特征：单击该按钮，可以在图形区域的浏览器中选择一个或多个需要镜像的定位特征或曲面特征。
- 求并：即将镜像特征附着在选中的实体上，是默认选项。单击该按钮，将使得实体镜像为一个单一实体。
- 新建实体：创建包含阵列特征的新实体。如果是单实体零件，则转化为多实体零件。
- 删除原始特征：若选择该复选框，则将删除镜像的原始实体。零件文件中仅保留镜像引用，使用此功能可以对零件进行对称造型。

6.7.3　实例——圆头导向键

本实例将绘制圆头导向键，如图 6-106 所示。

图 6-106　圆头导向键

操作步骤

步骤 01 新建文件。运行 Inventor，单击"快速"工具栏上的"新建"按钮，在打开的"新建文件"对话框中的零件下拉列表中选择"Standard.ipt"选项，单击"创建"按钮，新建一个零件文件。

步骤 02 创建草图。单击"三维模型"选项卡"草图"面板上的"开始创建二维草图"按钮，选择 XY 平面为草图绘制平面，进入草图绘制环境。单击"草图"选项卡"创建"面板上的"两点矩形"按钮，绘制矩形。单击"约束"面板上的"尺寸"按钮，标注尺寸如图 6-107 所示。单击"完成草图"按钮，退出草图环境。

图 6-107　绘制草图

步骤 03 创建拉伸体。单击"三维模型"选项卡"创建"面板上的"拉伸"按钮，打开"拉伸"对话框，选取上一步绘制的草图为拉伸截面轮廓，将拉伸距离设置为 10mm，如图 6-108 所示。单击"确定"按钮完成拉伸，结果如图 6-109 所示。

图 6-108　设置参数　　　　　　　　　　　图 6-109　创建拉伸体

步骤 04 创建沉头孔。单击"三维模型"选项卡"修改"面板上的"孔"按钮，打开"孔"对话框，在"放置"下拉列表中选择"线性"放置类型，在视图中选取拉伸体的上表面为孔放置面，选取长边为参考 1，输入距离为 8mm，选取短边为参考 2，输入距离为 20mm，选择"沉头孔"类型，输入沉头孔参数如图 6-110 所示，单击"确定"按钮，结果如图 6-111 所示。

图 6-110　"孔"对话框及预览　　　　　　　图 6-111　沉头孔

步骤 **05** 圆角处理。单击"三维模型"选项卡"修改"面板上的"圆角"按钮🍰，打开"圆角"对话框，选择"全圆角"类型，在视图中选择面 1、2、3，结果如图 6-112 所示。注意中心面集是面 2，单击"确定"按钮，结果如图 6-113 所示。

图 6-112　"圆角"对话框　　　　　　　图 6-113　圆角处理

步骤 **06** 镜像处理。这里有两种方法可以实现对模型的镜像，读者可任选一种。

● 方法一：单击"三维模型"选项卡"阵列"面板上的"镜像"按钮🔲，打开"镜像"对话框，选择"镜像各个特征"类型，在视图中选取拉伸体、孔特征和圆角，选取如图 6-114 所示的面为镜像平面，单击"确定"按钮。

图 6-114　"镜像"对话框

● 方法二：单击"三维模型"选项卡"阵列"面板上的"镜像"按钮🔲，打开"镜像"对话框，选择"镜像实体"类型，系统自动选取视图中的所有实体，选取如图 6-115 所示的面为镜像平面，单击"确定"按钮，结果如图 6-116 所示。

图 6-115　"镜像"对话框及预览

图 6-116　镜像特征或实体

步骤 07 创建倒角。单击"三维模型"选项卡"修改"面板上的"倒角"按钮，打开"倒角"对话框，选择如图 6-117 所示的边线，输入倒角边长为 1mm，单击"确定"按钮，效果如图 6-118 所示。

图 6-117　选择边 　　　　　　　　　　　　　图 6-118　倒角

步骤 08 保存文件。单击"快速"工具栏上的"保存"按钮，打开"另存为"对话框，输入文件名为"圆头导向键.ipt"，单击"保存"按钮即可保存文件。

6.8　阵列特征

6.8.1　矩形阵列

矩形阵列是指复制一个或多个特征的副本,并且在矩形中沿着指定的线性路径排列得到的引用特征,线性路径可以是直线、圆弧、样条曲线或修剪的椭圆,如图 6-119 所示。

图 6-119 矩形阵列示意图

单击"三维模型"选项卡"阵列"面板上的"矩形阵列"按钮 ，打开"矩形阵列"对话框。

"矩形阵列"对话框中包括阵列对象、阵列方向、阵列数量、阵列尺寸、尺寸类型及"更多"按钮等，如图 6-120 所示。

1．阵列各个特征

阵列各个特征的基础是特征，可以是实体特征、定位特征和曲面特征。如果有基于特征的特征，则必须在所依附的特征被选中后才能被选定，例如倒角特征是不能单独作为阵列的基础的，用户必须在选择倒角特征之前先选中倒角所依附的特征。对图 6-120 中的选项说明如下。

- 特征：用户可以选择一个或多个要包括在阵列中的实体特征、定位特征和曲面特征。
- 实体：选择接受上述生成阵列的实体，即生成的阵列特征属于哪个实体。当零件中包含多个实体时，对话框中的"实体"按钮可用，某些特征可以依附于多个实体。如果只有一个实体，则该按钮灰显不可用。

2．阵列实体

阵列实体的基础是实体，包含不能单独阵列的特征，也包括定位特征和曲面特征，如图 6-121 所示。单击"阵列实体"按钮后，对话框会有所变化，多了"包括定位/曲面特征"、"求并"及"新建实体"功能按钮。

图 6-120 "矩形阵列"对话框

图 6-121 阵列实体

● 包括定位/曲面特征：单击该按钮，可以在图形区或浏览器中选择一个或多个需要阵列的定位特征或曲面特征。

● 求并：即将阵列附着在选中的实体上，为默认选项。单击该按钮将使得实体阵列为一个单一实体。

● 新建实体：创建包含多个独立实体的阵列，即阵列数量为多少，就产生多少个实体。

3．阵列方向

矩形阵列包括单向和双向两种，即通过方向 1 和方向 2 来控制。

● 单击"方向 1"中的方向选择按钮后，可以在绘图区选择添加引用的方向，即阵列的方向。方向箭头的起点位于选择点，阵列中可以作为方向的几何图元包括：未退化二维或三维直线、圆弧、样条曲线、修剪的椭圆或边，构造线不能作为方向。路径可以是开放回路，也可以是闭合回路。

● 单击"方向 2"中的方向选择按钮后，即可在绘图区选择要在行中添加阵列的方向，如图 6-122 所示。方向箭头的起点位于选择点，阵列中可以作为方向的几何图元包括：未退化二维或三维直线、圆弧、样条曲线、修剪的椭圆或边，同样路径是开放回路，也可以是闭合回路。

用户可以通过"方向 1"和"方向 2"中的"反向"及"中间面"功能按钮来调整阵列的方向。"反向"即反转阵列的方向，"中间面"即在原始特征的两侧分布阵列。

图 6-122　阵列方向

4．阵列数量

阵列数量用来指定该方向上阵列引用的数量，且必须大于零。"方向 1"和"方向 2"都包含"阵列数量"选项。

5．阵列尺寸

阵列尺寸用来指定引用之间的间距或距离，可以输入负值来创建相反方向的阵列。"方向 1"和"方向 2"都包含阵列尺寸选项，用来表示各个方向上阵列之间的间距或距离。

如果"尺寸类型"为"间距"，则表示引用之间的间距；如果"尺寸类型"为"距离"，则表示该方向上所有阵列距离之和；如果"尺寸类型"为"曲线长度"，则表示选择的曲线总长。

6．尺寸类型

在矩形阵列中，"方向 1"和"方向 2"都包括间距、距离和曲线长度三种尺寸类型。

- "间距"表示阵列之间的间距，如图 6-123 所示，方向 1 阵列之间的间距为 20mm，方向 2 阵列之间的间距为 12mm。

图 6-123　间距

- "距离"表示该方向上所有阵列距离之和，如图 6-124 所示，方向 1 上阵列的总距离是 60mm，方向 2 上阵列的总距离为 20mm。

图 6-124　距离

- "曲线长度"即阵列引用的总长度为选择曲线的长度，同时也沿着所选曲线的方向均匀排列，如图 6-125 所示。当选择"曲线长度"时，对话框中的"阵列尺寸"灰显，此时该尺寸的值是一个计算值，用户不能修改。曲线长度与距离有相似之处，都是先确定阵列引用的总长度，然后设置阵列数目，这样可以求出阵列的间距。

图 6-125　曲线长度

7."更多"按钮

单击对话框右下角的 >> 按钮,可显示"矩形阵列"的更多选项,如图 6-126 所示。可以设置起点的方向、计算方法和阵列特征的方向。阵列特征可以有统一或可变的特征长度,当阵列的特征完全一样时,计算的速度会快一些。

图 6-126　更多选项

（1）"方向 1"和"方向 2"选项组

"方向 1"和"方向 2"的起始位置用来重新设置两个方向上阵列的起点。如果需要,阵列可以以任何一个可选择的点作为起点。

（2）"计算"选项组

"计算"选项组包括"优化"、"完全相同"和"调整"三种方式,用来指定阵列特征的计算方式。

- "优化"是通过阵列特征面来创建与选定特征完全相同的副本,是最快的计算方法,一般在加速阵列计算时使用该选项。
- "完全相同"是通过复制原始特征来创建与选定特征完全相同的副本,是默认选项。
- "调整"是通过阵列特征并分别计算各个阵列引用的范围或终止方式来创建可能与选定特征不同的副本。具有大量引用的阵列,计算量比较大,因此阵列需要的时间会比较长,阵列引用可以根据特征范围或终止条件(例如终止于模型面上的阵列特征)进行调整,也可以保留原始的设计意图。

可以看出使用"完全相同"计算方式时,阵列引用都是相同的,而使用"调整"计算方式时,阵列引用会根据范围或终止条件自动调整。

（3）"方向"选项组

"方向"用来指定阵列特征的定位方式,取决于选定的第一个特征,包括"完全相同"、"方向 1"和"方向 2"。

- "完全相同"表示创建阵列时,所有的引用与原始特征一致,不会随着阵列路径旋转。
- "方向 1"和"方向 2"即指定阵列引用跟随旋转的路径线,使其根据所选的第一个特征将方向保持为选择路径的二维相切矢量。

6.8.2　实例——窥视孔盖

本实例将绘制窥视孔盖,如图 6-127 所示。

图 6-127 窥视孔盖

下载资源\动画演示\第6章\窥视孔盖.avi

 操作步骤

步骤 01 新建文件。运行 Inventor，单击"快速"工具栏上的"新建"按钮，在打开的"新建文件"对话框中的零件下拉列表中选择"Standard.ipt"选项，单击"创建"按钮，新建一个零件文件。

步骤 02 创建草图。单击"三维模型"选项卡"草图"面板上的"开始创建二维草图"按钮，选择 XY 平面为草图绘制平面，进入草图绘制环境。单击"草图"选项卡"创建"面板上的"两点矩形"按钮，绘制矩形。单击"约束"面板上的"尺寸"按钮，标注尺寸如图 6-128 所示。单击"完成草图"按钮，退出草图环境。

图 6-128 绘制草图

步骤 03 创建拉伸体。单击"三维模型"选项卡"创建"面板上的"拉伸"按钮，打开"拉伸"对话框，选取上一步绘制的草图为拉伸截面轮廓，将拉伸距离设置为 6mm，如图 6-129 所示。单击"确定"按钮完成拉伸，如图 6-130 所示。

图 6-129 "拉伸"对话框   图 6-130 创建拉伸体

步骤 **04** 创建草图。单击"三维模型"选项卡"草图"面板上的"开始创建二维草图"按钮 ，选择上一步创建的拉伸体上表面为草图绘制平面，进入草图绘制环境。单击"草图"选项卡"创建"面板上的"点"按钮 ，创建点；单击"约束"面板上的"尺寸"按钮 ，标注尺寸如图 6-131 所示。单击"完成草图"按钮 ，退出草图环境。

图 6-131 绘制草图

步骤 **05** 打孔。单击"三维模型"选项卡"修改"面板上的"孔"按钮 ，打开"孔"对话框。在"放置"下拉列表中选择"从草图"放置方式，自动选取上一步创建的点为孔心，如图 6-132 所示，选择"直孔"类型，输入孔直径为 7mm，终止方式为"贯通"，单击"确定"按钮。

图 6-132 "孔"对话框及预览

步骤 **06** 矩形阵列孔。单击"三维模型"选项卡"阵列"面板上的"矩形阵列"按钮 ，打开"矩形阵列"对话框，选取上一步创建的孔为要阵列的特征，在视图中选择长边线为阵列方向 1，输入阵列个数为 2，距离为 80mm；选择短边为阵列方向 2，输入个数为 2，距离为 45mm，如图 6-133 所示，单击"确定"按钮，结果如图 6-134 所示。

图 6-133　设置参数　　　　　　　　　　图 6-134　矩形阵列

步骤 07 创建螺纹孔。单击"三维模型"选项卡"修改"面板上的"孔"按钮 ⬡，打开"孔"对话框，在"放置"下拉列表中选择"线性"放置方式，选取拉伸体的上表面为孔的放置面，选取长边线为参考 1，输入距离为 32.5mm，选取短边为参考 2，输入距离为 50mm，创建直螺纹孔，勾选"全螺纹"复选框，其他参数设置如图 6-135 所示，单击"确定"按钮，结果如图 6-136 所示。

图 6-135　"孔"对话框及预览　　　　　　图 6-136　螺纹孔

步骤 08 圆角处理。单击"三维模型"选项卡"修改"面板上的"圆角"按钮 ⬡，打开"圆角"对话框，输入圆角半径为 15mm，在视图中选取拉伸体的 4 条棱边，如图 6-137 所示，单击"确定"按钮，结果如图 6-138 所示。

图 6-137　选择边　　　　　　　　　　图 6-138　圆角

步骤 09 保存文件。单击"快速"工具栏上的"保存"按钮▉，打开"另存为"对话框，输入文件名为"窥视孔盖.ipt"，单击"保存"按钮即可保存文件。

6.8.3 环形阵列

环形阵列是指复制一个或多个特征，然后在圆弧或圆中按照指定的数量和间距排列所得到的引用特征，如图 6-139 所示。

单击"三维模型"选项卡"阵列"面板上的"环形阵列"按钮❖，打开"环形阵列"对话框，如图 6-140 所示。

图 6-139　环形阵列示意图

图 6-140　"环形阵列"对话框

1．阵列各个特征

阵列各个特征的基础是特征（如图 6-140 所示），可以是实体特征、定位特征和曲面特征。如果有基于特征的特征，则必须在所依附的特征被选中后才能被选定，例如倒角特征是不能单独被作为阵列的基础的，用户必须在选择倒角特征之前先选中倒角所依附的特征。对图 6-140 中的选项说明如下。

- 特征：用户可以选择一个或多个要包括在阵列中的实体特征、定位特征和曲面特征。
- 旋转轴：用来指定重复围绕的轴，轴可以处于与阵列特征或实体不同的平面上。可以作为旋转轴的几何图元包括：工作轴、特征棱边、原始坐标等。
- 实体：选择接受上述生成阵列的实体，即生成的阵列特征属于哪个实体。当零件中包含多个实体时，对话框中的"实体"按钮可用，某些特征可以依附于多个实体。如果只有一个实体，则该按钮灰显不可用。

2．阵列实体

阵列实体的基础是实体，包含不能单独阵列的特征，也包括定位特征和曲面特征，如图 6-141 所示。单击"阵列实体"按钮后，对话框会有所变化，多了"包括定位/曲面特征"、"求并"及"新建实体"功能按钮。

图 6-141　阵列实体

- 包括定位/曲面特征：单击该按钮，可以在图形区或浏览器中选择一个或多个需要阵列的定位特征或曲面特征。
- 求并：即将阵列附着在选中的实体上，为默认选项。单击该按钮将使得实体阵列为一个单一实体。
- 新建实体：创建包含多个独立实体的阵列，即阵列数量为多少，就产生多少个实体。

3．放置尺寸

放置尺寸主要用来定义环形阵列中阵列的数量、阵列之间的角度间距和重复的方向。

- 阵列数量：用来指定一定角度范围内阵列引用的数量，必须大于零。
- 阵列角度：引用之间的角度间距取决于"更多"选项中的"放置方法"，如果选择"增量"单选按钮，则阵列角度表示两个引用之间的角度间距；如果选择"范围"单选按钮，则阵列角度表示所有引用间距的总和。
- 中间面：该复选框用来指定阵列的原始特征，处于特征引用的两侧。

4．方向

- 旋转：单击此按钮，阵列特征或实体绕轴移动时更改方向，如图 6-142 所示。
- 固定：单击此按钮，阵列特征或实体绕轴移动时其方向与父选择集相同，如图 6-143 所示。此时，"基准点"按钮可用，可以选择一个顶点或点以重定义固定阵列的基准点。

图 6-142　旋转方向

图 6-143　固定方向

5."更多"按钮

单击对话框右下角的 ⟩⟩ 按钮，将显示"环形阵列"的更多选项。其中包括指定阵列的"创建方法"和"放置方法"。

（1）创建方法

创建方法包括"优化"、"完全相同"和"调整"三种方式，用来指定阵列特征的计算方式。

● 优化：通过阵列特征面来创建与选定特征完全相同的副本，是最快的计算方法，一般在加速阵列计算时使用该选项。

● 完全相同：通过复制原始特征来创建与选定特征完全相同的副本，是默认选项。

● 调整：通过阵列特征并分别计算各个阵列引用的范围或终止方式来创建可能与选定特征不同的副本。具有大量引用的阵列，计算量比较大，因此阵列需要的时间会延长。阵列引用可以根据特征范围或终止条件（如终止于模型面上的阵列特征）进行调整，也可以保留原始的设计意图。

（2）放置方法

放置方法包括"增量"和"范围"两种方式。与矩形阵列中的"间隔"与"距离"类似。

● 增量：用于定义阵列引用之间的角度间隔。

● 范围：用于定义所有阵列引用的角度总和，是默认选项。

6.8.4 实例——齿轮轴

本实例将绘制齿轮轴，如图 6-144 所示。

图 6-144 齿轮轴

下载资源\动画演示\第6章\齿轮轴.avi

操作步骤

步骤 01 新建文件。运行 Inventor，单击"快速入门"选项卡上的"新建"按钮，在打开的"新建文件"对话框中的零件下拉列表中选择"Standard.ipt"选项，单击"创建"按钮，新建一个零件文件。

步骤 02 创建草图。单击"三维模型"选项卡"草图"面板上的"开始创建二维草图"按钮，

选择 **XY** 平面为草图绘制平面，进入草图绘制环境。单击"草图"选项卡"绘图"面板上的"直线"按钮，绘制轴轮廓。单击"约束"面板上的"尺寸"按钮，标注尺寸如图 6-145 所示。单击"完成草图"按钮，退出草图环境。

图 6-145　绘制旋转草图图形

步骤 **03**　创建旋转体。单击"三维模型"选项卡"创建"面板上的"旋转"按钮，打开"旋转"对话框，由于草图中只有如图 6-145 所示的一个截面轮廓，所以自动被选取为旋转截面轮廓，选取水平直线段为旋转轴，单击"确定"按钮完成旋转，如图 6-146 所示。

步骤 **04**　创建基准平面。单击"三维模型"选项卡"定位特征"面板上的"平面"按钮，在浏览器中选择 **XY** 平面，然后在视图中选择直径为 30 的圆柱侧面，创建一个与直径为 30 的圆柱侧面相切的工作平面，如图 6-147 所示。

图 6-146　旋转出小齿轮主体

图 6-147　建立工作平面

步骤 **05**　创建草图。单击"三维模型"选项卡"草图"面板上的"开始创建二维草图"按钮，选择上一步创建的工作平面为草图绘制平面，进入草图绘制环境。单击"草图"选项卡"绘图"面板上的"中心到中心槽"按钮，绘制键槽轮廓。单击"约束"面板上的"尺寸"按钮，标注尺寸如图 6-148 所示。单击"完成草图"按钮，退出草图环境。

图 6-148　绘制草图图形

步骤 **06**　创建拉伸体。单击"三维模型"选项卡"创建"面板上的"拉伸"按钮，打开"拉伸"对话框，选取上一步绘制的草图为拉伸截面轮廓，将拉伸距离设置为 4mm，选择布尔求差方式，如图 6-149 所示。单击"确定"按钮，创建如图 6-150 所示的键槽，将工作平面设置为不可见。

图 6-149　拉伸示意图　　　　　　　　　　　图 6-150　拉伸出键槽

步骤 07 创建倒角。单击"三维模型"选项卡"修改"面板上的"倒角"按钮◢，打开"倒角"对话框，设置为"倒角边长"类型，选择如图 6-151 所示的边线，输入倒角边长为 2mm，单击"确定"按钮。

步骤 08 圆角处理。单击"三维模型"选项卡"修改"面板上的"圆角"按钮◢，打开"圆角"对话框，在视图中选择如图 6-152 所示的边线，输入圆角半径为 2mm，单击"确定"按钮，结果如图 6-153 所示。

图 6-151　倒角示意图　　　　　　　　　　　图 6-152　圆角示意图

图 6-153　圆角处理

步骤 09 创建草图。单击"三维模型"选项卡"草图"面板上的"开始创建二维草图"按钮◫，选择如图 6-153 所示的平面为草图绘制平面，进入草图绘制环境。单击"管理"选项卡"参数"面板上的"参数"按钮 f_x，打开"参数"对话框，输入小齿轮的模数为 4，齿数为 17，压力角为 20°，如图 6-154 所示。利用草图绘制命令绘制草图轮廓，单击"约束"面板上的"尺寸"按钮▭，标注尺寸如图 6-155 所示。单击"完成草图"按钮✔，退出草图环境。

图 6-154　建立用户参数

步骤⑩　创建拉伸体。单击"三维模型"选项卡"创建"面板上的"拉伸"按钮，打开"拉伸"对话框，选取上一步绘制的草图为拉伸截面轮廓，将拉伸距离设置为 88mm，选择"求差"方式，如图 6-156 所示。单击"确定"按钮，创建如图 6-157 所示的单齿。

图 6-155　标注尺寸　　　　　　　　　图 6-156　拉伸示意图

步骤⑪　环形阵列。单击"三维模型"选项卡"阵列"面板上的"环形阵列"按钮，打开"环形阵列"对话框，选择创建的单个轮齿作为要阵列的特征，选择轴上任何一个圆柱面，选择轴的轴线作为旋转轴，将阵列个数设置为 Z，角度为 360°，如图 6-158 所示，单击"确定"按钮，完成阵列。

步骤⑫　保存文件。单击"快速"工具栏上的"保存"按钮，打开"另存为"对话框，输入文件名为"齿轮轴.ipt"，单击"保存"按钮即可保存文件。

图 6-157 拉伸出一个轮齿   图 6-158 环形阵列示意图

6.9 综合实例——阀体

本节将绘制如图 6-159 所示的阀体。

图 6-159 阀体

  下载资源\动画演示\第6章\阀体.avi

操作步骤

步骤 01 新建文件。运行 Inventor，单击"快速"工具栏上的"新建"按钮□，在打开的"新建文件"对话框中的零件下拉列表中选择"Standard.ipt"选项，单击"创建"按钮，新建一个零件文件。

步骤 02 创建草图。单击"三维模型"选项卡"草图"面板上的"开始创建二维草图"按钮□，选择 XY 平面为草图绘制平面，进入草图绘制环境。单击"草图"选项卡"绘图"面板上的"直线"按钮／、"圆心圆"按钮⊙、"圆角"按钮□和"修剪"按钮，绘制轮廓。单击"约束"面板上的"尺寸"按钮□，标注尺寸如图 6-160 所示。单击"完成草图"按钮✔，退出草图环境。

步骤 03 创建拉伸体。单击"三维模型"选项卡"创建"面板上的"拉伸"按钮，打开"拉伸"对话框，由于草图中只有如图 6-160 所示的一个截面轮廓，所以自动被选取为拉伸截面轮廓，将拉伸距离设置为 120mm，如图 6-161 所示。单击"确定"按钮完成拉伸，则创建如图 6-162 所示的零件基体。

图 6-160 绘制草图

图 6-161 设置参数

步骤 04 创建草图。单击"三维模型"选项卡"草图"面板上的"开始创建二维草图"按钮，选择 YZ 平面为草图绘制平面，进入草图绘制环境。单击"草图"选项卡"绘图"面板上的"圆心圆"按钮，绘制轮廓。单击"约束"面板上的"尺寸"按钮，标注尺寸如图 6-163 所示。单击"完成草图"按钮✔，退出草图环境。

图 6-162 创建拉伸体

图 6-163 绘制草图

步骤 05 创建拉伸体。单击"三维模型"选项卡"创建"面板上的"拉伸"按钮，打开"拉伸"对话框，由于草图中只有如图 6-163 所示的一个截面轮廓，所以自动被选取为拉伸截面轮廓，将拉伸距离设置为 56mm，如图 6-164 所示。单击"确定"按钮完成拉伸，结果如图 6-165 所示。

图 6-164　设置参数　　　　　　　　　图 6-165　创建拉伸体

步骤 06 创建草图。单击"三维模型"选项卡"草图"面板上的"开始创建二维草图"按钮 ，选择 YZ 平面为草图绘制平面，进入草图绘制环境。单击"草图"选项卡"绘图"面板上的"直线"按钮 、"圆心圆"按钮 、"圆角"按钮 和"修剪"按钮 ，绘制轮廓。单击"约束"面板上的"尺寸"按钮 ，标注尺寸如图 6-166 所示。单击"完成草图"按钮 ，退出草图环境。

步骤 07 创建拉伸体。单击"三维模型"选项卡"创建"面板上的"拉伸"按钮 ，打开"拉伸"对话框，由于草图中只有如图 6-166 所示的一个截面轮廓，所以自动被选取为拉伸截面轮廓，将拉伸距离设置为 56mm，单击"方向 2"按钮 ，调整拉伸方向，如图 6-167 所示。单击"确定"按钮完成拉伸，结果如图 6-168 所示。

图 6-166　绘制草图

图 6-167　设置参数

步骤 08 创建草图。单击"三维模型"选项卡"草图"面板上的"开始创建二维草图"按钮 ，选择 XZ 平面为草图绘制平面，进入草图绘制环境。单击"草图"选项卡"绘图"面板上的"直线"按钮 ，绘制轮廓。单击"约束"面板上的"尺寸"按钮 ，标注尺寸如图 6-169 所示。单击"完成草图"按钮 ，退出草图环境。

图 6-168 创建拉伸体

图 6-169 绘制草图

步骤 09 创建加强筋。单击"三维模型"选项卡"创建"面板上的"加强筋"按钮，打开"加强筋"对话框，选择"平行于草图平面"类型，选取上一步绘制的草图为截面轮廓，将加强筋厚度设为 4mm，单击"方向 1"按钮，调整筋方向，设置筋的宽度为对称，如图 6-170 所示。单击"确定"按钮完成加强筋的创建，结果如图 6-171 所示。

图 6-170 设置参数

图 6-171 创建加强筋

步骤 10 创建草图。单击"三维模型"选项卡"草图"面板上的"开始创建二维草图"按钮，选择 XZ 平面为草图绘制平面，进入草图绘制环境。单击"草图"选项卡"绘图"面板上的"直线"按钮，绘制轮廓。单击"约束"面板上的"尺寸"按钮，标注尺寸如图 6-172 所示。单击"完成草图"按钮，退出草图环境。

步骤 11 创建旋转体。单击"三维模型"选项卡"创建"面板上的"旋转"按钮，打开"旋转"对话框，选取上一步绘制的草图截面为旋转轮廓，选取竖直直线段为旋转轴，选择布尔求差操作，如图 6-173 所示。单击"确定"按钮完成旋转，结果如图 6-174 所示。

图 6-172　绘制草图

图 6-173　设置参数

步骤 12　创建直孔。单击"三维模型"选项卡"修改"面板上的"孔"按钮，打开"孔"对话框。在"放置"下拉列表中选择"同心"放置方式，在视图中选取步骤 05 创建的拉伸体外表面为孔放置平面，选取圆弧边线为同心参考，选择"直孔"类型，输入孔的直径为 16mm，终止方式为"到"，选择上一步创建的内孔面，如图 6-175 所示，单击"确定"按钮，结果如图 6-176 所示。

图 6-174　创建旋转切除

图 6-175　设置参数

步骤 13　创建直孔。单击"三维模型"选项卡"修改"面板上的"孔"按钮，打开"孔"对话框。在"放置"下拉列表中选择"同心"放置方式，在视图中选取步骤 07 创建的拉伸体外表面为孔放置平面，选取圆弧边线为同心参考，选择"直孔"类型，输入孔的直径为 16mm，终止方式为"到"，选择上一步创建的内孔面，如图 6-177 所示，单击"确定"按钮，结果如图 6-178 所示。

图 6-176 完成孔

图 6-177 设置参数

步骤14 创建草图。单击"三维模型"选项卡"草图"面板上的"开始创建二维草图"按钮 ，选择如图 6-178 所示的平面为草图绘制平面，进入草图绘制环境。单击"草图"选项卡"绘图"面板上的"圆心圆弧"按钮 ，绘制草图轮廓。单击"约束"面板内的"尺寸"按钮 ，标注尺寸如图 6-179 所示。单击"完成草图"按钮 ，退出草图环境。

图 6-178 完成孔

图 6-179 绘制草图

步骤15 创建拉伸体。单击"三维模型"选项卡"创建"面板上的"拉伸"按钮 ，打开"拉伸"对话框，选取上一步绘制的草图为拉伸截面轮廓，将拉伸距离设置为 20mm，选择布尔求差方式，如图 6-180 所示。单击"确定"按钮完成拉伸，结果如图 6-181 所示。

步骤16 创建草图。单击"三维模型"选项卡"草图"面板上的"开始创建二维草图"按钮 ，选择如图 6-181 所示的平面为草图绘制平面，进入草图绘制环境。单击"草图"选项卡"绘图"面板上的"两点矩形"按钮 ，绘制草图轮廓。单击"约束"面板内的"尺寸"按钮 ，标注尺寸如图 6-182 所示。单击"完成草图"按钮 ，退出草图环境。

图 6-180　设置参数　　　　　　　　　　　图 6-181　创建拉伸体

图 6-182　绘制草图

步骤 ⑰ 创建拉伸体。单击"三维模型"选项卡"创建"面板上的"拉伸"按钮 ，打开"拉伸"对话框，选取上一步绘制的草图为拉伸截面轮廓，将拉伸距离设置为 40mm，如图 6-183 所示。单击"确定"按钮完成拉伸，结果如图 6-184 所示。

图 6-183　设置参数　　　　　　　　　　　图 6-184　创建拉伸体

步骤 ⑱ 创建草图。单击"三维模型"选项卡"草图"面板上的"开始创建二维草图"按钮 ，选择如图 6-184 所示的平面为草图绘制平面，进入草图绘制环境。单击"草图"选项卡"绘图"面板上的"两点矩形"按钮 ，绘制草图轮廓。单击"约束"面板内的"尺寸"按钮，标注尺寸如图 6-185 所示。单击"完成草图"按钮，退出草图环境。

步骤⑲ 创建拉伸体。单击"三维模型"选项卡"创建"面板上的"拉伸"按钮，打开"拉伸"对话框，选取上一步绘制的草图为拉伸截面轮廓，设置拉伸范围为"贯通"，选择布尔"求差"方式，如图 6-186 所示。单击"确定"按钮完成拉伸，结果如图 6-187 所示。

图 6-185　绘制草图

图 6-186　设置参数

步骤⑳ 创建孔。单击"三维模型"选项卡"修改"面板上的"孔"按钮，打开"孔"对话框。在"放置"下拉列表中选择"线性"放置方式，在视图中选取上一步创建的拉伸体外表面为孔放置平面，选择如图 6-188 所示的参考，孔到两条参考边的距离为 12，输入孔直径为 10mm，终止方式为"贯通"，单击"确定"按钮，结果如图 6-189 所示。

图 6-187　创建拉伸体

图 6-188　设置参数

步骤 21 圆角处理。单击"三维模型"选项卡"修改"面板上的"圆角"按钮，打开"圆角"对话框，在视图中选择如图 6-190 所示的边线，输入圆角半径为 12mm，单击"应用"按钮；选择如图 6-191 所示的边线，输入圆角半径为 2mm，单击"确定"按钮，结果如图 6-192 所示。

图 6-189　创建孔　　　　图 6-190　选择边线　　　　图 6-191　选择边线 2

步骤 22 创建倒角。单击"三维模型"选项卡"修改"面板上的"倒角"按钮，打开"倒角"对话框，设置为"倒角边长"类型，选择如图 6-193 所示的边线，输入倒角边长为 2mm，单击"应用"按钮，选择如图 6-194 所示的边线，输入倒角边长为 1mm，单击"确定"按钮，结果如图 6-195 所示。

图 6-192　圆角　　　　图 6-193　选择倒角边 1　　　　图 6-194　选择倒角边 2

步骤 23 创建内螺纹。单击"三维模型"选项卡"修改"面板上的"螺纹"按钮，打开"螺纹"对话框，选择如图 6-196 所示的面为螺纹放置面，取消"全螺纹"复选框的勾选，输入长度为 10mm，单击"应用"按钮，在另一侧创建长度为 20mm 的螺纹，效果如图 6-197 所示。

图 6-195　倒角处理　　　　　　　　　　　图 6-196　设置参数

图 6-197　创建螺纹

步骤 24 保存文件。单击"快速"工具栏上的"保存"按钮 ■，打开"另存为"对话框，输入文件名为"阀体.ipt"，单击"保存"按钮即可保存文件。

第7章　曲面造型

📥 **导言**

　　曲面是一种泛称，片体和实体的自由表面都可以称为曲面，其中片体是由一个或多个表面组成的厚度为 0 的几何体。

　　使用常规造型技术很难创建形状不断变化的零件。自由造型工具提供了备用造型方法，以便使用直接操纵的方式来探索和创建自由造型模型。使用自由造型命令可以增强参数化模型以创建视觉上更具吸引力的设计。

7.1　编辑曲面

在第 4 章中已介绍了曲面和实体的创建，在本节中将主要介绍曲面的编辑方法。

7.1.1　延伸

延伸是通过指定距离或终止平面，使曲面在一个或多个方向上扩展。延伸曲面的操作步骤如下：

步骤 01　单击"三维模型"选项卡"曲面"面板上的"延伸"按钮，打开"延伸曲面"对话框，如图 7-1 所示。

步骤 02　在视图中选择要延伸的边，如图 7-2 所示。所有边均必须位于单一曲面或缝合曲面上。

图 7-1　"延伸曲面"对话框

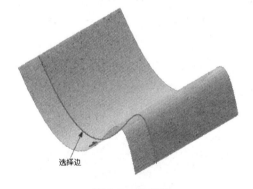

图 7-2　选择边

步骤 03　在"范围"下拉列表中选择延伸的终止方式，并设置相关参数。

步骤 04　在对话框中单击"确定"按钮，完成曲面延伸，结果如图 7-3 所示。

图 7-3　曲面延伸

对"延伸曲面"对话框中的选项说明如下。

- 边：选择并高亮显示单一曲面或缝合曲面的每个边进行延伸。
- 链选边：自动延伸所选边，以包含相切连续于所选边的所有边。
- 终止方式：确定延伸的终止方式并设置其距离。

  ➤ 距离：将边延伸至指定的距离。
  ➤ 到：选择在其上终止延伸的终止面或工作平面。

- 边延伸：控制用于延伸或要延伸的曲面边相邻的边的方法。

  ➤ 延伸：沿与选定的边相邻的边的曲线方向创建延伸边。
  ➤ 拉伸：沿直线从与选定的边相邻的边创建延伸边。

7.1.2　边界嵌片

边界嵌片特征从闭合的二维草图或闭合的边界生成平面曲面或三维曲面。
边界嵌片的操作步骤如下：

步骤01　单击"三维模型"选项卡"曲面"面板上的"边界嵌片"按钮，打开"边界嵌片"对话框，如图 7-4 所示。

图 7-4　"边界嵌片"对话框

步骤02　在视图中选择定义闭合回路的相切、连续的链选边，如图 7-5 所示。

步骤03　在"范围"下拉列表中选择每条边或每组选定边的边界条件。

步骤04　在对话框中单击"确定"按钮，创建边界平面特征，结果如图 7-6 所示。

图 7-5　选择边

图 7-6　边界嵌片

对"边界嵌片"对话框中的选项说明如下。

● 边界：指定嵌片的边界。选择闭合的二维草图或相切连续的链选边来指定闭合面域。
● 条件：列出选定边的名称和选择集中的边数，条件包括无条件、相切和平滑，如图 7-7 所示。

无条件

相切

平滑

图 7-7　条件

如何控制曲面的外观和可见性呢？

可以在"应用程序选项"对话框中将曲面的外观从"半透明"更改为"不透明"。在"零件"选项卡的"构造"类别中，选择"不透明曲面"选项。曲面在创建时为不透明，其颜色与定位特征相同。

在设置该选项之前创建的曲面为半透明。若要改变曲面外观，请在浏览器中的曲面上单击鼠标右键，在弹出的快捷菜单中选择"半透明"。选中或清除复选框可以打开或关闭不透明。

7.1.3　缝合

缝合用于选择参数化曲面以缝合在一起形成缝合的曲面或实体。曲面的边必须相邻才能成功缝合。

缝合曲面的操作步骤如下：

步骤 01　单击"三维模型"选项卡"曲面"面板上的"缝合"按钮，打开"缝合"对话框，如图 7-8 所示。

步骤 02 在视图中选择一个或多个单独曲面，如图 7-9 所示。选中曲面后，将显示边条件，不具有公共边的边将变成红色，已成功缝合的边为黑色。

步骤 03 输入公差。

步骤 04 在对话框中单击"确定"按钮，将曲面结合在一起形成缝合曲面或实体，结果如图 7-10 所示。

图 7-8　"缝合"对话框　　　　图 7-9　选择面　　　　图 7-10　缝合

 若要缝合第一次未成功缝合的曲面，请在"最大公差"列表中选择或输入值来使用公差控制，查看要缝合在一起的剩余边和"最大接缝"值。"最大接缝"值为"缝合"命令在选择公差边时所考虑的最大间隙，用作输入"最大公差"值时的参考值。例如，若"最大接缝"为 0.00362，则应在"最大公差"列表中输入 0.004，以实现成功缝合。

对"缝合"对话框中的选项说明如下。

● "缝合"选项卡，如图 7-8 所示。

➢ 曲面：用于选择单个曲面或所有曲面，以缝合曲面或进行分析。

➢ 最大公差：用于选择或输入自由边之间的最大许用公差值。

➢ 查找剩余的自由边：用于显示缝合后剩余的自由边及它们之间的最大间隙。

➢ 保留为曲面：如果不选中此选项，则具有有效闭合体积的缝合曲面将实体化。如果选中，则缝合曲面仍然为曲面。

● "分析"选项卡，如图 7-11 所示。

图 7-11　"分析"选项卡

➢ 显示边条件：若选中该复选框，则可以用颜色指示曲面边来显示分析结果。

➢ 显示接近相切：若选中该复选框，则可以显示接近相切条件。

191

7.1.4　修剪

修剪曲面用于删除通过切割命令定义的曲面区域。切割工具可以是形成闭合回路的曲面边、单个零件面、单个不相交的二维草图曲线或工作平面。

修剪曲面的操作步骤如下：

步骤 01 单击"三维模型"选项卡"曲面"面板上的"修剪"按钮，打开"修剪曲面"对话框，如图 7-12 所示。

图 7-12　"修剪曲面"对话框

步骤 02 在视图中选择作为修剪工具的几何图元，如图 7-13 所示。

步骤 03 选择要删除的区域，其包含切割工具相交的任何曲面。如果要删除的区域多于要保留的区域，请选择要保留的区域，然后单击"反向选择"按钮进行反转选择。

步骤 04 在对话框中单击"确定"按钮，完成曲面修剪，结果如图 7-14 所示。

图 7-13　选择修剪工具和删除面

图 7-14　修剪曲面

对"修剪曲面"对话框中的选项说明如下。

- 修剪工具：选择用于修剪曲面的几何图元。
- 删除：选择要删除的一个或多个区域。
- 反向选择：取消当前选定的区域并选择先前取消的区域。

7.1.5　替换面

替换面是指利用不同的面替换一个或多个零件面，零件必须与新面完全相交。

替换面的操作步骤如下：

步骤 01 单击"三维模型"选项卡"曲面"面板上的"替换面"按钮，打开"替换面"对话框，如图 7-15 所示。

图 7-15　"替换面"对话框

步骤 02　在视图中选择一个或多个要替换的零件面，如图 7-16 所示。

步骤 03　单击"新建面"按钮，选择曲面、缝合曲面、一个或多个工作平面作为新建面。

步骤 04　在对话框中单击"确定"按钮，完成替换面的设置，结果如图 7-17 所示。

选择新建面

选择现有面

图 7-16　选择修剪工具和删除面

图 7-17　替换面

对"替换面"对话框中的选项说明如下。

● 现有面：选择要替换的单个面、相邻面的集合或不相邻面的集合。

● 新建面：选择用于替换现有面的曲面、缝合曲面、一个或多个工作平面。零件将延伸以与新面相交。

● 自动链选面：自动选择与选定面连续相切的所有面。

是否可以将工作平面用作替换面？

可以创建并选择一个或多个工作平面，以生成平面替换面。工作平面与选定曲面的行为相似，但范围不同。无论图形显示为何，工作平面的范围均为无限大。

编辑替换面特征时，如果从选择的单个工作平面更改为替代单个工作平面，可保留从属特征。如果在选择的单个工作平面和多个工作平面（或替代多个工作平面）之间更改，则不会保留从属特征。

7.1.6　灌注

灌注是指根据选定曲面的几何图元，从实体模型或曲面特征中添加或删除材料。

灌注的操作步骤如下：

步骤 01　单击"三维模型"选项卡"曲面"面板上的"灌注"按钮 ，打开"灌注"对话框，如图 7-18 所示。

图 7-18   "灌注"对话框

步骤 02   单击"曲面"按钮，在图形区域中选择形成区域边界的一个或多个曲面（或工作平面）进行添加，如图 7-19 所示。

步骤 03   如果文件中存在一个以上的实体，可以单击"实体"按钮来选择参与体。

步骤 04   在对话框中单击"确定"按钮完成灌注，隐藏拉伸体的结果如图 7-20 所示。

图 7-19   选择曲面和平面

图 7-20   灌注

对"灌注"对话框中的选项说明如下。

- 添加：根据选定的几何图元，将材料添加到实体或曲面中。
- 删除：根据选定的几何图元，将材料从实体或曲面中删除。
- 新建实体：如果灌注是零件文件中的第一个实体特征，则该选项为默认选择，选择该选项可在包含实体的零件文件中创建新实体。
- 曲面：选择单独的曲面或工作平面作为灌注操作的边界几何图元。

7.1.7   实例——咖啡壶

本实例将绘制如图 7-21 所示的咖啡壶。

图 7-21　咖啡壶

 下载资源\动画演示\第7章\咖啡壶.avi

操作步骤

步骤 **01**　新建文件。运行 Inventor，单击"快速"工具栏上的"新建"按钮，在打开的"新建文件"对话框中的零件下拉列表中选择"Standard.ipt"选项，单击"创建"按钮，新建一个零件文件。

步骤 **02**　创建草图。单击"三维模型"选项卡"草图"面板上的"开始创建二维草图"按钮，选择 XZ 平面为草图绘制平面，进入草图绘制环境。利用草图绘制命令，绘制草图。单击"约束"面板上的"尺寸"按钮，标注尺寸如图 7-22 所示。单击"完成草图"按钮，退出草图环境。

步骤 **03**　创建工作平面 1。单击"三维模型"选项卡"定位特征"面板上的"从平面偏移"按钮，选取模型树中原点文件夹下的 XZ 平面，输入距离为-50mm，如图 7-23 所示。单击"确定"按钮完成工作平面 1 的创建，如图 7-24 所示。

图 7-22　绘制草图

图 7-23　设置参数

步骤 **04**　创建草图。单击"三维模型"选项卡"草图"面板上的"开始创建二维草图"按钮，选择上一步创建的工作平面为草图绘制平面，进入草图绘制环境。单击"草图"选项卡"绘图"面板上的"圆心圆"按钮，绘制草图。单击"约束"面板内的"尺寸"按钮，标注尺寸如图 7-25 所示。单击"完成草图"按钮，退出草图环境。

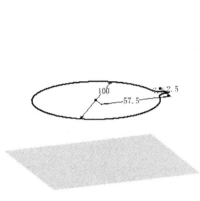

图 7-24　创建工作平面　　　　　　　　　图 7-25　绘制草图

步骤 05 创建工作平面 2。单击"三维模型"选项卡"定位特征"面板上的"从平面偏移"
按钮 🗐，选取工作平面 1 为参考平面，输入距离为−50mm，如图 7-26 所示。单击
"确定"按钮完成工作平面 2 的创建，如图 7-27 所示。

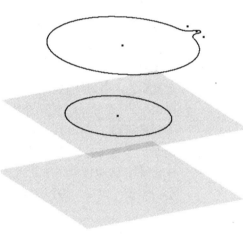

图 7-26　设置参数　　　　　　　　　　　图 7-27　创建工作平面 2

步骤 06 创建草图。单击"三维模型"选项卡"草图"面板上的"开始创建二维草图"按钮 ☑，
选择上一步创建的工作平面 2 为草图绘制平面，进入草图绘制环境。单击"草图"
选项卡"绘图"面板上的"圆心圆"按钮 ⊙，绘制草图。单击"约束"面板内的"尺
寸"按钮 📐，标注尺寸如图 7-28 所示。单击"完成草图"按钮 ✔，退出草图环境。

步骤 07 创建工作平面 3。单击"三维模型"选项卡"定位特征"面板上的"从平面偏移"
按钮 🗐，选取工作平面 2 为参考平面，输入距离为−50mm，如图 7-29 所示。单击
"确定"按钮完成工作平面 3 的创建，如图 7-30 所示。

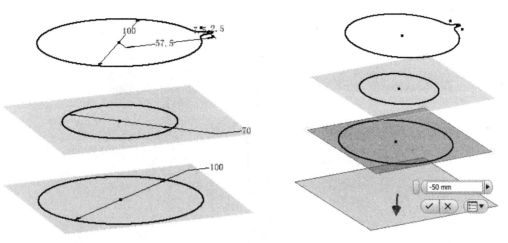

图 7-28　绘制草图　　　　　　　　　　　　图 7-29　设置参数

步骤 08　创建草图。单击"三维模型"选项卡"草图"面板上的"开始创建二维草图"按钮 ，选择上一步创建的工作平面 3 为草图绘制平面，进入草图绘制环境。单击"草图"选项卡"绘图"面板上的"圆心圆"按钮 ，绘制草图。单击"约束"面板上的"尺寸"按钮 ，标注尺寸如图 7-31 所示。单击"完成草图"按钮 ，退出草图环境。

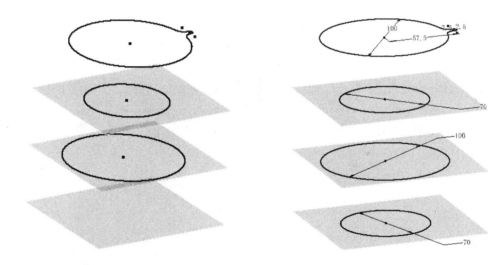

图 7-30　创建工作平面 3　　　　　　　　图 7-31　绘制草图

步骤 09　创建放样曲面。单击"三维模型"选项卡"创建"面板上的"放样"按钮 ，打开"放样"对话框，选取前面绘制的 4 个草图为截面，输出类型为"曲面"，其他采用默认设置，如图 7-32 所示。单击"确定"按钮完成放样，如图 7-33 所示。

步骤 10　隐藏工作平面和草图。在模型树中选择前面绘制的所有草图和工作平面，单击鼠标右键，在弹出的快捷菜单中单击"可见性"命令，取消时"可见性"的勾选，如图 7-34 所示。工作平面和草图不可见的效果如图 7-35 所示。

图 7-32　设置参数

图 7-33　放样曲面

图 7-34　快捷菜单

图 7-35　隐藏平面和草图

步骤 11 创建边界曲面。单击"三维模型"选项卡"曲面"面板上的"边界嵌片"按钮，打开"边界嵌片"对话框，选择如图 7-36 所示的边线，单击"确定"按钮，结果如图 7-37 所示。

图 7-36　设置参数

步骤 12 创建草图。单击"三维模型"选项卡"草图"面板上的"开始创建二维草图"按钮，选择 YZ 平面为草图绘制平面，进入草图绘制环境。单击"草图"选项卡"创建"面板上的"样条曲线（插值）"按钮，绘制草图。单击"约束"面板上的"尺寸"按钮，标注尺寸如图 7-38 所示。单击"完成草图"按钮，退出草图环境。

图 7-37　创建边界嵌片　　　　　　　图 7-38　绘制草图

步骤 ⑬　创建工作平面 4。单击"三维模型"选项卡"定位特征"面板上的"平行于平面且通过点"按钮 ⫿，选取模型树中原点文件夹下的 XY 平面为参考平面，选取上步绘制的样条曲线端点为通过点，如图 7-39 所示。完成工作平面 4 的创建，如图 7-40 所示。

步骤 ⑭　创建草图。单击"三维模型"选项卡"草图"面板上的"开始创建二维草图"按钮 ▱，选择上一步创建的工作平面 4 为草图绘制平面，进入草图绘制环境。单击"草图"选项卡"绘图"面板上的"圆心圆"按钮 ⊙，绘制草图。单击"约束"面板上的"尺寸"按钮 ⊢，标注尺寸如图 7-41 所示。单击"完成草图"按钮 ✔，退出草图环境。

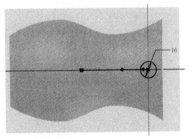

图 7-39　选择通过点　　　图 7-40　创建工作平面 4　　　图 7-41　绘制圆

步骤 ⑮　创建扫掠曲面。单击"三维模型"选项卡"创建"面板上的"扫掠"按钮 ⟲，打开"扫掠"对话框，选取上一步绘制的圆截面轮廓，选取样条曲线为"路径"，如图 7-42 所示。单击"确定"按钮完成扫掠，如图 7-43 所示。

步骤 ⑯　修剪曲面。单击"三维模型"选项卡"曲面"面板上的"修剪"按钮 ✂，打开"修剪曲面"对话框，选择如图 7-44 所示的修剪工具和删除面，单击"确定"按钮，结果如图 7-45 所示。

图 7-42 设置参数

图 7-43 创建扫掠曲面

图 7-44 设置参数

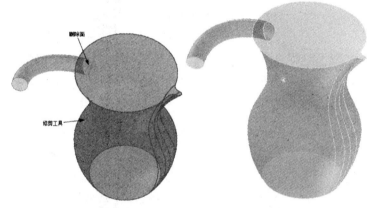

图 7-45 修剪曲面

步骤⑰ 修剪曲面。单击"三维模型"选项卡"曲面"面板上的"修剪"按钮，打开"修剪曲面"对话框，选择如图 7-46 所示的修剪工具和删除面，单击"确定"按钮，结果如图 7-47 所示。

图 7-46 设置参数

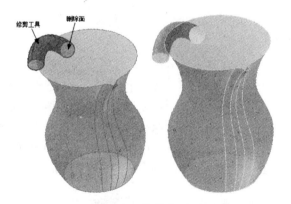

图 7-47 修剪曲面

步骤⑱ 创建草图。单击"三维模型"选项卡"草图"面板上的"开始创建二维草图"按钮，选择 YZ 平面为草图绘制平面，进入草图绘制环境。单击"草图"选项卡"绘图"

面板上的"三点圆弧"按钮，绘制草图。单击"约束"面板内的"尺寸"按钮，标注尺寸如图 7-48 所示。单击"完成草图"按钮✔，退出草图环境。

图 7-48　绘制草图

步骤 19　创建旋转曲面。单击"三维模型"选项卡"创建"面板上的"旋转"按钮，打开"旋转"对话框，选取圆弧为旋转截面轮廓，选取直线段为旋转轴，选择"对称"方式，输入角度为 180，选择输出方式为"曲面"，如图 7-49 所示。单击"确定"按钮完成旋转，如图 7-50 所示。

图 7-49　设置参数　　　　　　　　　　　　　图 7-50　旋转曲面

步骤 20　缝合曲面。单击"三维模型"选项卡"曲面"面板上的"缝合"按钮，打开"缝合"对话框，选择图中的所有曲面，采用默认设置，如图 7-51 所示，单击"应用"按钮，结果如图 7-52 所示。单击"完毕"按钮，退出对话框。

图 7-51　设置参数

图 7-52　缝合曲面

步骤 21　保存文件。单击"快速"工具栏上的"保存"按钮，打开"另存为"对话框，输入文件名为"咖啡壶.ipt"，单击"保存"按钮即可保存文件。

7.2 自由造型

基本的自由造型形状有 5 种，包括长方体、圆柱体、球体、圆环体和四边形球体，系统还提供了多个工具来编辑造型，连接多个实体以及与现有几何图元进行匹配，通过添加三维模型特征可以合并或生成自由造型实体。

7.2.1 自由造型的形状

1. 长方体

创建自由造型长方体的操作步骤如下：

步骤 01 单击"三维模型"选项卡"自由造型"面板上的"长方体"按钮，打开"长方体"对话框，如图 7-53 所示。

步骤 02 在视图中选择工作平面、平面或二维草图。

步骤 03 在视图中单击以指定长方体的基准点。

步骤 04 在对话框中更改长度、宽度和高度值，或直接拖动箭头调整形状，如图 7-54 所示。

图 7-53 "长方体"对话框　　　　　　　　　图 7-54 调整形状

步骤 05 在对话框中还可以设置长方体的面数等参数，单击"确定"按钮。

对"长方体"对话框中的选项说明如下。

- 长度/宽度/高度：指定长度/宽度/高度方向上的距离。
- 长度/宽度/高度方向上的面数：指定长度/宽度/高度方向上的面数。
- 高度方向：指定在一个方向还是两个方向上应用高度值。
- 长度/宽度/高度对称：勾选复选框，使长方体在长度/宽度/高度上对称。

2. 圆柱体

创建自由造型圆柱体的操作步骤如下：

步骤 01 单击"三维模型"选项卡"自由造型"面板上的"圆柱体"按钮，打开"圆柱体"对话框，如图 7-55 所示。

步骤 02 在视图中选择工作平面、平面或二维草图。

步骤 03 在视图中单击以指定圆柱体的基准点。

步骤 04 在对话框中更改半径和高度值，或直接拖动箭头调整圆柱体的形状，如图 7-56 所示。

图 7-55 "圆柱体"对话框

图 7-56 调整形状

步骤 05 在对话框中还可以设置圆柱体的面数等参数，单击"确定"按钮。

对"圆柱体"对话框中的选项说明如下。

- 半径：指定圆柱体的半径。
- 半径面数：指定围绕圆柱体的面数。
- 高度：指定高度方向上的距离。
- 高度面数：指定高度方向上的面数。
- 高度方向：指定在一个方向还是两个方向上应用高度值。
- X/Y 轴对称：勾选这两个复选框，圆柱体沿轴线对称。
- Z 轴对称：勾选此复选框，围绕圆柱体中心的边对称。

3. 球体

创建自由造型球体的操作步骤如下：

步骤 01 单击"三维模型"选项卡"自由造型"面板上的"球体"按钮，打开"球体"对话框，如图 7-57 所示。

步骤 02 在视图中选择工作平面、平面或二维草图。

步骤 03 在视图中单击以指定球头的中心点。

步骤 04 在对话框中更改半径，或直接拖动箭头调整球体的半径，如图 7-58 所示。

图 7-57 "球体"对话框

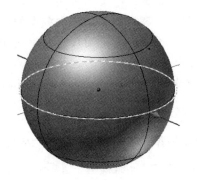

图 7-58 调整形状

步骤 05 在对话框中还可以设置球体的经线和纬线等参数，单击"确定"按钮。

对"球体"对话框中的选项说明如下。

- 半径：指定球体的半径。
- 经线面数：指定围绕球体的面数。
- 纬线面数：指定向上或向下的面数。
- X/Y 轴对称：勾选这两个复选框，球体沿轴线对称。
- Z 轴对称：勾选此复选框，围绕球体中心的边对称。

4. 圆环体

创建自由造型圆环体的操作步骤如下：

步骤 01 单击"三维模型"选项卡"自由造型"面板上的"圆环体"按钮◎，打开"圆环体"对话框，如图 7-59 所示。

步骤 02 在视图中选择工作平面、平面或二维草图。

步骤 03 在视图中单击以指定圆环体的中心点。

步骤 04 在对话框中更改半径和圆环，或直接拖动箭头调整圆环体的半径，如图 7-60 所示。

图 7-59 "圆环体"对话框

图 7-60 调整形状

步骤 05 在对话框中还可以设置圆环体的参数，单击"确定"按钮。

对"圆环体"对话框中的选项说明如下。

- 半径：指定圆环体内圆的半径。
- 半径面数：指定围绕圆环体的面数。
- 环形：指定圆环体环形截面的半径。
- 环形面数：指定圆环体环上的面数。
- X/Y 轴对称：勾选这两个复选框，对圆环体的一半启用对称。
- Z 轴对称：勾选此复选框，对圆环体的顶部和底部启用对称。

5. 四边形球体

创建自由造型四边形球体的操作步骤如下：

步骤 01 单击"三维模型"选项卡"自由造型"面板上的"四边形球"按钮◎，打开"四边形球"对话框，如图 7-61 所示。

步骤 02　在视图中选择工作平面、平面或二维草图。

步骤 03　在视图中单击以指定四边形球的中心点。

步骤 04　在对话框中更改半径，或直接拖动箭头调整半径，如图 7-62 所示。

图 7-61　"四边形球"对话框

图 7-62　调整形状

步骤 05　在对话框中还可以设置四边形球体的参数，单击"确定"按钮。

对"四边形球"对话框中的选项说明如下。

- 半径：指定四边形球的半径。
- 跨度面：指定跨度边上的面数。
- X/Y/Z 轴对称：勾选复选框，围绕四边形球启用对称。

1．编辑形状

步骤 01　单击"三维模型"选项卡"自由造型"面板上的"编辑形状"按钮 ◆，打开"编辑形状"对话框，如图 7-63 所示。

图 7-63　"编辑形状"对话框

步骤 02　在视图中选择点、边或面，然后使用操纵器调整所需的形状。

步骤 03　在对话框中还可以设置参数，单击"确定"按钮。

对"编辑形状"对话框中的选项说明如下。

- 选择：指定可供选择的几何图元类型。
  - ➤ 点：仅点可供选择，点将会显示在模型上。
  - ➤ 边：仅边可供选择。

> ➤ 面：仅面可供选择。
> ➤ 全部：点、边和面可供选择。
> ➤ 实体：仅实体可供选择。

● 回路：选择边或面的回路。
● 变换模式：控制图形窗口中可用的操纵器类型。

> ➤ 全部：所有的控制器都可用。
> ➤ 平动：只有平动操纵器可用。
> ➤ 转动：只有转动操纵器可用。
> ➤ 比例缩放：仅缩放操纵器可用。

● 变换空间：控制操纵器的方向。

> ➤ 世界：使用模型原点调整操纵器方向。
> ➤ 视图：相对于模型的当前视图调整操纵器方向。
> ➤ 局部：相对于选定对象调整操纵器方向。

● 定位：将空间坐标轴重新定位到新位置。
● 显示：在"块状"和"平滑"显示模式之间切换。

2. 细分自由造型面

步骤 01 单击"三维模型"选项卡"自由造型"面板上的"细分"按钮📝，打开"细分"对话框，如图 7-64 所示。

图 7-64 "细分"对话框

步骤 02 在视图中选择一个面或按住 Ctrl 键添加多个面。
步骤 03 根据需要修改面的值，并制定模式。
步骤 04 在对话框中单击"确定"按钮。

对"细分"对话框中的选项说明如下。

● 面：允许选择面进行细分。
● 简单：仅添加指定的面数。
● 精确：添加其他面到相邻区域以保留当前的形状。

3. 桥接自由造型面

步骤 01 单击"三维模型"选项卡"自由造型"面板上的"桥接"按钮🖌，打开"桥接"对话框，如图 7-65 所示。

图 7-65　"桥接"对话框

步骤 02　在视图中选择桥接起始面。

步骤 03　在视图中选择桥接终止面。

步骤 04　单击"反转"按钮使围绕回路反转方向，或者可以选择箭头附件的一条边以反转方向。

步骤 05　在对话框中单击"确定"按钮。

对"桥接"对话框中的选项说明如下。

● 侧面 1：选择一组面作为起始面。

● 侧面 2：选择第二组面作为终止面。

● 扭曲：指定侧面 1 和侧面 2 之间桥接的完整旋转数量。

● 面：指定侧面 1 和侧面 2 之间创建的面数。

4. 删除自由造型面

该功能可以用来优化模型，以获得所需的形状。

步骤 01　单击"三维模型"选项卡"自由造型"面板上的"删除"按钮，打开"删除"对话框，如图 7-66 所示。

图 7-66　"删除"对话框

步骤 02　选择要删除的对象。

步骤 03　在对话框中单击"确定"按钮。

7.3　综合实例——轮毂

本节将绘制如图 7-67 所示的轮毂。

图 7-67　轮毂

　下载资源\动画演示\第7章\轮毂.avi

操作步骤

步骤 **01**　新建文件。运行 Inventor，单击"快速"工具栏上的"新建"按钮，在打开的"新建文件"对话框中的零件下拉列表中选择"Standard.ipt"选项，单击"创建"按钮，新建一个零件文件。

步骤 **02**　创建草图。单击"三维模型"选项卡"草图"面板上的"开始创建二维草图"按钮，选择 XZ 平面为草图绘制平面，进入草图绘制环境。单击"草图"选项卡"绘图"面板上的"直线"按钮，绘制草图。单击"约束"面板内的"尺寸"按钮，标注尺寸如图 7-68 所示。单击"完成草图"按钮，退出草图环境。

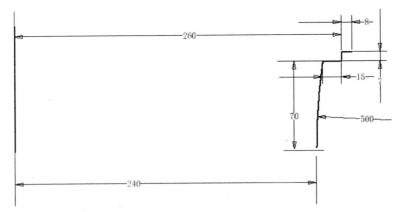

图 7-68　绘制草图

步骤 **03**　创建旋转曲面。单击"三维模型"选项卡"创建"面板上的"旋转"按钮，打开"旋转"对话框，选取如图 7-68 所示的草图为截面轮廓，选取竖直直线段为旋转轴，如图 7-69 所示。单击"确定"按钮完成旋转，如图 7-70 所示。

图 7-69　设置参数　　　　　　　　　图 7-70　创建旋转曲面

步骤 **04** 镜像特征。单击"钣金"选项卡"阵列"面板上的"镜像"按钮，打开"镜像"
对话框，选择上一步创建的旋转曲面为镜像特征，选择 YZ 平面为镜像平面，如图
7-71 所示。单击"确定"按钮，如图 7-72 所示。

图 7-71　镜像过程　　　　　　　　　图 7-72　镜像曲面

步骤 **05** 缝合曲面。单击"三维模型"选项卡"曲面"面板上的"缝合"按钮，打开"缝
合"对话框，选择图中的所有曲面，采用默认设置，如图 7-73 所示，单击"应用"
按钮，结果如图 7-74 所示。单击"完毕"按钮，退出对话框。

图 7-73　设置参数　　　　　　　　　图 7-74　缝合曲面

步骤 **06** 创建草图。单击"三维模型"选项卡"草图"面板上的"开始创建二维草图"按钮，
选择 XZ 平面为草图绘制平面，进入草图绘制环境。单击"草图"选项卡"绘图"面板
上的"直线"按钮和"三点圆弧"按钮，绘制草图。单击"约束"面板上的"尺寸"
按钮，标注尺寸如图 7-75 所示。单击"完成草图"按钮，退出草图环境。

图 7-75 绘制草图

步骤 07 创建旋转曲面。单击"三维模型"选项卡"创建"面板上的"旋转"按钮🍮，打开
"旋转"对话框，选择如图 7-75 所示的草图为截面轮廓，选取竖直直线段为旋转轴，
如图 7-76 所示。单击"确定"按钮完成旋转，如图 7-77 所示。

图 7-76 设置参数   图 7-77 旋转曲面

步骤 08 创建草图。单击"三维模型"选项卡"草图"面板上的"开始创建二维草图"按钮📝，
选择 XZ 平面为草图绘制平面，进入草图绘制环境。单击"草图"选项卡"绘图"
面板上的"直线"按钮✏，绘制草图。单击"约束"面板上的"尺寸"按钮⊢，标
注尺寸如图 7-78 所示。单击"完成草图"按钮✔，退出草图环境。

图 7-78 绘制草图

步骤 09 创建旋转曲面。单击"三维模型"选项卡"创建"面板上的"旋转"按钮🍮，打开
"旋转"对话框，选取如图 7-78 所示的草图为截面轮廓，选取竖直直线段为旋转轴，
如图 7-79 所示。单击"确定"按钮完成旋转，如图 7-80 所示。

图 7-79　设置参数

步骤 10　创建草图。单击"三维模型"选项卡"草图"面板上的"开始创建二维草图"按钮 📐，选择 YZ 平面为草图绘制平面，进入草图绘制环境，绘制如图 7-81 所示的草图，单击"约束"面板上的"尺寸"按钮 ┌┐，标注尺寸，单击"完成草图"按钮 ✔，退出草图环境。

图 7-80　旋转曲面

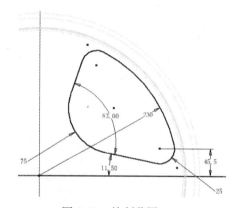

图 7-81　绘制草图

步骤 11　创建拉伸曲面。单击"三维模型"选项卡"创建"面板上的"拉伸"按钮 ▥，打开"拉伸"对话框，选取上步绘制的草图为拉伸截面轮廓，将拉伸距离设置为 150mm，设置输出方式为曲面，如图 7-82 所示。单击"确定"按钮完成拉伸，如图 7-83 所示。

图 7-82　设置参数

图 7-83　拉伸曲面

步骤 12　环形阵列曲面。单击"三维模型"选项卡"阵列"面板上的"环形阵列"按钮 ✿，打开"环形阵列"对话框，在视图中选取第 11 步创建的拉伸特征为阵列特征，选取旋转曲面的外表面为旋转轴，输入阵列个数为 4，如图 7-84 所示，单击"确定"按钮，结果如图 7-85 所示。

图 7-84　阵列过程　　　　　　　　　　　　　图 7-85　完成阵列

步骤 13　修剪曲面 1。单击"三维模型"选项卡"曲面"面板上的"修剪"按钮，打开"修剪曲面"对话框，选择如图 7-86 所示的修剪工具和删除面，单击"确定"按钮，结果如图 7-87 所示。

图 7-86　设置参数　　　　　　　　　　　　　图 7-87　修剪曲面

步骤 14　修剪曲面 2。单击"三维模型"选项卡"曲面"面板上的"修剪"按钮，打开"修剪曲面"对话框，选择如图 7-88 所示的修剪工具和删除面，单击"确定"按钮，结果如图 7-89 所示。重复上述步骤，修剪其他曲面，结果如图 7-90 所示。

图 7-88　修剪曲面 1　　　　　图 7-89　完成修剪　　　　　图 7-90　完成修剪

步骤 15　创建草图。单击"三维模型"选项卡"草图"面板上的"开始创建二维草图"按钮，选择 YZ 平面为草图绘制平面，进入草图绘制环境。单击"草图"选项卡"绘图"面板上的"圆心圆"按钮，绘制草图。单击"约束"面板内的"尺寸"按钮，标注尺寸如图 7-91 所示。单击"完成草图"按钮✔，退出草图环境。

步骤⑯ 创建拉伸曲面。单击"三维模型"选项卡"创建"面板上的"拉伸"按钮🗋，打开"拉伸"对话框，选取上步绘制的草图为拉伸截面轮廓，将拉伸距离设置为 150mm，设置输出为曲面，如图 7-92 所示。单击"确定"按钮完成拉伸，如图 7-93 所示。

图 7-91　绘制草图　　　　　　　　　　　图 7-92　设置参数

步骤⑰ 环形阵列曲面。单击"三维模型"选项卡"阵列"面板上的"环形阵列"按钮✿，打开"环形阵列"对话框，在视图中选取第 16 步创建的拉伸曲面为阵列特征，选取旋转体的外表面为旋转轴，输入阵列个数为 6，如图 7-94 所示，单击"确定"按钮，结果如图 7-95 所示。

图 7-93　拉伸曲面　　　　　　　　　　　图 7-94　设置参数

步骤⑱ 修剪曲面 3。单击"三维模型"选项卡"曲面"面板上的"修剪"按钮✂，打开"修剪曲面"对话框，选择如图 7-96 所示的修剪工具和删除面，单击"确定"按钮，结果如图 7-97 所示。

图 7-95　环形阵列　　　　　图 7-96　修剪曲面　　　　图 7-97　修剪曲面

步骤⑲ 修剪曲面 4。单击"三维模型"选项卡"曲面"面板上的"修剪"按钮✂，打开"修剪曲面"对话框，选择如图 7-98 所示的修剪工具和删除面，单击"确定"按钮，结果如图 7-99 所示。重复上述步骤，修剪曲面，结果如图 7-67 所示。

图 7-98　设置参数

图 7-99　修剪曲面

步骤 20　保存文件：单击"快速"工具栏上的"保存"按钮■，打开"另存为"对话框，输入文件名为"轮毂.ipt"，单击"保存"按钮即可保存文件。

第8章　钣金设计

🔖 **导言**

　　钣金零件通常用作零部件的外壳，在产品设计中的地位越来越大。本章主要介绍如何运用 Autodesk Inventor 2017 中的钣金特征创建钣金零件。

8.1　设置钣金环境

　　钣金零件的特点之一就是同一种零件都具有相同的厚度，所以它的加工方式和普通的零件不同，在三维"CAD"软件中，将钣金零件和普通零件分开，并且提供不同的设计方法。在"Autodesk Inventor"中，将零件造型和钣金作为零件文件的子类型。用户可在任何时候通过选择"转换"→"零件"或者"钣金"选项，在零件子类型和钣金子类型之间转换。零件子类型转换为钣金子类型后，零件被识别为钣金，并启用"钣金特征"面板和添加钣金参数。如果将钣金子类型改为零件子类型，钣金参数还将保留，但系统会将其识别为造型子类型。

8.1.1　进入钣金环境

　　进入钣金环境的两种方法如下。

1. 启动新的钣金零件

步骤01　单击"快速入门"选项卡中"启动"面板上的"新建"按钮，打开"新建文件"对话框，在对话框中选择"Sheet Metal.ipt"模板，如图 8-1 所示。

图 8-1　"新建文件"对话框

步骤 02 单击"创建"按钮，进入钣金环境，如图 8-2 所示。

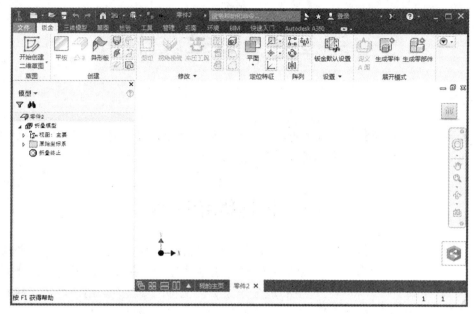

图 8-2 钣金环境

2．将零件转换为钣金零件

步骤 01 打开要转换的零件。

步骤 02 单击"三维模型"选项卡"转换"面板上的"转换为焊接件"按钮，打开如图 8-3 所示的提示对话框，单击"确定"按钮，进入钣金环境。

图 8-3 提示对话框

8.1.2 设置钣金零件参数

钣金零件具有描述其特性和制造方式的样式参数，可在已命名的钣金规则中获取这些参数，创建新的钣金零件时，将默认应用这些参数。

单击"钣金"选项卡"设置"面板上的"钣金默认设置"按钮，打开"钣金默认设置"对话框，如图 8-4 所示。

对"钣金默认设置"对话框中的选项说明如下。

● 钣金规则：显示所有钣金规则的下拉列表。单击"编辑钣金规则"按钮，打开"样式和标准编辑器"对话框，可对钣金规则进行修改。

● 使用规则中的厚度：若取消此复选框的勾选，则可在"厚度"文本框中输入厚度。

- 材料：在下拉列表中选择钣金材料。如果所需的材料位于其他库中，则浏览该库，然后选择材料。
- 展开规则：在下拉列表中选择钣金展开规则，单击"编辑展开规则"按钮✎，打开"样式和标准编辑器"对话框，在该对话框中可进行修改。

图 8-4 "钣金默认设置"对话框

8.2 钣金基础特征

8.2.1 平板

通过为草图截面轮廓添加深度来创建拉伸钣金平板，平板通常是钣金零件的基础特征。

步骤01 单击"钣金"选项卡"创建"面板上的"平板"按钮▱，打开"面"对话框，如图 8-5 所示。

图 8-5 "面"对话框

步骤02 在视图中选择用于钣金平板的截面轮廓，如图 8-6 所示。

步骤03 在对话框中单击"偏移"按钮➹，可更改平板厚度的方向。

步骤04 在对话框中单击"确定"按钮，完成平板的创建，结果如图 8-7 所示。

图 8-6　选择截面

图 8-7　平板

对"面"对话框中的选项说明如下。

1．"形状"选项卡

（1）"形状"选项组

- 截面轮廓：选择一个或多个截面轮廓，按钣金厚度进行拉伸。
- 偏移：单击此按钮更改拉伸的方向。

（2）"折弯"选项组

- 半径：显示默认的折弯半径，包括测量、显示尺寸和列出参数选项。
- 边：选择要包含在折弯中的其他钣金平板边。

2．"展开选项"选项卡

展开规则：允许选择先前定义的任意展开规则，如图 8-8 所示。

3．"折弯"选项卡

"折弯"选项卡如图 8-9 所示。

图 8-8　"展开选项"选项卡

图 8-9　"折弯"选项卡

（1）释压形状

- 线性过渡：由方形拐角定义的折弯释压形状，默认为线性过渡。
- 水滴形：由材料故障引起的可接受的折弯释压。
- 圆角：由使用半圆形终止的切割定义的折弯释压形状。

（2）折弯过渡

- 无：根据几何图元，在选定折弯处相交的两个面的边之间会产生一条样条曲线，默认为无。

- 交点：从与折弯特征的边相交的折弯区域的边上产生一条直线。
- 直线：从折弯区域的一条边到另一条边产生一条直线。
- 圆弧：根据输入的圆弧半径值，产生一条相应尺寸的圆弧，该圆弧与折弯特征的边相切且具有线性过渡。
- 修剪到折弯：折叠模型中显示此类过渡，将垂直于折弯特征对折弯区域进行切割。

（3）释压宽度

释压宽度用于定义折弯释压的宽度。

（4）释压深度

释压深度用于定义折弯释压的深度。

（5）最小余量

最小余量定义了沿折弯释压切割允许保留的最小备料的可接受大小。

8.2.2　轮廓旋转

轮廓旋转是通过旋转由线、圆弧、样条曲线和椭圆弧组成的轮廓创建。轮廓旋转特征可以是基础特征，也可以是钣金零件模型中的后续特征。

- 步骤01　单击"钣金"选项卡"创建"面板上的"轮廓旋转"按钮，打开"轮廓旋转"对话框，如图 8-10 所示。
- 步骤02　在视图中选择旋转截面和旋转轴，如图 8-11 所示。
- 步骤03　在对话框中设置参数，单击"确定"按钮，完成轮廓旋转的创建，如图 8-12 所示。

图 8-10　"轮廓旋转"对话框

图 8-11　选择旋转截面和旋转轴　　图 8-12　轮廓旋转

对"轮廓旋转"对话框中的选项说明如下。

- 旋转角度：指定旋转部分的角度扫掠值，默认为 90°。对于多段截面轮廓，角度值不能等于 360°，可以将 360° 的旋转角度值仅用于具有单条直线的截面轮廓。
- 展开方法：包括截面形心圆柱、自定义圆柱、展开长度和中性层半径。

> ➢ 截面形心圆柱：平行于外卷轴的轴将通过估算形心位置，从而提供输入以定义中性层柱面。
> ➢ 自定义圆柱：指定用于定义圆柱中性层曲面的草图线。
> ➢ 展开长度：指定驱动展开卷曲段的展开长度的值。
> ➢ 中性层半径：以参数化方式确定中性层半径的值。

8.2.3 钣金放样

钣金放样特征允许使用两个截面轮廓草图定义形状。草图几何图元可以表示钣金材料的内侧面或外侧面，还可以表示材料中间平面。

步骤 01 单击"钣金"选项卡"创建"面板上的"钣金放样"按钮，打开"钣金放样"对话框，如图 8-13 所示。

图 8-13 "钣金放样"对话框

步骤 02 在视图中选择已经创建好的截面轮廓 1 和截面轮廓 2，如图 8-14 所示。

步骤 03 在对话框中设置轮廓方向、折弯半径和输出形式。

步骤 04 在对话框中单击"确定"按钮，创建钣金放样，如图 8-15 所示。

图 8-14 选择截面

图 8-15 钣金放样

对"钣金放样"对话框中的选项说明如下。

1．"形状"选项组

- 截面轮廓 1：选择第一个用于定义钣金放样的截面轮廓草图。
- 截面轮廓 2：选择第二个用于定义钣金放样的截面轮廓草图。
- 反转到对侧 ／ ：单击此按钮，可将材料厚度偏移到选定截面轮廓的对侧。
- 对称 ：单击此按钮，可将材料厚度等量偏移到选定截面轮廓的两侧。

2．"输出"选项组

- 冲压成型 ：单击此按钮，生成平滑的钣金放样。
- 折弯成型 ：单击此按钮，生成镶嵌的折弯钣金放样，对话框如图 8-16 所示，生成的钣金零件如图 8-17 所示。

图 8-16　"折弯成型"对话框

图 8-17　"折弯成型"放样

8.2.4　实例——矩形漏斗

本实例将绘制如图 8-18 所示的矩形漏斗。

图 8-18　矩形漏斗

　下载资源\动画演示\第8章\矩形漏斗.avi

操作步骤

步骤 01　新建文件。运行 Inventor，单击"快速"工具栏上的"新建"按钮 ，在打开的如

图 8-19 所示的"新建文件"对话框中选择"Sheet Metal.ipt"选项,单击"创建"按钮,新建一个钣金文件。

图 8-19 "新建文件"对话框

步骤 02 创建草图。单击"钣金"选项卡"草图"面板上的"开始创建二维草图"按钮,选择 XZ 平面为草图绘制平面,进入草图绘制环境。单击"草图"选项卡"绘图"面板上的"两点中心矩形"按钮和"圆角"按钮,绘制草图。单击"约束"面板上的"尺寸"按钮,标注尺寸如图 8-20 所示。单击"完成草图"按钮,退出草图环境。

步骤 03 创建工作平面 1。单击"三维模型"选项卡"定位特征"面板上的"从平面偏移"按钮,在视图或浏览器中选择 XZ 平面,在文本框中输入偏移距离为 100mm,如图 8-21 所示,单击"确定"按钮,完成工作平面 1 的创建。

图 8-20 绘制草图

图 8-21 创建工作平面 1

步骤 04 创建草图。单击"钣金"选项卡"草图"面板上的"开始创建二维草图"按钮,选择上步创建的工作平面 1 为草图绘制平面，进入草图绘制环境。单击"草图"选项卡"绘图"面板上的"两点矩形"按钮▢ 和"圆角"按钮▢，绘制草图。单击"约束"面板上的"尺寸"按钮▥，标注尺寸如图 8-22 所示。单击"完成草图"按钮✔，退出草图环境。

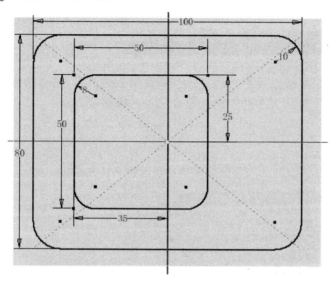

图 8-22　绘制草图

步骤 05　创建平板。单击"钣金"选项卡"创建"面板上的"钣金放样"按钮▣，打开"钣金放样"对话框，选取步骤 02 绘制的草图 1 为截面轮廓 1，选取步骤 04 绘制的草图 2 为截面轮廓 2，设置输出为"折弯成形"▣，如图 8-23 所示。单击"确定"按钮完成设置。

图 8-23　选择截面

步骤 06　保存文件。单击"快速"工具栏上的"保存"按钮▤，打开"另存为"对话框，输入文件名为"矩形漏斗.ipt"，单击"保存"按钮即可保存文件。

8.3　钣金高级特征

钣金模块是 Autodesk Inventor 2017 众多模块中的一个，提供了基于参数、特征方式的钣金零件建模功能。

8.3.1　凸缘

凸缘特征包含一个平板以及沿直边连接至现有平板的折弯。可以通过选择一条或多条边并指定可确定添加材料位置和大小的一组选项来添加凸缘特征。

步骤 01 单击"钣金"选项卡"创建"面板上的"凸缘"按钮，打开"凸缘"对话框，如图 8-24 所示。

步骤 02 在钣金零件上选择一条边、多条边或回路来创建凸缘，如图 8-25 所示。

图 8-24　"凸缘"对话框

选择边

图 8-25　选择边

步骤 03 在对话框中指定凸缘的角度，默认为 90°。

步骤 04 使用默认的折弯半径或直接输入半径值。

步骤 05 指定测量高度的基准，包括从两个外侧面的交线折弯、从两个内侧面的交线折弯、平行于凸缘终止面等。

步骤 06 指定相对于选定边的折弯位置，包括基础面范围之内、从相邻面折弯、基础面范围之外、与侧面相切的折弯。

步骤 07 在对话框中单击"确定"按钮，完成凸缘的创建，如图 8-26 所示。

图 8-26　创建凸缘

对"凸缘"对话框中的选项说明如下。

1. 边

选择用于凸缘的一条或多条边，还可以选择由选定面周围的边回路定义的所有边。

- 边选择模式![icon]：选择应用于凸缘的一条或多条独立边。
- 回路选择模式![icon]：选择一个边回路，然后将凸缘应用于选定回路的所有边。

2. 凸缘角度

凸缘角度定义了相对于包含选定边的面的凸缘角度的数据字段。

3. 折弯半径

折弯半径定义了凸缘和包含选定边的面之间的折弯半径的数据字段。

4. 高度范围

高度范围确定凸缘高度，若单击![icon]按钮，则凸缘反向。

5. 高度基准

- 从两个外侧面的交线折弯![icon]：从外侧面的交线测量凸缘高度，如图 8-27（a）所示。
- 从两个内侧面的交线折弯![icon]：从内侧面的交线测量凸缘高度，如图 8-27（b）所示。
- 平行于凸缘终止面![icon]：测量平行于凸缘面且折弯相切的凸缘高度，如图 8-27（c）所示（折弯的位置不同，折弯后的高度不同）。

（a）从两个外侧面的交线折弯　　（b）从两个内侧面的交线折弯　　（c）平行于凸缘终止面

图 8-27　高度基准

- 对齐与正交![icon]：可以确定高度测量是与凸缘面对齐还是与基础面正交。

6. 折弯位置

- 基础面范围之内![icon]：定位凸缘的外表面使其保持在选定边的面范围之内，如图 8-28（a）所示。
- 从相邻面折弯![icon]：将折弯定位在从选定面的边开始的位置，如图 8-28（b）所示。

- 基础面范围之外 ：定位凸缘的内表面使其保持在选定边的面范围之外，如图 8-28（c）所示。
- 与侧面相切的折弯 ：将折弯定位在与选定边相切的位置，如图 8-28（d）所示。

（a）基础面范围之内　　　　　　　　　　（b）从相邻面折弯

（c）基础面范围之外　　　　　　　　　　（d）与侧面相切的折弯

图 8-28　折弯位置

7．宽度范围-类型

- 边：创建选定平板边的全长的凸缘。
- 宽度：从现有面的边上的单个选定顶点、工作点、工作平面或平面的指定偏移量来创建指定宽度的凸缘，还可以指定凸缘为居中选定边的中点的特定宽度。
- 偏移量：从现有面的边上的两个选定顶点、工作点、工作平面或平面的偏移量创建凸缘。
- 从表面到表面：创建通过选择现有零件几何图元定义其宽度的凸缘，该几何图元定义了凸缘的自（至）范围。

8.3.2　实例——提手

本实例将绘制如图 8-29 所示的提手。

图 8-29　提手

　下载资源\动画演示\第8章\提手.avi

操作步骤

步骤 01 新建文件。运行 Inventor，单击"快速"工具栏上的"新建"按钮 ，在打开的"新

建文件"对话框中选择"Sheet Metal.ipt"选项,单击"创建"按钮,新建一个钣金
文件。

步骤 02 创建草图。单击"钣金"选项卡"草图"面板上的"开始创建二维草图"按钮，
选择 XZ 平面为草图绘制平面,进入草图绘制环境。单击"草图"选项卡"绘图"
面板上的"两点矩形"按钮，绘制草图。单击"约束"面板上的"尺寸"按钮，
标注尺寸如图 8-30 所示。单击"完成草图"按钮，退出草图环境。

图 8-30 绘制草图

步骤 03 创建平板。单击"钣金"选项卡"创建"面板上的"平板"按钮，打开"面"对
话框,系统自动选取上一步绘制的草图为截面轮廓,如图 8-31 所示。单击"确定"
按钮完成平板的创建,如图 8-32 所示。

图 8-31 选择截面 图 8-32 创建平板

步骤 04 创建凸缘。单击"钣金"选项卡"创建"面板上的"凸缘"按钮，打开"凸缘"
对话框,选择如图 8-33 所示的边,输入高度为 15mm,凸缘角度为 100°,选择"从
两个外侧面的交线折弯"选项 和"折弯面范围之内"选项，单击"应用"按钮
完成一侧凸缘的创建,在另一侧创建相同参数的凸缘,效果如图 8-34 所示。

图 8-33 设置参数 图 8-34 创建凸缘

步骤 05 创建凸缘：单击"钣金"选项卡"创建"面板上的"凸缘"按钮，打开"凸缘"
对话框，选择如图 8-35 所示的边，输入高度为 4.8mm，凸缘角度为 80°，选择"从
两个外侧面的交线折弯"选项和"折弯面范围之内"选项，单击"应用"按钮
完成一侧凸缘的创建，在另一侧创建相同参数的凸缘，效果如图 8-36 所示。

图 8-35　设置参数　　　　　　　　　　　　　　图 8-36　创建凸缘

步骤 06 创建凸缘。单击"钣金"选项卡"创建"面板上的"凸缘"按钮，打开"凸缘"
对话框，选择如图 8-37 所示的边，输入高度为 2.5mm，凸缘角度为 90°，选择"从
两个外侧面的交线折弯"选项和"折弯面范围之内"选项，单击"应用"按钮
完成一侧凸缘的创建，在另一侧创建相同参数的凸缘，效果如图 8-38 所示。

图 8-37　设置参数　　　　　　　　　　　　　　图 8-38　创建凸缘

步骤 07 创建凸缘。单击"钣金"选项卡"创建"面板上的"凸缘"按钮，打开"凸缘"
对话框，选择如图 8-39 所示的边，输入高度为 2.5mm，凸缘角度为 90°，选择"从
两个外侧面的交线折弯"选项和"从相邻面折弯"选项，单击"更多"按钮，
展开对话框，设置宽度范围中的类型为"偏移量"，输入"偏移 1"为 2.3mm，"偏
移 2"为 1.2mm，单击"应用"按钮完成一侧凸缘的创建，在其他三条边线上创建
相同参数的凸缘，如图 8-39 所示。

图 8-39 设置参数

步骤 08 保存文件。单击"快速"工具栏上的"保存"按钮 ，打开"另存为"对话框，输入文件名为"提手.ipt"，单击"保存"按钮即可保存文件。

8.3.3 卷边

沿钣金边创建折叠的卷边，可以加强零件或删除尖锐边，操作步骤如下。

步骤 01 单击"钣金"选项卡"创建"面板上的"卷边"按钮 ，打开"卷边"对话框，如图 8-40 所示。

图 8-40 "卷边"对话框

步骤 02 在对话框中选择卷边类型。

步骤 03 在视图中选择平板边，如图 8-41 所示。

步骤 04 在对话框中根据所选类型设置参数，例如卷边的间隙、长度或半径等。

步骤 05 在对话框中单击"确定"按钮，完成卷边的创建，结果如图 8-42 所示。

图 8-41 选择边   图 8-42 创建卷边

对"卷边"对话框中的选项说明如下。

1．类型

- 单层：创建单层卷边，如图 8-43（a）所示。
- 水滴形：创建水滴形卷边，如图 8-43（b）所示。
- 滚边形：创建滚边形卷边，如图 8-43（c）所示。
- 双层：创建双层卷边，如图 8-43（d）所示。

（a）单层   （b）水滴形

（c）滚边形   （d）双层

图 8-43 类型

2．形状

- 选择边：用于选择钣金边以创建卷边。
- 反向：单击此按钮，则反转卷边的方向。
- 间隙：指定卷边内表面之间的距离。
- 长度：指定卷边的长度。

8.3.4 实例——机箱底板

本实例将绘制如图 8-44 所示的机箱底板。

图 8-44 机箱底板

操作步骤

步骤 01 新建文件。单击"快速"工具栏上的"新建"按钮，在打开的"新建文件"对话框中选择"Sheet Metal.ipt"选项，单击"创建"按钮，新建一个钣金文件。

步骤 02 创建草图。单击"钣金"选项卡"草图"面板上的"开始创建二维草图"按钮，选择 XY 平面为草图绘制平面，进入草图绘制环境。单击"草图"选项卡"绘图"面板上的"两点中心矩形"按钮，绘制草图。单击"约束"面板上的"尺寸"按钮，标注尺寸如图 8-45 所示。单击"完成草图"按钮，退出草图环境。

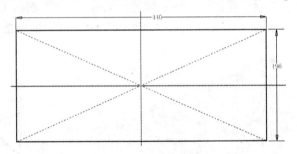

图 8-45 绘制草图

步骤 03 创建平板。单击"钣金"选项卡"创建"面板上的"平板"按钮，打开"面"对话框，系统自动选取上步绘制的草图为截面轮廓，如图 8-46 所示。单击"确定"按钮完成平板的创建，如图 8-47 所示。

图 8-46 选取截面

步骤 04 创建凸缘。单击"钣金"选项卡"创建"面板上的"凸缘"按钮，打开"凸缘"
对话框，选择如图 8-48 所示的边，输入高度为 16mm，凸缘角度为 90°，选择"从
两个外侧面的交线折弯"选项和"折弯面范围之内"选项，单击"应用"按钮
完成一侧凸缘的创建，在另一侧创建相同参数的凸缘，效果如图 8-49 所示。

图 8-47　创建平板　　　　　　　　　　　图 8-48　设置参数

步骤 05 创建草图。单击"钣金"选项卡"草图"面板上的"开始创建二维草图"按钮，
选择 XZ 平面为草图绘制平面，进入草图绘制环境。单击"草图"选项卡"绘图"
面板上的"直线"按钮，绘制草图。单击"约束"面板上的"尺寸"按钮，标
注尺寸如图 8-50 所示。单击"完成草图"按钮，退出草图环境。

图 8-49　创建凸缘　　　　　　　　　　　图 8-50　绘制草图

步骤 06 创建拉伸体。单击"三维模型"选项卡"创建"面板上的"拉伸"按钮，打开"拉
伸"对话框，选取上一步绘制的草图为拉伸截面轮廓，设置拉伸范围为"贯通"，
单击"对称"按钮，选择"求差"方式，如图 8-51 所示。单击"确定"按钮完成
拉伸，如图 8-52 所示。

图 8-51　拉伸示意图　　　　　　　　　　图 8-52　拉伸切除实体

读者学习了"剪切"命令后，这一步可以用"剪切"命令来创建。

步骤 07 镜像特征。单击"钣金"选项卡"阵列"面板上的"镜像"按钮，打开"镜像"对话框，选择上一步创建的拉伸特征为镜像特征，选择 YZ 平面为镜像平面，如图 8-53 所示，单击"确定"按钮，结果如图 8-54 所示。

图 8-53　镜像参数　　　　　　　　　　图 8-54　镜像特征

步骤 08 创建草图。单击"钣金"选项卡"草图"面板上的"开始创建二维草图"按钮，选择 XZ 平面为草图绘制平面，进入草图绘制环境。单击"草图"选项卡"绘图"面板上的"直线"按钮和"圆角"按钮，绘制草图。单击"约束"面板上的"尺寸"按钮，标注尺寸如图 8-55 所示。单击"完成草图"按钮，退出草图环境。

图 8-55　绘制草图

步骤 09 创建拉伸体。单击"三维模型"选项卡"创建"面板上的"拉伸"按钮，打开"拉伸"对话框，选取上一步绘制的草图为拉伸截面轮廓，设置拉伸范围为"贯通"，单击"对称"按钮，选择"求差"方式，如图 8-56 所示。单击"确定"按钮完成拉伸，如图 8-57 所示。

图 8-56　拉伸示意图　　　　　　　　　　图 8-57　拉伸切除实体

步骤⑩ 阵列特征。单击"三维模型"选项卡"阵列"面板上的"矩形阵列"按钮▦▦，打开"矩形阵列"对话框，选择上一步创建的拉伸切除特征为阵列特征，选择如图 8-58 所示的边，输入阵列个数为 4，输入距离为 105mm，单击"确定"按钮，效果如图 8-59 所示。

图 8-58　矩形阵列示意图　　　　　　　　　图 8-59　阵列特征

步骤⑪ 创建卷边。单击"钣金"选项卡"创建"面板上的"卷边"按钮▱，打开"卷边"对话框，选择如图 8-60 所示的边，选择"单层"类型，输入间隙为 0.1，长度为 2.5，单击"更多"按钮▸▸，展开对话框，选择"偏移量"类型，输入"偏移 1"为 10mm，"偏移 2"为 10mm，单击"应用"按钮完成一侧卷边的创建，在另一侧创建相同参数的卷边，如图 8-61 所示。

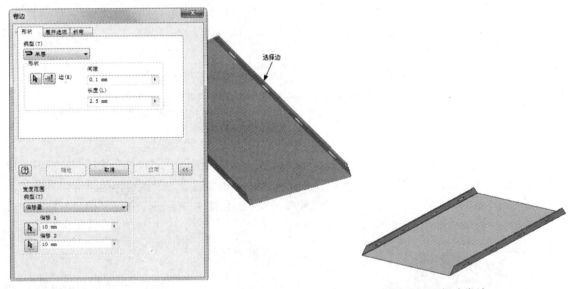

图 8-60　设置参数　　　　　　　　　　　图 8-61　创建卷边

步骤⑫ 创建草图。单击"钣金"选项卡"草图"面板上的"开始创建二维草图"按钮▱，选择平板上表面为草图绘制平面，进入草图绘制环境。单击"草图"选项卡"绘图"面板上的"圆心圆"按钮◉，绘制草图。单击"约束"面板上的"尺寸"按钮▭，标注尺寸如图 8-62 所示。单击"完成草图"按钮✔，退出草图环境。

图 8-62　绘制草图

步骤 13　创建拉伸体。单击"三维模型"选项卡"创建"面板上的"拉伸"按钮，打开"拉伸"对话框，选取上一步绘制的草图为拉伸截面轮廓，设置拉伸范围为"贯通"，选择"求差"方式，如图 8-63 所示。单击"确定"按钮完成拉伸，如图 8-64 所示。

图 8-63　拉伸示意图　　　　　　　　　　　　　　　图 8-64　拉伸实体

步骤 14　阵列特征。单击"三维模型"选项卡"阵列"面板上的"矩形阵列"按钮，打开"矩形阵列"对话框，选择上一步创建的拉伸切除特征为阵列特征，选择如图 8-65 所示的边线为方向 1，输入阵列个数为 2，输入距离为 300mm，选择如图 8-65 所示的边线为方向 2，输入阵列个数为 2，输入距离为 120mm，单击"确定"按钮，效果如图 8-44 所示。

图 8-65　矩形阵列示意图

步骤 15　保存文件。单击"快速"工具栏上的"保存"按钮，打开"另存为"对话框，输入文件名为"机箱底板.ipt"，单击"保存"按钮即可保存文件。

8.3.5 折叠

在现有平板上沿折弯草图线折弯钣金平板，操作步骤如下。

步骤 01 单击"钣金"选项卡"创建"面板上的"折叠"按钮，打开"折叠"对话框，如图 8-66 所示。

图 8-66 "折叠"对话框

步骤 02 在视图中选择用于折叠的折弯线，如图 8-67 所示。折弯线必须放置在要折叠的平板上，并终止于平板的边。

步骤 03 在对话框中设置折叠参数，或接受当前钣金样式中指定的默认折弯钣金和角度。

步骤 04 设置折叠的折叠侧和方向，单击"确定"按钮，结果如图 8-68 所示。

图 8-67 选择折弯线

图 8-68 折叠

对"折叠"对话框中的选项说明如下。

1. 折弯线

指定用于折叠线的草图，草图直线端点必须位于边上，否则该线不能选作折弯线。

2. 反向控制

● 反转到对侧：将折弯线的折叠侧改为向上或向下，如图 8-69（a）所示。
● 反向：更改折叠的上/下方向，如图 8-69（b）所示。

（a）反转到对侧　　　　　　　　（b）反向

图 8-69　反向控制

3．折叠位置

- 折弯中心线 ：将草图线用作折弯的中心线，如图 8-70（a）所示。
- 折弯起始线 ：将草图线用作折弯的起始线，如图 8-70（b）所示。
- 折弯终止线 ：将草图线用作折弯的终止线，如图 8-70（c）所示。

（a）折弯中心线　　　　　　　　　　　　（b）折弯起始线

（c）折弯终止线

图 8-70　折叠位置

4．折叠角度

将指定用于折叠的角度。

8.3.6　实例——校准架

本实例将绘制如图 8-71 所示的校准架。

图 8-71　校准架

 下载资源\动画演示\第8章\校准架.avi

操作步骤

步骤 01 新建文件。单击"快速"工具栏上的"新建"按钮，在打开的"新建文件"对话框中选择"Sheet Metal.ipt"选项，单击"创建"按钮，新建一个钣金文件。

步骤 02 创建草图。单击"钣金"选项卡"草图"面板上的"开始创建二维草图"按钮，选择 XZ 平面为草图绘制平面，进入草图绘制环境。单击"草图"选项卡"绘图"面板上的"两点中心矩形"按钮，绘制草图。单击"约束"面板上的"尺寸"按钮，标注尺寸如图 8-72 所示。单击"完成草图"按钮，退出草图环境。

图 8-72　绘制草图

步骤 03 创建平板。单击"钣金"选项卡"创建"面板上的"平板"按钮，打开"面"对话框，系统自动选取上步绘制的草图为截面轮廓，如图 8-73 所示。单击"确定"按钮完成平板的创建，如图 8-74 所示。

图 8-73　选择截面　　　　　　　　　　　图 8-74　创建平板

步骤 04 创建草图。单击"钣金"选项卡"草图"面板上的"开始创建二维草图"按钮 ，选择平板的上表面为草图绘制平面，进入草图绘制环境。单击"草图"选项卡"绘图"面板上的"圆心圆"按钮 ，绘制草图。单击"约束"面板上的"尺寸"按钮 ，标注尺寸如图 8-75 所示。单击"完成草图"按钮 ，退出草图环境。

步骤 05 创建剪切。单击"钣金"选项卡"修改"面板上的"剪切"按钮 ，打开"剪切"对话框，选择如图 8-76 所示的截面轮廓。采用默认设置，单击"确定"按钮。

图 8-75　绘制草图　　　　　　　　　　图 8-76　"剪切"对话框

步骤 06 创建草图。单击"钣金"选项卡"草图"面板上的"开始创建二维草图"按钮 ，选择平板上表面为草图绘制平面，进入草图绘制环境。单击"草图"选项卡"绘图"面板上的"直线"按钮 ，绘制草图。单击"约束"面板上的"尺寸"按钮 ，标注尺寸如图 8-77 所示。单击"完成草图"按钮 ，退出草图环境。

图 8-77   绘制直线

步骤 07   创建凸缘。单击"钣金"选项卡"创建"面板上的"折叠"按钮🖉，打开"折叠"对话框，选择如图 8-78 所示的草图线，输入折叠角度为 90°，选择"折弯中心线"选项🖅，单击"确定"按钮，如图 8-79 所示。

图 8-78   设置参数

步骤 08   创建草图。单击"钣金"选项卡"草图"面板上的"开始创建二维草图"按钮📝，选择如图 8-79 所示的面 1 为草图绘制平面，进入草图绘制环境。单击"草图"选项卡"绘图"面板上的"直线"按钮╱，绘制草图。单击"约束"面板上的"尺寸"按钮⊢，标注尺寸如图 8-80 所示。单击"草图"选项卡上的"完成草图"按钮✔，退出草图环境。

图 8-79   创建折叠   图 8-80   绘制草图

240

步骤09 创建凸缘。单击"钣金"选项卡"创建"面板上的"折叠"按钮，打开"折叠"对话框，选择如图 8-81 所示的草图线，输入折叠角度为 90°，选择"折弯中心线"选项，单击"确定"按钮，如图 8-82 所示。

图 8-81　设置参数

图 8-82　创建折叠

步骤10 镜像折叠特征。单击"钣金"选项卡"阵列"面板上的"镜像"按钮，打开如图 8-83 所示的"镜像"对话框，选择前面创建的折叠 1 和折叠 2 为镜像特征，选择 XY 平面为镜像平面，单击"确定"按钮，结果如图 8-84 所示。

图 8-83　"镜像"对话框　　　　　图 8-84　镜像特征

步骤11 创建凸缘 1。单击"钣金"选项卡"创建"面板上的"凸缘"按钮，打开"凸缘"对话框，选择如图 8-85 所示的边，输入高度为 7mm，凸缘角度为 0°，选择"从两个外侧面的交线折弯"选项和"折弯面范围之内"选项，单击 >> 按钮，选择"偏移量"类型，输入"偏移 1"为 2mm，输入"偏移 2"为 0mm，单击"确定"按钮。

图 8-85　设置参数

步骤 12 创建凸缘 2。单击"钣金"选项卡"创建"面板上的"凸缘"按钮，打开"凸缘"对话框，选择如图 8-86 所示的边，输入高度为 15mm，凸缘角度为 90°，选择"从两个外侧面的交线折弯"选项和"折弯面范围之内"选项，单击"确定"按钮。

图 8-86　设置参数

步骤 13 创建凸缘 3。单击"钣金"选项卡"创建"面板上的"凸缘"按钮，打开"凸缘"对话框，选择如图 8-87 所示的边，输入高度为 8mm，凸缘角度为 90°，选择"从两个外侧面的交线折弯"选项和"折弯面范围之内"选项，单击"确定"按钮，效果如图 8-88 所示。

图 8-87　设置参数

步骤⑭　镜像凸缘特征。单击"钣金"选项卡"阵列"面板上的"镜像"按钮，打开"镜像"对话框，选择前面创建的三个凸缘特征为镜像特征，选择 YZ 平面为镜像平面，单击"确定"按钮，结果如图 8-89 所示。

图 8-88　创建凸缘　　　　　　　　　图 8-89　镜像特征

步骤⑮　镜像凸缘特征。单击"钣金"选项卡"阵列"面板上的"镜像"按钮，打开"镜像"对话框，选择凸缘特征和上步创建的镜像后的特征为镜像特征，选择 XY 平面为镜像平面，单击"确定"按钮，结果如图 8-71 所示。

步骤⑯　保存文件。单击"快速"工具栏上的"保存"按钮，打开"另存为"对话框，输入文件名为"校准架.ipt"，单击"保存"按钮即可保存文件。

8.3.7　异形板

可通过使用截面轮廓草图和现有平板上的直边来定义异形板。截面轮廓草图由线、圆弧、样条曲线和椭圆弧组成。截面轮廓中的连续几何图元会在轮廓中产生符合钣金样式的折弯半径值的折弯。

异形板的创建步骤如下：

步骤①　单击"钣金"选项卡"创建"面板上的"异形板"按钮，打开"异形板"对话框，如图 8-90 所示。

步骤 02 在视图中选择已经绘制好的截面。

步骤 03 在视图中选择边或回路，如图 8-91 所示。

图 8-90 "异形板"对话框

图 8-91 选择边和回路

步骤 04 在对话框中设置参数，并单击"确定"按钮完成异形板的设置，如图 8-92 所示。

图 8-92 异形板

对"异形板"对话框中的选项说明如下。

1. 形状

● 截面轮廓：选择一个包括定义了异形板形状的开放截面轮廓的未使用的草图。

2. 边

● 边选择模式 ⬛：选择一条或多条独立边，边必须垂直于截面轮廓草图平面。当截面轮廓草图的起点或终点与选定的第一条边定义的无穷直线不重合，或者选定的截面轮廓包含非直线或圆弧段的几何图元时，不能选择多边。

● 回路选择模式 ⬛：选择一个边回路，然后将凸缘应用于选定回路的所有边，截面轮廓草图必须和回路的任一边重合或垂直。

3. 折弯

● 与侧面对齐的延伸折弯 ⬛：沿由折弯连接的侧边上的平板延伸材料，而不是垂直于折弯轴，在平板的侧边不垂直的时候有用。

● 与侧面垂直的延伸折弯 ⬛：与侧面垂直的延伸材料。

4. 宽度范围-类型

● 边：以选定面的边的全长创建异形板，如图 8-93（a）所示。

- 宽度：在距离现有面的边上的单个选定顶点、工作点、工作平面或平面的指定偏移处创建指定宽度的异形板，如图 8-93（b）所示。
- 偏移：从现有面的边上的两个选定顶点、工作点、工作平面或平面创建异形板偏移，如图 8-93（c）所示。
- 从表面到表面：通过选择定义凸缘自/至范围的现有零件几何图元定义的宽度，创建异形板，如图 8-93（d）所示。

（a）边　　　　　　（b）宽度　　　　　　（c）偏移　　　　（d）从表面到表面

图 8-93　宽度范围类型

- 距离：使用按草图平面的一个距离值和方向定义的宽度创建异形板。

8.3.8　实例——门帘吊架

本实例将绘制如图 8-94 所示的门帘吊架。

图 8-94　门帘吊架

下载
资源　　　下载资源\动画演示\第8章\门帘吊架.avi

操作步骤

步骤 01　新建文件。单击"快速"工具栏上的"新建"按钮　，在打开的"新建文件"对话框中选择"Sheet Metal.ipt"选项，单击"创建"按钮，新建一个钣金文件。

步骤 02　创建草图。单击"钣金"选项卡"草图"面板上的"开始创建二维草图"按钮　，选择 XZ 平面为草图绘制平面，进入草图绘制环境。单击"草图"选项卡"绘图"面板上的"两点矩形"按钮　，绘制草图。单击"约束"面板上的"尺寸"按钮　，标注尺寸如图 8-95 所示。单击"完成草图"按钮　，退出草图环境。

图 8-95　绘制草图

步骤 03　创建平板。单击"钣金"选项卡"创建"面板上的"平板"按钮，打开"面"对话框，系统自动选取上一步绘制的草图为截面轮廓，如图 8-96 所示。单击"确定"按钮完成平板的创建，效果如图 8-97 所示。

图 8-96　选择截面　　　　　　　　　　　图 8-97　创建平板

步骤 04　创建草图。单击"钣金"选项卡"草图"面板上的"开始创建二维草图"按钮，选择平板的上表面为草图绘制平面，进入草图绘制环境。单击"草图"选项卡"绘图"面板上的"直线"按钮，绘制草图。单击"约束"面板上的"尺寸"按钮，标注尺寸如图 8-98 所示。单击"完成草图"按钮，退出草图环境。

图 8-98　绘制草图

步骤 05　创建折叠。单击"钣金"选项卡"创建"面板上的"折叠"按钮，打开"折叠"对话框，选择如图 8-99 所示的折弯线，单击"反转到对侧"按钮和"反向"按钮调整折叠方向，输入折叠角度为 90°，选择"折弯中心线"选项，单击"确定"按钮，如图 8-100 所示。

图 8-99　设置参数　　　　　　　　　　　图 8-100　创建折叠

步骤 06 创建草图。单击"钣金"选项卡"草图"面板上的"开始创建二维草图"按钮 ，选择如图 8-100 所示的面 1 为草图绘制平面，进入草图绘制环境。单击"草图"选项卡"绘图"面板上的"圆弧"按钮 和"直线"按钮，绘制草图。单击"约束"面板上的"尺寸"按钮，标注尺寸如图 8-101 所示。单击"完成草图"按钮，退出草图环境。

图 8-101 绘制草图

步骤 07 创建异形板。单击"钣金"选项卡"创建"面板上的"异形板"按钮，打开"异形板"对话框，选择如图 8-102 所示的草图为截面轮廓，选择如图 8-102 所示的边，单击"更多"按钮 展开对话框，选择"偏移量"类型，输入"偏移 1"为 295mm，"偏移 2"为 0mm，单击"确定"按钮，如图 8-103 所示。

图 8-102 设置参数

图 8-103 创建异形板

步骤 08 阵列特征。单击"三维模型"选项卡"阵列"面板上的"矩形阵列"按钮，打开"矩形阵列"对话框，选择上步创建的异形板特征为阵列特征，选择如图 8-104 所示的边为阵列方向，输入阵列个数为 20，选择"曲线长度"选项，单击"确定"按钮，效果如图 8-94 所示。

图 8-104　矩形阵列示意图

步骤 09　保存文件。单击"快速"工具栏上的"保存"按钮█，打开"另存为"对话框，输入文件名为"门帘吊架.ipt"，单击"保存"按钮即可保存文件。

8.3.9　折弯

钣金折弯特征通常用于连接为满足特定设计条件而在某个特殊位置创建的钣金平板。通过选择现有钣金特征上的边，使用由钣金样式定义的折弯半径和材料厚度将材料添加到模型。

折弯的操作步骤如下：

步骤 01　单击"钣金"选项卡"创建"面板上的"折弯"按钮█，打开"折弯"对话框，如图 8-105 所示。

步骤 02　在视图中的平板上选择模型边，如图 8-106 所示。

图 8-105　"折弯"对话框

图 8-106　选择边

步骤 03　在对话框中选择折弯类型，设置折弯参数，效果如图 8-107 所示。如果平板平行但不共面，则在"双向折弯"选项中选择折弯方式。

步骤 04　在对话框中单击"确定"按钮，完成折弯特征，结果如图 8-108 所示。

图 8-107　设置折弯参数

图 8-108　折弯特征

对"折弯"对话框中的选项说明如下。

1. 折弯

- 边：在每个平板上选择模型边，根据需要修剪或延伸平板创建折弯。
- 折弯半径：显示默认的折弯半径。

2. 双向折弯

- 固定边：添加等长折弯到现有的钣金边。
- 45 度：平板根据需要进行修剪或延伸，并插入 45° 折弯。
- 全半径：平板根据需要进行修剪或延伸，并插入半圆折弯。
- 90 度：平板根据需要进行修剪或延伸，并插入 90° 折弯。
- 固定边反向 ：反转顺序。

8.4　钣金编辑特征

在 Autodesk Inventor 中可以生成复杂的钣金零件，并可以对其进行参数化编辑，能够定义和仿真钣金零件的制造过程，对钣金模型进行展开和重叠的模拟操作。

8.4.1　剪切

剪切就是从钣金平板中删除材料，在钣金平板上绘制截面轮廓，然后贯穿一个或多个平板进行切割，操作步骤如下。

步骤 01　单击"钣金"选项卡"修改"面板上的"剪切"按钮 ，打开"剪切"对话框，如图 8-109 所示。

图 8-109　"剪切"对话框

步骤 02 如果草图中只有一个截面轮廓，系统将自动选择，如果有多个截面轮廓，单击"截面轮廓"按钮，可选择要切割的截面轮廓，如图 8-110 所示。

步骤 03 在"范围"下选择终止方式，调整剪切方向。

步骤 04 在对话框中单击"确定"按钮完成剪切，结果如图 8-111 所示。

图 8-110 选择截面轮廓   图 8-111 完成剪切

对"剪切"对话框中的选项说明如下。

1. 形状

● 截面轮廓：选择一个或多个截面作为要删除材料的截面轮廓。

● 冲裁贯通折弯：若勾选此复选框，则可通过环绕截面轮廓贯通平板，以及一个或多个钣金折弯的截面轮廓来删除材料。

● 法向剪切：将选定的截面轮廓（草图）投影到曲面，然后按垂直于投影相交的面进行切割。如果勾选此复选框，则"冲裁贯通折弯"选项不可用。

2. 范围

● 距离：默认为平板的厚度，如图 8-112（a）所示。

● 到表面或平面：剪切终止于下一个表面或平面，如图 8-112（b）所示。

● 到：选择终止剪切的表面或平面。可以在所选面或其延伸面上终止剪切，如图 8-112（c）所示。

● 从表面到表面：选择终止拉伸的起始和终止面（或平面），如图 8-112（d）所示。

● 贯通：在指定方向上贯通所有特征和草图拉伸截面轮廓，如图 8-112（e）所示。

（a）距离为厚度/2   （b）到表面或平面   （c）到

（d）从表面到表面   （e）贯通

图 8-112 范围示意图

8.4.2　实例——仪表面板

本实例将绘制如图 8-113 所示的仪表面板。

图 8-113　仪表面板

　下载资源\动画演示\第8章\仪表面板.avi

操作步骤

步骤 01　新建文件。单击"快速"工具栏上的"新建"按钮，在打开的"新建文件"对话框中选择"Sheet Metal.ipt"选项，单击"创建"按钮，新建一个钣金文件。

步骤 02　设置钣金厚度。单击"钣金"选项卡"设置"面板上的"钣金默认设置"按钮，打开"钣金默认设置"对话框，取消"使用规则中的厚度"复选框，输入钣金厚度为 1mm，其他采用默认设置，如图 8-114 所示，单击"确定"按钮。

步骤 03　创建草图。单击"钣金"选项卡"草图"面板上的"开始创建二维草图"按钮，选择 XZ 平面为草图绘制平面，进入草图绘制环境。利用草图绘制命令绘制草图，单击"约束"面板上的"尺寸"按钮，标注尺寸如图 8-115 所示。单击"完成草图"按钮，退出草图环境。

图 8-114　"钣金默认设置"对话框

图 8-115　绘制草图

251

步骤 04 创建平板。单击"钣金"选项卡"创建"面板上的"平板"按钮 ◢，打开"面"对话框，选取上步绘制的草图为截面轮廓，如图 8-116 所示。单击"确定"按钮完成平板的创建，如图 8-117 所示。

图 8-116　选择截面　　　　　　　　　　　　图 8-117　创建平板

步骤 05 创建凸缘。单击"钣金"选项卡"创建"面板上的"凸缘"按钮 ◢，打开"凸缘"对话框，选择如图 8-118 所示的边，输入高度为 60mm，凸缘角度为 90°，单击"从两个外侧面的交线折弯"选项 ◢ 和"折弯面范围之内"选项 ◢，单击"确定"按钮完成凸缘的创建，如图 8-119 所示。

图 8-118　设置参数　　　　　　　　　　　　图 8-119　创建凸缘

步骤 06 创建草图。单击"钣金"选项卡"草图"面板上的"开始创建二维草图"按钮 ◢，选择如图 8-119 所示的面 1 为草图绘制平面，进入草图绘制环境。单击"草图"选项卡"绘图"面板上的"直线"按钮 ◢ 和"绘制圆角"按钮 ◢，绘制草图。单击"约束"面板上的"尺寸"按钮 ◢，标注尺寸如图 8-120 所示。单击"完成草图"按钮 ◢，退出草图环境。

步骤 07 创建剪切。单击"钣金"选项卡"修改"面板上的"剪切"按钮 ◢，打开"剪切"对话框，选择如图 8-121 所示的截面轮廓。采用默认设置，单击"确定"按钮，如图 8-122 所示。

图 8-120 绘制草图   图 8-121 设置参数

步骤 08 创建草图。单击"钣金"选项卡"草图"面板上的"开始创建二维草图"按钮 ，选择如图 8-119 所示的面 1 为草图绘制平面，进入草图绘制环境。单击"草图"选项卡"绘图"面板上的"圆心圆"按钮 ，绘制草图。单击"约束"面板上的"尺寸"按钮 ，标注尺寸如图 8-123 所示。单击"完成草图"按钮 ，退出草图环境。

图 8-122 剪切实体   图 8-123 绘制草图

步骤 09 创建剪切。单击"钣金"选项卡"修改"面板上的"剪切"按钮 ，打开"剪切"对话框，选择如图 8-124 所示的截面轮廓。采用默认设置，单击"确定"按钮，如图 8-125 所示。

图 8-124 设置参数   图 8-125 创建孔

步骤 10 创建凸缘。单击"钣金"选项卡"创建"面板上的"凸缘"按钮 ，打开"凸缘"对话框，选择如图 8-126 所示的边，输入高度为 50mm，凸缘角度为 90°，单击"从两个外侧面的交线折弯"选项 和"折弯面范围之内"选项 ，单击"确定"按钮完成凸缘的创建，如图 8-127 所示。

图 8-126　设置参数　　　　　　　　　　　　图 8-127　创建凸缘

步骤 ⑪ 创建草图。单击"钣金"选项卡"草图"面板上的"开始创建二维草图"按钮 ，选择如图 8-127 所示的面 2 为草图绘制平面，进入草图绘制环境。单击"草图"选项卡"绘图"面板上的"直线"按钮 和"圆弧"按钮 ，绘制草图。单击"约束"面板上的"尺寸"按钮 ，标注尺寸如图 8-128 所示。单击"完成草图"按钮 ，退出草图环境。

图 8-128　绘制草图

步骤 ⑫ 创建剪切。单击"钣金"选项卡"修改"面板上的"剪切"按钮 ，打开"剪切"对话框，选择如图 8-129 所示的截面轮廓。采用默认设置，单击"确定"按钮，如图 8-130 所示。

图 8-129　设置参数　　　　　　　　　　　　图 8-130　剪切实体

步骤 ⑬ 创建凸缘。单击"钣金"选项卡"创建"面板上的"凸缘"按钮，打开"凸缘"对话框，选择如图 8-131 所示的边，输入高度为 30mm，凸缘角度为 90°，单击"从两个外侧面的交线折弯"选项和"折弯面范围之内"选项，单击"确定"按钮完成凸缘的创建，如图 8-132 所示。

图 8-131　设置参数　　　　　　　　　　　　　图 8-132　创建凸缘

步骤 ⑭ 圆角处理。单击"三维模型"选项卡"修改"面板上的"圆角"按钮，打开"圆角"对话框，输入半径为 10mm，选择如图 8-133 所示的边线进行圆角操作，单击"确定"按钮完成圆角操作。

图 8-133　圆角示意图

步骤 ⑮ 创建草图。单击"钣金"选项卡"草图"面板上的"开始创建二维草图"按钮，选择如图 8-134 所示的面 3 为草图绘制平面，进入草图绘制环境。单击"草图"选项卡"绘图"面板上的"直线"按钮和"圆弧"按钮，绘制草图。单击"约束"面板上的"尺寸"按钮，标注尺寸如图 8-135 所示。单击"完成草图"按钮，退出草图环境。

图 8-134　选取平面

图 8-135　绘制草图

步骤 16 创建异形板。单击"钣金"选项卡"创建"面板上的"异形板"按钮，打开"异形板"对话框，选择上一步绘制的草图为截面轮廓，选择如图 8-136 所示的边。单击"反转到对侧"按钮，调整方向，单击"确定"按钮，如图 8-137 所示。

图 8-136 设置参数 　　　　　　　　　　图 8-137 异形板

步骤 17 创建凸缘 1。单击"钣金"选项卡"创建"面板上的"凸缘"按钮，打开"凸缘"对话框，选择如图 8-138 所示的边，输入高度为 30mm，凸缘角度为 90°，选择"从两个内侧面的交线折弯"选项和"从相邻面折弯"选项，单击"更多"按钮展开对话框，选择"宽度"类型，选中"居中"单选按钮，输入宽度为 70mm，单击"确定"按钮，效果如图 8-139 所示。

图 8-138 "凸缘"对话框 　　　　　　　　图 8-139 绘制凸缘

步骤 18 保存文件。单击"快速"工具栏上的"保存"按钮，打开"另存为"对话框，输入文件名为"仪表面板.ipt"，单击"保存"按钮即可保存文件。

8.4.3 拐角接缝

在钣金平板中添加拐角接缝，可以在相交或共面的两个平板之间创建接缝。

步骤 01 单击"钣金"选项卡"修改"面板上的"拐角接缝"按钮 ，打开"拐角接缝"对话框，如图 8-140 所示。

步骤 02 在相邻的两个钣金平板上均选择模型边，如图 8-141 所示。

步骤 03 在对话框中接受默认接缝类型或选择其他接缝类型。

步骤 04 在对话框中单击"确定"按钮，完成拐角接缝，结果如图 8-142 所示。

图 8-140　"拐角接缝"对话框

图 8-141　选择边

图 8-142　拐角接缝

对"拐角接缝"对话框中的选项说明如下。

1．形状

- 接缝：指定现有的共面或相交钣金平板之间的新拐角几何图元。
- 分割：打开方形拐角以创建钣金拐角接缝。
- 边：在每个面上选择模型边。

2．接缝

- 最大间隙距离：创建拐角接缝间隙，可以使用与物理检测标尺方式一致的方式对其进行测量。
- 面/边距离：创建拐角接缝间隙，可以测量从与选定的第一条相邻的面到选定的第二条边的距离。

3．延长拐角

- 对齐：投影第一个面使其与第二个面对齐。
- 垂直：投影第一个面使其与第二个面垂直。

8.4.4　冲压工具

冲压工具用于在钣金平板上冲压三维形状，在所选钣金平板上必须至少存在一个孔中心，冲压工具的使用方法如下。

步骤 01 单击"钣金"选项卡"修改"面板上的"冲压工具"按钮，打开"冲压工具目录"对话框，如图 8-143 所示。

图 8-143　"冲压工具目录"对话框

步骤 02 在"冲压工具目录"对话框中可浏览到包含冲压形状的文件夹，选择冲压形状进行预览，选择好冲压工具后，单击"打开"按钮，打开"冲压工具"对话框，如图 8-144 所示。

步骤 03 如果草图中存在多个中心点，按 Ctrl 键并单击任何不需要的位置以防止在这些位置放置冲压。

步骤 04 在"几何图元"选项卡上指定角度以使冲压相对于平面进行旋转。

步骤 05 在"规格"选项卡上双击参数值进行修改，单击"完成"按钮完成冲压，如图 8-145 所示。

图 8-144　"冲压工具"对话框

图 8-145　冲压

对"冲压工具"对话框中的选项说明如下。

1．预览

- 位置：允许选择包含钣金冲压 iFeature 的文件夹。
- 冲压：在选择列表左侧的图形窗格中预览选定的 iFeature。
- 贯通折弯：指定是否贯通折弯来应用冲压特征。若不勾选此选项，冲压特征将在折弯处终止。

2．几何图元

- 中心：自动选择用于定位 iFeature 的孔中心。如果钣金平板上有多个孔中心，则每个孔中心上都会放置 iFeature。
- 角度：指定用于定位 iFeature 的平面角度。
- 刷新：重新绘制满足几何图元要求的 iFeature。如图 8-146 所示。

3．规格

- 修改冲压形状的参数以更改其大小。
- 列表框中列出每个控制 iFeature 形状的参数："名称"和"值"，双击可修改该值。如图 8-147 所示。

图 8-146　"几何图元"选项卡

图 8-147　"规格"选项卡

8.4.5　接缝

接缝用于在使用封闭的截面轮廓草图创建的允许展平的钣金零件中创建一个间隙。点到点的接缝类型需要选择一个模型面和两个现有的点来定义接缝的起始和结束位置，就像单点接缝类型一样，选择的点可以是工作点、边的中点、面顶点上的端点或先前所创建草图上的草图点。

步骤 01　单击"钣金"选项卡"修改"面板上的"接缝"按钮，打开"接缝"对话框，如图 8-148 所示。

步骤 02 在视图中选择要进行接缝的钣金模型的面，如图 8-149 所示。

图 8-148　"接缝"对话框

图 8-149　选择放置面

步骤 03 在视图中指定接缝点，如图 8-150 所示。

步骤 04 在对话框中设置接缝间隙位于选定点或者向右/向左偏移，单击"确定"按钮，完成接缝，结果如图 8-151 所示。

图 8-150　选择点

图 8-151　创建接缝

对"接缝"对话框中的选项说明如下。

1．接缝类型

- 单点：允许通过选择要创建接缝的面和该面某条边上的一个点来定义接缝特征。
- 点对点：允许通过选择要创建接缝的面和该面的边上的两个点来定义接缝特征。
- 面范围：允许通过选择要删除的模型面来定义接缝特征。

2．形状

- 接缝所在面：选择将应用接缝特征的模型面。
- 接缝点：选择定义接缝位置的点。

8.4.6　展开和重新折叠

1．展开

展开一个或多个钣金折弯或相对参考面的卷曲,展开命令会向钣金零件浏览器中添加展开特征，并允许向模型的展平部分添加其他特征。

展开的操作步骤如下：

步骤 01　单击"钣金"选项卡"修改"面板上的"展开"按钮，打开"展开"对话框，如图 8-152 所示。

步骤 02　在视图中选择用于做展开参考的面或平面。

步骤 03　在视图中选择要展开的各个亮显的折弯或卷曲，也可以单击"添加所有折弯"按钮来选择所有亮显的几何图元，如图 8-153 所示。

图 8-152　"展开"对话框　　　　图 8-153　选择基础参考

步骤 04　预览展平的状态，并添加或删除折弯或卷曲以获得需要的平面。

步骤 05　在对话框中单击"确定"按钮完成展开，结果如图 8-154 所示。

对"展开"对话框中的选项说明如下。

（1）基础参考

选择用于定义展开、重新折叠折弯或旋转所参考的面或参考平面。

（2）展开几何图元

- 折弯：选择要展开或重新折叠的各个折弯或旋转特征。
- 添加所有折弯：选择要展开或重新折叠的所有折弯或旋转特征。

图 8-154　展开钣金

（3）复制草图

选择要展开或重新折叠的未使用的草图。

阵列钣金特征需要注意几点？

（1）展开特征通常沿整条边进行拉伸，可能不适用于阵列。

（2）钣金剪切类似于拉伸剪切。使用"完全相同"终止方式获得的结果可能会与使用"根据模型调整"终止方式获得的结果不同。

（3）冲裁贯通折弯特征的阵列结果因折弯几何图元和终止方式的不同而不同。

（4）不支持多边凸缘阵列。

（5）"完全相同"终止方式仅适用于面特征、凸缘、异形板和卷边特征。

2．重新折叠

使用此命令可以相对于参考重新折叠（或旋转）一个或多个钣金折弯。

重新折叠是展开的反操作，在这里不再详细叙述，读者可以自己动手操作一下。

8.4.7　实例——铰链

本实例将绘制如图 8-155 所示的铰链。

图 8-155　铰链

　下载资源\动画演示\第8章\铰链.avi

操作步骤

步骤 01　新建文件。运行 Inventor，单击"快速"工具栏上的"新建"按钮，在打开的"新建文件"对话框中选择"Sheet Metal.ipt"选项，单击"创建"按钮，新建一个钣金文件。

步骤 02　创建草图。单击"钣金"选项卡"草图"面板上的"开始创建二维草图"按钮，选择 XZ 平面为草图绘制平面，进入草图绘制环境。单击"草图"选项卡"绘图"面板上的"直线"按钮，绘制草图。单击"约束"面板上的"尺寸"按钮，标注尺寸如图 8-156 所示。单击"完成草图"按钮，退出草图环境。

图 8-156　绘制草图

步骤 03　创建平板。单击"钣金"选项卡"创建"面板上的"平板"按钮，打开"面"对话框，系统自动选取上一步绘制的草图为截面轮廓，如图 8-157 所示。单击"确定"

按钮完成平板的创建，效果如图 8-158 所示。

图 8-157　选择截面

图 8-158　创建平板

步骤 **04**　创建凸缘。单击"钣金"选项卡"创建"面板上的"凸缘"按钮，打开"凸缘"对话框，选择如图 8-159 所示的边，输入高度为 27mm，凸缘角度为 90°，选择"从两个内侧面的交线折弯"选项和"折弯面范围之内"选项，单击"应用"按钮完成一侧凸缘的创建，在另一侧创建相同参数的凸缘，效果如图 8-160 所示。

图 8-159　设置参数　　　　　　　　　　　图 8-160　创建凸缘

步骤 **05**　创建直孔。单击"钣金"选项卡"修改"面板上的"孔"按钮，打开"孔"对话框。在"放置"下拉列表中选择"线性"放置方式，在视图中选取上步创建的凸缘外表面为孔放置面，选择如图 8-161 所示的参考，参考距离为 5.7mm，选择"直孔"类型，输入孔直径 4.2mm，终止方式为"贯通"，单击"确定"按钮，结果如图 8-162 所示。

图 8-161　设置参数　　　　　　　　　　　　　图 8-162　创建孔

步骤 06　创建展开。单击"钣金"选项卡"修改"面板上的"展开"按钮，打开"展开"对话框。选择如图 8-163 所示的面为基础参考平面，选择所有的折弯，单击"确定"按钮，结果如图 8-164 所示。

图 8-163　设置参数

图 8-164　展开钣金

步骤 07　创建工作平面。单击"钣金"选项卡"定位特征"面板上的"两个平面之间的中间面"按钮，选择如图 8-165 所示的两个平面，创建如图 8-166 所示的工作平面。

图 8-165　选择平面　　　　　　　　　　图 8-166　创建工作平面

步骤 08　创建草图。单击"钣金"选项卡"草图"面板上的"开始创建二维草图"按钮，选择如图 8-167 所示的平面为草图绘制面，进入草图绘制环境。利用草图绘制命令，绘制草图。单击"约束"面板上的"尺寸"按钮⌐┐，标注尺寸如图 8-168 所示。单击"完成草图"按钮✓，退出草图环境。

图 8-167　选择平面　　　　　　　　　　图 8-168　绘制草图

步骤 09　创建剪切。单击"钣金"选项卡"修改"面板上的"剪切"按钮▢，打开"剪切"对话框，选择如图 8-169 所示的截面轮廓。采用默认设置，单击"确定"按钮，如图 8-170 所示。

图 8-169　设置参数　　　　　　　　　　图 8-170　创建剪切

步骤 10　镜像特征。单击"钣金"选项卡"修改"面板上的"镜像"按钮，打开"镜像"对话框，选择上一步创建的剪切特征为镜像特征，选择工作平面为镜像平面，如图 8-171 所示，单击"确定"按钮，效果如图 8-172 所示。

图 8-171　设置参数　　　　　　　　　　图 8-172　镜像特征

步骤⑪ 创建重新折叠。单击"钣金"选项卡"修改"面板上的"重新折叠"按钮，打开"重新折叠"对话框。选择如图 8-173 所示的面为基础参考，选择所有的折弯，如图 8-173 所示，单击"确定"按钮，结果如图 8-174 所示。

图 8-173　设置参数　　　　　　　　　　　　图 8-174　折弯

步骤⑫ 创建直孔。单击"钣金"选项卡"修改"面板上的"孔"按钮，打开"孔"对话框。在"放置"下拉列表中选择"线性"放置方式，在视图中选取上一步平板上表面为孔放置面，选择如图 8-175 所示的参考，与参考 1 的距离为 5mm，与参考 2 的距离为 7mm，选择"直孔"类型，输入孔直径为 4mm，终止方式为"贯通"，单击"确定"按钮，效果如图 8-176 所示。

图 8-175　设置参数　　　　　　　　　　　　图 8-176　创建孔

步骤⑬ 矩形阵列孔。单击"钣金"选项卡"阵列"面板上的"矩形阵列"按钮，打开"矩形阵列"对话框，选取上一步创建的孔特征为阵列特征，选取如图 8-177 所示的方向参考并输入参数，单击"确定"按钮，结果如图 8-178 所示。

图 8-177　设置参数　　　　　　　　　　　　图 8-178　矩形阵列

步骤⑭ 保存文件。单击"快速"工具栏上的"保存"按钮，打开"另存为"对话框，输入文件名为"铰链.ipt"，单击"保存"按钮即可保存文件。

8.5　综合实例——机箱顶板

本实例将绘制如图 8-179 所示的机箱顶板。

图 8-179　机箱顶板

  下载资源\动画演示\第8章\机箱顶板.avi

操作步骤

步骤 01　新建文件。运行 Inventor，单击"快速"工具栏上的"新建"按钮，在打开的"新建文件"对话框中选择"Sheet Metal.ipt"选项，单击"创建"按钮，新建一个钣金文件。

步骤 02　创建草图。单击"钣金"选项卡"草图"面板上的"开始创建二维草图"按钮，选择 XZ 平面为草图绘制平面，进入草图绘制环境。单击"草图"选项卡"绘图"面板上的"两点矩形"按钮，绘制草图。单击"约束"面板上的"尺寸"按钮，标注尺寸如图 8-180 所示。单击"完成草图"按钮，退出草图环境。

图 8-180　绘制草图

步骤 03　创建平板。单击"钣金"选项卡"创建"面板上的"平板"按钮，打开"面"对话框，系统自动选取上一步绘制的草图为截面轮廓，如图 8-181 所示。单击"确定"

按钮完成平板的创建,如图 8-182 所示。

图 8-181　选择截面

图 8-182　创建平板

步骤 **04** 创建凸缘。单击"钣金"选项卡"创建"面板上的"凸缘"按钮，打开"凸缘"对话框,选择如图 8-183 所示的边,输入高度为 23mm,凸缘角度为 90°,选择"从两个内侧面的交线折弯"选项和"从相邻面折弯"选项，单击"确定"按钮完成凸缘的创建,如图 8-184 所示。

图 8-183　设置参数　　　　　　　图 8-184　创建凸缘

步骤 **05** 创建草图。单击"钣金"选项卡"草图"面板上的"开始创建二维草图"按钮，选择如图 8-185 所示的平面为草图绘制面,进入草图绘制环境。单击"草图"选项卡"绘图"面板上的"直线"按钮，绘制草图。单击"约束"面板上的"尺寸"按钮，标注尺寸如图 8-186 所示。单击"完成草图"按钮，退出草图环境。

图 8-185　选择平面

图 8-186　绘制草图

步骤 06 创建异形板。单击"钣金"选项卡"创建"面板上的"异形板"按钮，打开"异形板"对话框，选择上步绘制的草图为截面轮廓，选择如图 8-187 所示的边。其他采用默认设置，单击"确定"按钮，如图 8-188 所示。

图 8-187　设置参数

图 8-188　异形板

步骤 07 创建草图。单击"钣金"选项卡"草图"面板上的"开始创建二维草图"按钮，选择如图 8-189 所示的平面为草图绘制面，进入草图绘制环境。利用草图命令，绘制草图。单击"约束"面板上的"尺寸"按钮，标注尺寸如图 8-190 所示。单击"完成草图"按钮，退出草图环境。

图 8-189　选择平面

图 8-190　创建草图

步骤 08 创建剪切。单击"钣金"选项卡"修改"面板上的"剪切"按钮，打开"剪切"对话框，选择如图 8-191 所示的截面轮廓。采用默认设置，单击"确定"按钮，如图 8-192 所示。

图 8-191　选择截面

图 8-192　创建剪切

步骤 09　矩形阵列特征。单击"钣金"选项卡"阵列"面板上的"矩形阵列"按钮，打开"矩形阵列"对话框，选取上一步创建的剪切特征为阵列特征，选取如图 8-193 所示的边为参考并输入参数，单击"确定"按钮，结果如图 8-194 所示。

图 8-193　设置参数

步骤 10　创建草图。单击"钣金"选项卡"草图"面板上的"开始创建二维草图"按钮，选择如图 8-195 所示的平面为草图绘制面，进入草图绘制环境。利用草图命令，绘制草图。单击"约束"面板上的"尺寸"按钮，标注尺寸如图 8-196 所示。单击"完成草图"按钮，退出草图环境。

图 8-194　阵列特征　　　　　　　　　　　　图 8-195　选择平面

图 8-196　绘制草图

步骤 11 创建剪切。单击"钣金"选项卡"修改"面板上的"剪切"按钮 ▢，打开"剪切"对话框，选择如图 8-197 所示的截面轮廓。采用默认设置，单击"确定"按钮，如图 8-198 所示。

图 8-197　选择截面

图 8-198　创建剪切

步骤 12 矩形阵列特征。单击"钣金"选项卡"阵列"面板上的"矩形阵列"按钮 ▦，打开"矩形阵列"对话框，选取上一步创建的剪切特征为阵列特征，选取如图 8-199 所示的边，单击"确定"按钮，结果如图 8-200 所示。

图 8-199　设置参数

图 8-200　矩形阵列

步骤 13 创建基准平面。单击"钣金"选项卡"定位特征"面板上的"从平面偏移"按钮 ▥，选择如图 8-201 所示的平面，输入距离为 –100mm。创建如图 8-202 所示的平面。

图 8-201　设置参数

图 8-202　创建基准平面

步骤 14 镜像特征。单击"钣金"选项卡"修改"面板上的"镜像"按钮 ▥，打开"镜像"对话框，选择上一步创建的凸缘、异形板和剪切特征为镜像特征，选择上一步创建的基准平面为镜像平面，如图 8-203 所示，单击"确定"按钮，如图 8-204 所示。

图 8-203 选择镜像特征   图 8-204 镜像特征

步骤⑮ 创建凸缘。单击"钣金"选项卡"创建"面板上的"凸缘"按钮，打开"凸缘"
对话框，选择如图 8-205 所示的边，输入高度为 14mm，凸缘角度为 90°，选择"从
两个内侧面的交线折弯"选项和"从相邻面折弯"选项，在"宽度范围"中选
择"宽度"类型，选择"居中"单选按钮，输入宽度为 198mm，单击"确定"按钮
创建凸缘，如图 8-206 所示。

图 8-205 设置参数   图 8-206 创建凸缘

步骤⑯ 创建草图。单击"钣金"选项卡"草图"面板上的"开始创建二维草图"按钮，
选择如图 8-206 所示的平面为草图绘制面，进入草图绘制环境。单击"草图"选项
卡"绘图"面板上的"直线"按钮，绘制草图。单击"约束"面板上的"尺寸"
按钮，标注尺寸如图 8-207 所示。单击"完成草图"按钮，退出草图环境。

图 8-207 绘制草图

步骤⑰ 创建剪切。单击"钣金"选项卡"修改"面板上的"剪切"按钮▢，打开"剪切"对话框，选择如图 8-208 所示的截面轮廓。采用默认设置，单击"确定"按钮，如图 8-209 所示。

截面轮廓

图 8-208　选择截面　　　　　　　　　　　图 8-209　剪切

步骤⑱ 创建剪切。单击"钣金"选项卡"修改"面板上的"镜像"按钮▥，打开"镜像"对话框，选择上一步创建的剪切特征为镜像特征，选择工作平面为镜像平面，如图 8-210 所示，单击"确定"按钮，效果如图 8-211 所示。

镜像平面

选择特征

图 8-210　选择镜像特征　　　　　　　　　图 8-211　镜像特征

步骤⑲ 创建展开。单击"钣金"选项卡"修改"面板上的"展开"按钮▤，打开"展开"对话框。选择如图 8-212 所示的面为基础参考，选择折弯，单击"确定"按钮，结果如图 8-213 所示。

选择折弯

基础参考

图 8-212　选择参考　　　　　　　　　　　图 8-213　展开平面

步骤⑳ 创建凸缘。单击"钣金"选项卡"创建"面板上的"凸缘"按钮◣，打开"凸缘"对话框，选择如图 8-214 所示的边，输入高度为 14mm，凸缘角度为 90°，选择"从两个内侧面的交线折弯"选项◢和"从相邻面折弯"选项◣，单击"确定"按钮，效果如图 8-215 所示。

图 8-214　设置参数

步骤 21 创建草图。单击"钣金"选项卡"草图"面板上的"开始创建二维草图"按钮 ，选择 XZ 平面为草图绘制面，进入草图绘制环境。单击"草图"选项卡"绘图"面板上的"直线"按钮 ，绘制草图。单击"约束"面板上的"尺寸"按钮 ，标注尺寸如图 8-216 所示。单击"完成草图"按钮 ，退出草图环境。

图 8-215　创建凸缘　　　　　　　　　　　　　图 8-216　绘制草图

步骤 22 创建剪切。单击"钣金"选项卡"修改"面板上的"剪切"按钮 ，打开"剪切"对话框，选择如图 8-217 所示的截面轮廓。采用默认设置，单击"确定"按钮，效果如图 8-218 所示。

图 8-217　选择截面

图 8-218　创建剪切

步骤 23　创建镜像特征。单击"钣金"选项卡"修改"面板上的"镜像"按钮，打开"镜像"对话框，选择上一步创建的剪切特征为镜像特征，选择工作平面为镜像平面，如图 8-219 所示，单击"确定"按钮，效果如图 8-220 所示。

图 8-219　选择镜像特征　　　　　　　　图 8-220　创建镜像特征

步骤 24　创建重新折叠。单击"钣金"选项卡"修改"面板上的"重新折叠"按钮，打开"重新折叠"对话框。选择如图 8-221 所示的面为基础参考，选择所有的折弯，单击"确定"按钮，结果如图 8-222 所示。

图 8-221　选择面　　　　　　　　　　　图 8-222　创建重新折叠

步骤 25　创建直孔。单击"钣金"选项卡"修改"面板上的"孔"按钮，打开"孔"对话框。在"放置"下拉列表中选择"线性"放置方式，在视图中选取如图 8-223 所示的表面为孔放置平面，选取"参考 1"的输入距离为 5，选取"参考 2"的输入距离为 99，选择"直孔"类型，输入孔直径为 5.5mm，终止方式为"贯通"，如图 8-224 所示，单击"确定"按钮。

图 8-223　设置参数　　　　　　　　　　图 8-224　创建孔

步骤 26　创建直孔。单击"钣金"选项卡"修改"面板上的"孔"按钮，打开"孔"对话框。在"放置"下拉列表中选择"线性"放置方式，在视图中选取如图 8-225 所示的表面为孔放置面，孔与参考 1 的距离为 5，与参考 2 的距离为 7，选择"直孔"类型，输入孔直径为 5mm，终止方式为"贯通"，单击"确定"按钮，如图 8-226 所示。

图 8-225　设置参数　　　　　　　　　　　图 8-226　创建孔

步骤 27　创建镜像特征。单击"钣金"选项卡"修改"面板上的"镜像"按钮，打开"镜像"对话框，选择上一步创建的孔特征为镜像特征，选择工作平面为镜像平面，如图 8-227 所示，单击"确定"按钮，效果如图 8-179 所示。

图 8-227　选择镜像特征

步骤 28　保存文件。单击"快速"工具栏上的"保存"按钮，打开"另存为"对话框，输入文件名为"机箱顶板.ipt"，单击"保存"按钮即可保存文件。

第9章 部件装配

导言

Inventor 提供了将单独的零件或者子部件装配成为部件的功能，本章简明扼要地讲述了部件装配的方法和过程，另外还介绍了 Inventor 独有的自适应设计等常用功能。

Inventor 的表达视图用来表现部件中的零件是如何相互影响和配合的，例如，使用动画分解装配视图来图解装配说明。表达视图还可以露出可能会被部分或完全遮挡的零件，例如，使用表达视图创建轴测的分解装配视图以露出部件中的所有零件。

9.1 装配建模基础

每个零部件之间所创建的装配约束关系，决定了该零部件的工作状况。

这些关系可以由一系列简单的约束组成，从而决定了零部件在装配中的位置，也包括高级的自适应关系，当尺寸变化时，它可以让所有自适应关系的零部件自动更新。

9.1.1 装配模型概念

1. 装配方法

创建装配模型之前，需要先了解创建装配件的 3 种方法：自上而下装配、自下而上装配及从中间装配。

（1）自上而下装配

所有装配用的模型都在关联装配环境中设计，可以创建一个空的装配，然后在装配环境中设计每个零部件。设计零部件的时候，可以应用装配约束对基础零部件的更改以一定的比例关系应用到相关零部件。

在总装配中，可以创建或编辑所有的模型。当首个零件创建好后，可以在关联装配中创建新添加的零件。

（2）自下而上装配

装配中的零部件，可以在装配以外的环境设计完成后再装入装配中。每个零部件都是在装配或者其他的零件中单独设计的，创建好零部件，并将它们与其他零件装入后，如果零件需要更改，也可以在装配环境外进行编辑，改变的结果会自动反映到装配环境中。

如图 9-1 所示为一个典型的自下而上的装配建模示意图，所有零件都是在装配以外设计的，设计完后再将它们装入装配中。

图 9-1　自下而上装配

（3）从中间装配

这种灵活的方法接近实际的设计过程。例如，一个典型装配中通常有专用的零部件，以及其他的标准件（如螺母、螺钉等其他标准五金件）。通常情况下，设计专用零部件的方法是自上而下，而装入标准件后，设计方式就转换成从中间开始，这是因为装配中的零部件包含在装配外部完成设计的零部件。

一些零部件是装入装配中的，其他的零部件是在关联装配中设计完成的。

2. 装配约束

可以通过装配约束在装配中的部件间创建约束关系，就像二维约束控制二维模型一样，在装配中利用三维约束将零部件与其他零件创建位置关系。这里有 4 种基本的装配约束，各自有独立的使用方法及选项。

3. 子装配

可以通过子装配将一个大的装配零部件分成很多小的装配零部件。一个子装配实质上是将一个装配定义到另一个装配中。在关联的装配中，子装配表现为一个单独的装配件，当子装配约束在整个装配中作为一个单独的部件时，子装配约束于每一个装配。当它们创建的时候，必须编辑装配中的约束。如果想要激活局部装配，就在浏览器中双击子装配。

4. 装配草图

可以在装配环境中的某个零部件上使用装配草图来创建特征，如孔、拉伸和倒角。然而这些特征不保存在零部件中，对零部件没有影响，它仅仅应用于当前装配中，也只对关联装配有影响。装配草图是装配特征的基础，这个特征可以对多个零部件起作用，但是有时也会在单独的零件中使用这个特征。

例如，需要设计一个装配来适应一些不同的电机，每个电机都有不同孔的图样和镶线槽，使用装配特征，可以确保在装配中创建特定的电机，同时该项特征对装配所有用到的公共零件没有影响。

9.1.2　进入装配环境

步骤 01　单击"快速入门"选项卡"启动"面板中的"新建"按钮，打开"新建文件"对话框，在对话框中选择"Standard.iam"模板，如图 9-2 所示。

图 9-2　"新建文件"对话框

步骤 02　单击"创建"按钮，进入装配环境，如图 9-3 所示。

图 9-3　装配环境

9.1.3　设置装配环境

单击"工具"选项卡"选项"面板上的"应用程序选项"按钮，打开"应用程序选项"对话框，在对话框中打开"部件"选项卡，如图 9-4 所示。

图 9-4 "部件"选项卡

对"部件"选项卡中的选项说明如下。

1. 延时更新

利用该选项可在编辑零部件时设置更新零部件的优先级。选中则延迟部件更新，直到单击了该部件文件的"更新"按钮为止，取消勾选该项则在编辑零部件后自动更新部件。

2. 删除零部件阵列源

该选项设置删除阵列元素时的默认状态，若选中则在删除阵列时删除源零部件，若取消勾选则在删除阵列时保留源零部件引用。

3. 启用关系冗余分析

该选项用于指定 Inventor 是否检查所有装配零部件，以进行自适应调整，默认设置为未选中。如果该项未选中，则 Inventor 将跳过辅助检查，辅助检查通常会检查是否有冗余约束并检查所有零部件的自由度，系统仅在显示自由度符号时才会更新自由度检查。选中该项后，Autodesk Inventor 将执行辅助检查，并在发现冗余约束时通知用户。即使没有显示自由度，系统也将对其进行更新。

4. 启用相关关系失败分析

如果约束失败，将进行分析，以标识所有受影响的约束，默认设置为关。选择此复选框，以激活"约束医生"中的一个选项，并启用分析。分析结束之后，用户可以隔离使用约束的零部件，并选择单个零部件的处理方式。

5. 特征的初始状态为自适应

用于控制新创建的零部件特征是否可以自动设为自适应。

6. 剖切所有零件

用于控制是否剖切部件中的零件，子零件的剖视图方式与父零件相同。

7. 使用上一引用方向放置零部件

控制放置在部件中的零部件是否继承于上一个引用的浏览器中的零部件相同的方向。

8. 关系音频通知

选择此复选框以在创建约束时播放提示音，若清除复选框，则关闭声音。

9. 在关系名称后显示零部件名称

用于确定是否为在浏览器中的约束后附加零部件实例名称。

10. 在原点处固定放置第一个零部件

指定是否将在部件中装入的第一个零部件固定在原点处。

11. 在位特征

当在部件中创建在位零件时，可以通过设置该选项来控制在位特征。

- 配合平面：勾选此复选框，则设置构造特征得到所需的大小并使之与平面配合，但不允许它调整。
- 自适应特征：勾选此复选框，则当其构造的基础平面改变时，自动调整在位特征的大小或位置。
- 在位造型时启用关联的边/回路几何图元投影：勾选此复选框，则当部件中新建零件的特征时，将所选的几何图元从一个零件投影到另一个零件的草图来创建参考草图。投影的几何图元是关联的，并且会在父零件改变时更新。投影的几何图元可以用来创建草图特征。
- 在位造型时启用关联草图几何图元投影：当在部件中创建或编辑零件时，可以将其他零件中的草图几何图元投影到激活的零件。若勾选此复选框，则投影的几何图元与原始几何图元是关联的，并且会随原始几何图元的更改而更新，包含草图的零件将自动设置为自适应。

12. 零部件不透明性

该选项组用来设置当显示部件截面时，哪些零部件以不透明的样式显示。

- 全部：若选择此选项，则所有的零部件都以不透明样式显示（当显示模式为着色或带显示边着色时）。
- 仅激活零部件：若选择此选项，则以不透明样式显示激活的零件。

13. 缩放目标以便放置具有 iMate 的零部件

该选项组用于设置当使用 iMate 放置零部件时，图形窗口的默认缩放方式。

- 无：若选择此选项，则使视图保持原样，不执行任何缩放。
- 装入的零部件：选择此选项将放大放置的零件，使其填充图形窗口。
- 全部：选择此选项则缩放部件，使模型中的所有元素适合图形窗口。

14. 快速模式设置

- 启用快速模式工作流：勾选此复选框，可在部件文件中保存增强的显示数据和模型数据。不能在文档处于打开状态时取消此复选框的勾选。
- 当参考的唯一文件数超过该数目时，启用快速模式：设置数值以确定打开部件文件的默认模式。
- 启用完整模式：选择该选项，可以在加载所有零部件数据的情况下打开部件文件。

9.1.4 浏览器

装配浏览器提供了装配环境中的一些工作选项，并且是关联零部件和特征的主要工具。

1. 在位激活

在位激活是指可以在关联装配中激活零部件，为了在关联装配中编辑零件，必须先激活零件。下面有几种在位激活零件的方法：

- 在浏览器中或者图形窗口中双击零件。
- 在浏览器或者图形窗口中的零件上单击鼠标右键，然后在弹出的快捷菜单中选择"编辑"命令。
- 在浏览器或者图形窗口中的零件上单击鼠标右键，然后在弹出的快捷菜单中选择"打开"命令，即可在单独的窗口中打开零件。在零部件上的一些改变将会自动反映到装配中。

当一个零件在关联装配中被激活后，在装配环境中将会有如下变化：

- 在浏览器中，所有零件的背景颜色都变为灰色。
- 在浏览器中，零件将会自动展开，并将其零件特征显示出来。
- 将部件工具面板切换到零件特征工具面板。
- 在图形窗口中，没有激活的部件将以灰色显示，如图 9-5 所示。

图 9-5　激活零件

2．可见性控制

在装配中控制所有零部件的可见性是非常重要的，在关联装配中工作时，可在装配浏览器中或者图形窗口中用鼠标右键单击零部件，然后在弹出的快捷菜单中选择"可见性"命令。零件可见性通常是可见的，如图 9-6 所示。

在装配浏览器中，若零件的可见性为关闭，则显示为灰色，如图 9-7 所示。

图 9-6　零部件可见性控制

图 9-7　浏览器中零件的可见性

3．隔离装配零部件

可以关闭所有零部件的可见性，但是所选的零部件通过隔离仍然可见，用鼠标右键单击零部件，在弹出的快捷菜单中会显示"隔离"命令。

● 隔离：除所有选取的零部件外，其他的零部件的可见性都关闭。如图 9-8 所示为展示了隔离的效果。

图 9-8　隔离装配零部件

● 撤销隔离：将隔离时所有关闭可见性的零部件都恢复为可见，但对于零部件的可见性已单独设定的不产生影响。

4．装配重排序

在装配中可以重新排列零件的顺序，在浏览器中显示的零件是由装配工具命令将其装入或创建的。重新排列装配可以使零件定位在更合理的位置上。

如果重新排列装配顺序，可以在浏览器中单击鼠标左键并拖动零件，然后在新位置上释放鼠标。

5．装配重新构造

创建好装配后，需要装入零部件到子装配中来组织装配。通过重新构造装配，可以创建子装配并且将已经存在的零部件装入到子装配中。

6．装配重组的警告

重新组装零件到部件时，在重组的过程中可能会失去很多的装配约束。与此同时，有些时候还需要重新组装所有零件。如果重装个别零件，将会丧失装配约束且要重新创建这些约束。

重组零件的第一步是在浏览器或图形窗口中选择所有的零部件，然后选择降级工具，这个动作可以定位所有零部件并且保留所有的约束。如果同时需要重新构造一个新装配，就将约束应用到相同装配剩下的零部件上，在不同的装配和不同的部件中，将约束应用到留下的零件上时是不需要保留的。

如果子装配已存在，可以从装配顶级部件中采用拖动零件的方式重新组装部件，也可以从子部件中拖动或升级零件到装配顶级部件中。

基于约束的条件，可以使用这种方法去除一些约束。

7．浏览器中的过滤器

可以在浏览器中使用过滤器过滤信息的显示，当装配变为复杂时，装配浏览器的过滤器可帮助精简信息。在装配浏览器的顶端，单击过滤器按钮后，会弹出过滤器菜单，如图 9-9 所示。

● 隐藏定位特征：隐藏所有特征，包括原始折叠的特征。
● 仅显示子项：仅显示第一级的子级特征。当顶级装配工作的时候，隐藏包括在装配中的零件。

- 隐藏注释：隐藏施加在特征上的所有注释。
- 隐藏文档：隐藏插入的注释。
- 隐藏警告：隐藏在浏览器中施加在约束上的警告。

8．启用零部件

默认状态下，在装配中装入一个零部件时，这个零部件处于启用状态。当零部件处于启用状态时，就可以对它进行操作。当零部件处于非启用状态时，这个零部件将在图形窗口中呈暗色，并且它的图标将会在浏览器中呈绿色。

打开一个装配的时候，可以启用零部件创建的数据。当零部件处于非启用状态时，仅仅可以加载图形信息，对于大型的装配来说，可以增加全部的系统性能，如图 9-10 所示。

图 9-9　浏览器中的过滤器

图 9-10　非启用状态

在图形窗口或者浏览器中，用鼠标右键单击零件，然后在弹出的快捷菜单中选择"激活"命令，一个检查标记表明了零件处于激活状态。

9．固定零部件

在默认状态下，对于每一个装配，第一个装入的零部件是固定的，所有的自由度都不可以移动。施加约束到零部件上时，固定零部件的位置保持不变，非固定零部件将根据约束而移动。

尽管第一个零部件是固定的，但是在装配中固定零部件的数量并没有受到限制，同样可以从第一个零件上删除零部件的固定特性。

用固定零部件可以将移动零部件固定在实际位置上，一些移动的零部件与固定零部件将发生约束关系。

在浏览器或者图形窗口中，用鼠标右键单击零部件，然后在弹出的快捷菜单中选择"固定"命令，即可固定零部件，如图 9-11 所示。

9.2　零部件的基础操作

图 9-11　固定零部件

本节将讲述如何在部件环境中装入零部件、创建在位零部件、替换零部件等基本的操作技巧，这些都是在部件环境中进行设计的必需技能。

9.2.1 装入零部件

步骤 **01** 单击"装配"选项卡"零部件"面板上的"放置"按钮，打开"装入零部件"对话框。

步骤 **02** 在对话框中选择要装配的零件，然后单击"打开"按钮，将零件放置于视图中，如图 9-12 所示。

步骤 **03** 继续放置零件，单击鼠标右键，在弹出的快捷菜单中选择"确定"命令，如图 9-13 所示，完成零件的放置。

图 9-12 放置零件

图 9-13 快捷菜单

技巧提示 如果在快捷菜单中选择"在原点处固定放置"命令，则它的原点及坐标轴与部件的原点及坐标轴完全重合。若要恢复零部件的自由度，可以在图形窗口或浏览器中的零部件上单击鼠标右键，在打开的如图 9-14 所示的快捷菜单中取消"固定"的勾选。

图 9-14 快捷菜单

9.2.2　创建在位零部件

创建在位零部件就是在部件文件环境中新建零件，新建的零件是一个独立的零件，创建在位零部件时需要制定创建零部件的文件名和位置以及使用的模板等。

创建在位零部件与插入先前创建的零部件文件结果相同，而且可以方便地在零部件面（或部件工作平面）上绘制草图、在特征草图中包含其他零部件的几何图元。当创建的零部件约束到部件中的固定几何图元时，可以关联包含于其他零部件的几何图元，并把零部件指定为自适应，以允许新零部件改变大小。用户还可以在其他零部件的面上开始和终止拉伸特征。默认情况下，这种方法创建的特征是自适应的。另外，还可以在部件中创建草图和特征，但它们不是零部件，包含在文件.iam 中。

创建在位零部件的步骤如下：

步骤 01　单击"装配"选项卡"零部件"面板上的"创建"按钮，打开"创建在位零部件"对话框，如图 9-15 所示。

步骤 02　在对话框中设置零部件的名称、位置，单击"确定"按钮。

步骤 03　在视图或浏览器中选择草图平面创建基础特征。

步骤 04　进入造型环境，单击鼠标右键，在弹出的快捷菜单中选择"完成编辑"选项，如图 9-16 所示，返回装配环境中。

　　图 9-15　"创建在位零部件"对话框　　　　　　图 9-16　快捷菜单

在图 9-15 中，"将草图平面约束到选定的面或平面"复选框用于在所选零件面和草图平面之间创建配合约束。如果新的零部件是部件中的第一个零部件，则该选项不可用。

9.2.3　替换零部件

替换零部件的步骤如下：

步骤 01　单击"装配"选项卡"零部件"面板上的"替换"按钮，选择要进行替换的零部件。

步骤 02 打开"装入零部件"对话框，选择零部件，单击"打开"按钮，完成零部件的替换。

如果替换零部件具有与原始零部件不同的形状，将弹出如图 9-17（a）所示的"关系可能丢失"对话框，单击"确定"按钮，原始零部件的所有装配约束都将丢失，结果如图 9-17（b）所示。必须添加新的装配约束以正确定位零部件。如果装入的零件为原始零件的继承零件（包含编辑内容的零件副本），则替换时约束不会丢失。

（a）

（b）

图 9-17　约束丢失

9.3　零部件装配约束

本节主要关注如何正确使用装配约束来装配零部件。

除了添加装配约束以组合零部件以外，Inventor 还可以添加运动约束以驱动部件的转动，从而方便进行部件运动的动态观察，甚至可以录制部件运动的动画视频文件，还可以添加过渡约束，使得零部件之间的某些曲面始终保持一定的关系，下面将分别进行讲解。

在部件文件中装入或创建零部件后，可以使用装配约束建立部件中的零部件的方向，并模拟零部件之间的机械关系。例如，可以使两个平面配合，将两个零件上的圆柱特征指定为保持同心关系，或约束一个零部件上的球面，使其与另一个零部件上的平面保持相切关系。装配约束决定了部件中的零部件如何配合在一起。若应用了约束，则删除了自由度，限制了零部件移动的方式。

装配约束不仅仅是将零部件组合在一起，正确应用装配约束还可以为 Inventor 提供执行干涉检查、冲突、接触动态、分析以及质量特性计算所需的信息。当正确应用约束时，可以驱动基本约束的值并查看部件中零部件的移动，关于驱动约束的问题将在后面章节中讲述。

9.3.1　配合约束

配合约束用于将零部件面对面放置或使这些零部件表面齐平、相邻，该约束将删除平面之间的一个线性平移自由度和两个角度旋转自由度，操作步骤如下。

步骤 01 单击"装配"选项卡"关系"面板上的"约束"按钮，打开"放置约束"对话框，单击"配合"类型，如图 9-18 所示。

图 9-18 "放置约束"对话框

步骤 02 在视图中分别选择配合的两个平面、曲线、边或点等，如图 9-19 所示。

步骤 03 在对话框中选择求解方法，并设置偏移量，单击"确定"按钮，完成配合约束，结果如图 9-20 所示。

图 9-19 选择面

图 9-20 配合约束

对"放置约束"对话框中的配合约束说明如下。

- 表面齐平 ⬛⬛：用来对齐相邻的零部件，可以通过选中的面、线或点来对齐零部件，使其表面法线指向相同方向。
- 配合 ⬛⬛：将选定面彼此垂直放置且面发生重合。
- 先单击零件 ⬛：勾选此复选框将可选几何图元限制为单一零部件。这个功能适合在零部件处于紧密接近或部分相互遮挡时使用。
- 偏移量：用来指定零部件相互之间偏移的距离。
- 显示预览 ⬛：勾选此复选框，预览装配后的图形。
- 预计偏移量和方向 ⬛：装配时由系统自动预测合适的装配偏移量和偏移方向。

9.3.2 角度约束

对准角度约束可以使得零部件上平面或者边线按照一定的角度放置，该约束可删除平面之间的一个旋转自由度或两个角度旋转自由度。对准角度约束可以使得零部件上平面或者边线按照一定的角度放置，该约束可以删除平面之间的一个旋转自由度或两个角度旋转自由度。角度约束的应用方法如下。

步骤 01 单击"装配"选项卡"关系"面板上的"约束"按钮 ⬛，打开"放置约束"对话框，单击"角度"类型 ，如图 9-21 所示。

步骤 02 在对话框中选择求解方法，并在视图中选择平面，如图 9-22 所示。

图 9-21   "放置约束"对话框   图 9-22   选择平面

步骤 03 在对话框中输入角度值，单击"确定"按钮，完成角度约束，如图 9-23 所示。

图 9-23   角度约束

对"放置约束"对话框中的角度约束说明如下。

- 定向角度 ：它始终应用于右手规则，也就是说除右手的拇指以外的四指指向旋转的方向，拇指指向旋转轴的正向。当设定了一个对准角度之后，需要对准角度的零件总是沿一个方向旋转，即旋转轴的正向。
- 非定向角度 ：它是默认的方式，在该方式下可以选择任意一种旋转方式。如果求解出的位置近似于上次计算出的位置，则自动应用左手定则。
- 明显参考矢量 ：通过向选择过程添加第 3 次选择来显式定义 Z 轴矢量（叉积）的方向。约束驱动或拖动时，减小角度约束的角度以切换至替换方式。

9.3.3　相切约束

相切约束用于定位面、平面、圆柱面、球面、圆锥面和规则的样条曲线在相切点处相切，相切约束将删除线性平移的一个自由度，或在圆柱和平面之间，删除一个线性自由度和一个旋转自由度，相切约束的应用方法如下。

步骤 01 单击"装配"选项卡"关系"面板上的"约束"按钮 ，打开"放置约束"对话框，单击"相切"类型 ，如图 9-24 所示。

图 9-24　"放置约束"对话框

步骤 02　在对话框中选择求解方法，依次选择相切的面、曲线、平面或点，如图 9-25 所示。

步骤 03　在对话框中设置偏移量，单击"确定"按钮，完成相切约束，结果如图 9-26 所示。

图 9-25　选择面　　　　　　　　　　　　　图 9-26　相切约束

对"放置约束"对话框中的相切约束说明如下。

- 内部：将在第 2 个选中零件内部的切点处放置第 1 个选中零件。
- 外部：将在第 2 个选中零件外部的切点处放置第 1 个选中零件，默认方式为外边框方式。

9.3.4　插入约束

插入约束是平面之间的面对面配合约束和两个零部件的轴之间的配合约束的组合，它将配合约束放置于所选面之间，同时将圆柱体沿轴向同轴放置。插入约束保留了旋转自由度，平动自由度将被删除。插入约束可用于在孔中放置螺栓杆部、杆部与孔对齐、螺栓头部与平面配合等，插入约束的应用方法如下。

步骤 01　单击"装配"选项卡"关系"面板上的"约束"按钮，打开"放置约束"对话框，单击"插入"类型，如图 9-27 所示。

图 9-27　"放置约束"对话框

步骤 02 在对话框中选择求解方法，在视图中选择圆形边线，如图 9-28 所示。

步骤 03 在对话框中设置偏移量，单击"确定"按钮，完成插入约束，结果如图 9-29 所示。

对"放置约束"对话框中的插入约束说明如下。

● 反向：反转第 1 个选定零部件的配合方向。

● 对齐：反转第 2 个选定零部件的配合方向。

图 9-28 选择边线

图 9-29 插入约束

9.3.5 对称约束

对称约束根据平面或平整面对称地放置两个对象，应用方法如下。

步骤 01 单击"装配"选项卡"关系"面板上的"约束"按钮，打开"放置约束"对话框，单击"对称"类型，如图 9-30 所示。

步骤 02 在视图中选择如图 9-31 所示的零件 1 和零件 2。

图 9-30 "对称"选项

图 9-31 配合前的图形

步骤 03 在浏览器中零件 1 的原始坐标系文件中选择 YZ 平面为对称平面。

步骤 04 单击"确定"按钮完成约束的创建，如图 9-32 所示。

图 9-32　对称配合后的图形

9.3.6　运动约束

在 Inventor 中，还可以向部件中的零部件添加运动约束，运动约束用于驱动齿轮、带轮、齿条与齿轮，以及其他设备的运动。可以在两个或多个零部件间应用运动约束，通过驱动一个零部件使其他零部件做相应的运动。

运动约束指定了零部件之间的预定运动，因为它们只在剩余自由度上运转，所以不会与位置约束冲突、不会调整自适应零件的大小或移动固定零部件，如图 9-33 所示。有一点很重要：运动约束不会保持零部件之间的位置关系，所以在应用运动约束之前要先完全约束零部件，然后可以限制要驱动的零部件的运动约束。

步骤 01　单击"装配"选项卡"关系"面板上的"约束"按钮，打开"放置约束"对话框，选择"运动"选项卡，如图 9-34 所示。

图 9-33　选择不同的装配表面导致不同的装配结果　　　　图 9-34　"运动"选项卡

步骤 02　选择运动的类型，在 Inventor 2017 中可以选择两种运动类型：或。

步骤 03　指定了运动类型后，选择要约束到一起的零部件上的几何图元，可以指定一个或更多的曲面、平面或点，以定义零部件如何固定在一起。

步骤 04　指定转动运动类型下的传动比、转动-平动类型下的距离，即指定相对于第 1 个零件旋转一次时，第 2 个零件所移动的距离，以及两种运动类型下的运动方式。

步骤 05　单击"确定"按钮以完成运动约束的创建。

对"运动"选项卡中的选项说明如下。

- 转动约束：指定了选择的第一个零件按指定传动比相对于另一个零件转动，典型的使用是齿轮和滑轮。
- 转动-平动约束：指定了选择的第一个零件按指定距离相对于另一个零件的平动

而转动，典型的使用是齿条与齿轮运动。

● 传动比/距离：指定第一次选定的零部件相对于第二次选定的零部件的运动。传动比指定当第一个选择旋转时，第二个选择旋转了多少；距离指定相对于第一个选择的一次转动，第二个平移了多少。

9.3.7 过渡约束

过渡约束指定了零件之间的一系列相邻面之间的预定关系，非常典型的例子，如插槽中的凸轮，如图 9-35 所示。当零部件沿着开放的自由度滑动时，过渡约束会保持面与面之间的接触。在图 9-35 中，当凸轮在插槽中移动时，凸轮的表面一直同插槽的表面接触。

若要为零部件添加过渡约束，可以单击"装配"选项卡"关系"面板上的"约束"按钮 ，打开"放置约束"对话框，选择"过渡"选项卡，如图 9-36 所示，分别选择要约束在一起的两个零部件的表面，第一次选择移动面，第二次选择过渡面，然后单击"确定"按钮即可完成过渡约束的创建。

图 9-35　过渡约束范例

图 9-36　"过渡"选项卡

9.3.8 查看约束

创建好约束后，可以用浏览器中不同的方法进行查看，如果在浏览器中选择一个约束，则模型中便会加亮显示与其相关的约束。

1．浏览器中的装配视图

创建好装配约束后，每个添加约束的零部件约束的一半与这些零部件相关联。例如，当浏览器在默认状态下观察零部件时，每个约束都会在浏览器中列出两次。

图 9-37 展示了零件添加的装配约束会出现在零件之下。如果需要编辑、抑制或删除某个装配约束，可以展开零部件，选择装配约束。

2．浏览器中的造型视图

如果将浏览器的显示模式改为造型视图，装配约束将会出现在专门的约束文件夹之下，可以展开该文件夹进行选择。使用这种显示方式，所有的约束都在同一位置，然而在大的装配中很难定位所约束的零件，如图 9-38 所示。

3. 快捷菜单

在浏览器中的约束上单击鼠标右键，会弹出一个快捷菜单。

● 在窗口中查找：可放大当前的视图观察模型所选的约束，这样可以帮助识别约束。
● 另一半：这个选项亮显了约束的另一半，通过展开其他的零部件来查看已经被应用及高亮显示的约束，这个选项可以帮助识别约束被哪些零部件使用了，如图 9-39 所示。

图 9-37　浏览器中的装配视图

图 9-38　造型视图

图 9-39　快捷菜单

9.3.9　编辑装配约束

可以用与装入零部件相同的方法来编辑约束。在浏览器中选择约束，在约束上单击鼠标右键，然后在弹出的快捷菜单中选择"编辑"命令，如图 9-40 所示。

编辑约束的时候，所有编辑操作可以在与创建约束相同的对话框中进行，所有选项都可以改变，包括约束的类型，如图 9-41 所示。

图 9-40　选择"编辑"命令

图 9-41　"编辑约束"对话框

除了"编辑约束"对话框外，还有两种方法可以改变约束的偏置值或角度。

- 选择约束，编辑栏将会在浏览器下方出现。输入新的偏置值或者角度，然后按下 Enter 键，如图 9-42 所示。
- 在浏览器中的约束上单击鼠标右键，然后在弹出的快捷菜单里选择"修改"命令，在弹出的对话框中输入新的偏移量值或者角度，单击 ✓ 按钮，如图 9-43 所示。

图 9-42　编辑装配约束的尺寸

图 9-43　使用"编辑尺寸"对话框

9.4　自适应设计

与其他三维 CAD 软件相比，Inventor 突出的技术优势就是自适应功能。自适应技术充分体现了现代设计的理念，并且将计算机辅助设计的长处发挥到极致。在实际的设计中，自适应设计方法能够在一定的约束条件下，自动调整特征的尺寸、草图的尺寸以及零部件的装配位置，因此给设计者带来了很大的方便和极高的设计效率。

9.4.1　自适应设计的基础知识

1．自适应设计原理

自适应功能简言之就是利用自适应零部件中存在的欠约束几何图元，在该零部件的装配条件改变时，将自动调整零部件的对应特征以满足新的装配条件。在实际的部件设计中，部件中的某个零件由于种种原因往往需要在设计过程中进行修改，当这个零件的某些特征被修改以后，与该特征有装配关系的零部件也需要修改，如图 9-44 所示的轴和轴套零件，轴套的内表面与轴的外表面有配合的装配约束。如果因为某种需要修改了轴的直径尺寸，那么轴套的内径也必须同时修改，以维持二者的装配关系。此时就可以将轴套设计为自适应的零件，这样当轴的直径尺寸发生变化时，轴套的尺寸也会自动变化，如图 9-45 所示。同时我们还可以利用对齐约束将轴套的端面与轴的端面进行配合，则自适应的轴套长度将随着轴的长度变化而自动变化，如图 9-46 所示。

图 9-44　轴和轴套零件　　　　　　　　图 9-45　轴套直径随着轴的直径变化而变化

图 9-46　轴套的长度将随着轴的长度变化而变化

　　若要实现零件的自适应，那么零件的某些几何图元就应该是欠约束的，也就是说几何图元不是完全被尺寸约束的。图 9-44 中的轴套零件是通过拉伸形成的，其拉伸的草图及其尺寸标注如图 9-47 所示。可以看到拉伸的环形截面的内径和外径都没有标注，仅仅标注了内外环的距离（也就是轴套的厚度）。在这种欠约束的情况下，轴套零件的厚度永远都是 4，但是轴套的内径可以变化，这是形成自适应的基础。当然，自适应特征不仅仅是靠欠约束的几何图元形成的，还要为基于欠约束几何图元的特征指定自适应特性才可以，此内容将在后面的章节中讲述。

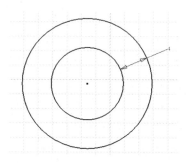

图 9-47　轴套拉伸的草图及其尺寸标注

　　在 Inventor 中，所有欠约束的几何图元都可以被指定为欠约束，具有未定自由度的特征或者零件也被称为欠约束，所以欠约束的范围可以包括以下几种情况：

● 未标注尺寸的草图几何图元。
● 从未标注尺寸的草图几何图元创建的特征。
● 具有未定义的角度或长度的特征。

- 参考其他零件上的几何图元的定位特征。
- 包含投影原点的草图。
- 包含自适应草图或特征的零件。
- 包含带自适应草图或特征的零件的子部件。

从以上可以看出,具有自适应特征的几何图元主要包括以下几种。

- 自适应特征:在欠约束的几何图元和其他零部件的完全约束特征之间添加装配约束时,自适应特征会改变大小和形状,可以将某一个特征指定为自适应。
- 自适应零件:如果某个零件被指定为自适应的零件,那么欠约束的零件几何图元能够自动调整大小,装配约束根据其他零件来定位自适应零件,并根据完全约束的零件特征调整零件的拓扑结构。总之,自适应零件中的欠约束特征可以根据装配约束和其他零件的位置调整自身大小。
- 自适应子部件:欠约束的子部件可以指定为自适应子部件。在部件环境中,自适应子部件可以被拖动到任何位置,或者约束到上级部件、其他部件的零部件中。例如,自适应的活塞和连杆子部件在插入汽缸部件中时可以改变大小和位置。
- 自适应定位特征:如果将定位特征设置为自适应,那么,当创建定位特征的几何图元发生变化时,定位特征也会随之变化。例如由一个零件的表面偏移出一个工作平面,当零件的表面因为设计的变动发生变化时,该工作平面会自动随之变化。当某些零件的特征依赖于这些定位特征时,这些特征也会自动变化,如果这种变化符合设计要求,那么就会极大地提高效率。

2. 自适应模型准则

下面介绍一下使用自适应模型的准则。在部件设计的早期阶段,某些要求是已知的,而其他要求却经常改变,自适应零件在这时就很有用,因为它们可以根据设计的更改而调整。通常,在以下情况下使用自适应模型:

- 如果部件设计没有完全定义,并且在某个特殊位置需要一个零件或子部件,但它的最终尺寸还不知道,此时可以考虑自适应设计方法。
- 一个位置或特征大小由部件中的另一个零件的位置或特征大小确定,则未确定的零件或者其特征可以使用自适应方法。
- 一个部件中的多个引用随着另一个零件的位置和特征尺寸做调整时,可以考虑自适应方法。如果部件中使用了同一零件的多个引用,那么所有引用(包括其他部件中的引用)都是自适应性的。

3. 使用自适应几何图元的限制条件

- 每个旋转特征仅使用一个相切。
- 在两点、两线或者点和线之间应用约束时,避免使用偏移。
- 避免在两点、点和面、点和线、线和面之间使用配合约束。
- 避免球面与平面、球面与圆锥面、两个球面之间的相切。

在带有一个自适应零件的多个引用的部件中，非自适应引用间的约束可能需要两次更新才能正确解决。在非自适应的部件中，可以将几何图元约束到原始定位特征（平面、轴和原点）。在自适应部件中，这种约束不会影响零部件的位置。

 在外部 CAD 系统中创建的零件不能变为自适应，因为输入的零件被认为是完全尺寸标注的。另外，一个零件只有一个引用可以设为自适应，如果零件已经被设置为自适应，关联菜单中的"自适应"选项将不可用。

9.4.2　控制对象的自适应状态

在 Inventor 中可以将零件特征、零件、子部件以及定位特征（如工作平面、工作轴等）指定为自适应状态，以及修改其自适应状态。

1．指定零件特征为自适应

若要将零件的某个特征参数指定为自适应状态，可以执行如下操作。

步骤 01　在零件文件中或者激活某个零件的部件文件中，在浏览器中找到该特征，单击鼠标右键，从弹出的快捷菜单中选择"特性"选项，打开"特征特性"对话框。

步骤 02　在"自适应"选项组中选择成为自适应的参数，如图 9-48 所示。选择"草图"复选框，则控制截面轮廓草图是否自适应。选择"参数"复选框，则控制特征参数（如拉伸深度和旋转角度）是否自适应。选择"起始或终止平面"复选框，则控制终止平面是否自适应。

步骤 03　单击"确定"按钮完成设置。

需要指出的是，不同类型的特征的"特征特性"对话框是不相同的，能够指定成为自适应元素的项目也不完全相同。

- 对于拉伸和旋转特征，"特征特性"对话框如图 9-48 所示。
- 对于打孔特征，其"特征特性"对话框如图 9-49 所示，可以指定关于孔的各种要素，如草图、孔深、公称直径、沉头孔直径、沉头孔深度等为自适应的特征。
- 对于放样和扫掠特征，其"特征特性"对话框如图 9-50 所示，可以看到能够修改的只有特征名称、抑制状态以及颜色样式，不能从其中设置自适应特征。若要将放样和扫掠特征指定为自适应，只能通过将整个零件指定为自适应，从而将零件的全部特征指定为自适应。

图 9-48 "特征特性"对话框 1　　　图 9-49 "特征特性"对话框 2　　　图 9-50 "特征特性"对话框 3

如果要将某个特征的所有参数设置为自适应,可以在零件特征环境下选中浏览器中的零件图标,单击鼠标右键,在弹出的快捷菜单中选择"自适应"命令即可,如图 9-51 所示。

2. 指定零件或者子部件为自适应

在部件文件中,可以将一个零件或者子部件指定为自适应的零部件。首先在浏览器中选择该零件或者子部件,单击鼠标右键,在弹出的快捷菜单中选择"自适应"命令,则零部件被指定为自适应状态,其图标也发生了变化,如图 9-52 所示。

图 9-51　将特征的所有参数设置为自适应　　　图 9-52　指定零件或者子部件为自适应

仅仅在部件中将一个零件设置为自适应，该零件是无法进行自适应操作的，必须进入零件特征环境下，将该零件的对应特征设置为自适应。这两个步骤缺一不可，否则部件中的零件将不能进行自适应装配以及其他相关的自适应操作。

3．指定定位特征为自适应

使用自适应定位特征可以在几何特征和零部件之间构造关系模型。自适应定位特征用作构造几何图元（点、平面和轴），以定位在部件中在位创建的零件。

如果要将非自适应定位特征转换为自适应定位特征，可以执行如下操作。

步骤 01 在浏览器或图形窗口中选择定位特征并单击鼠标右键，在弹出的快捷菜单中选择"自适应"命令。

步骤 02 单击"装配"选项卡"位置"面板上的"约束"按钮 。

步骤 03 将定位特征约束到部件中的零件上，使其适应零件的改变。

在部件中，如果要使用单独零件上的几何图元作为定位特征的基准，可以执行以下操作：

步骤 01 在浏览器中双击，激活一个零件文件。

步骤 02 单击"三维模型"选项卡"定位特征"面板中的定位特征工具，然后在另一个零部件上选择几何图元来放置该定位特征。

步骤 03 使用特征工具创建新特征（例如拉伸或旋转），然后使用定位特征作为其终止平面或旋转轴。

 如果需要，可以使用以下提示创建自适应定位特征：

● 当某些定位特征由另一个定位特征使用时，隐藏这些定位特征。选择"工具"→"选项"→"应用程序选项"→"零件"选项卡，选择"自动隐藏内嵌定位特征"选项。

● 创建内嵌定位特征。例如，选中"工作点"工具后单击鼠标右键，在弹出的快捷菜单中选择"创建工作轴"或"创建工作平面"，继续单击鼠标右键并创建定位特征，直到创建出工作点为止。

9.4.3 基于自适应的零件设计

1．自适应零件设计的关键问题

在 Inventor 中，自上而下的零部件设计思想和自适应的设计方法结合得天衣无缝，并且这种结合使得零部件能够十分"智能"地自动更新，这样，当设计蓝图发生变化时，某一个零件发生变化，与之存在关联的自适应零部件的形状和装配关系也会自动变化以适应它的变化，这样就避免了手工修改零部件，从而省去了大量劳动。下面讲述一下自适应零件设计的几个关键问题。

（1）在位创建零部件是实现自适应零件设计的前提

在位创建的零部件与放入现有的零部件结果是完全一样的，只有在位创建零部件，才有可能实现零部件几何图元之间的关联，零件才可以产生自适应性，所以，自适应零件的设计都是在部件环境下通过在位创建零部件方法产生的。

（2）零部件之间的几何图元的关联是产生零件自适应性的基础

例如，由一个零件 A 的端面的投影轮廓拉伸出另一个零件 B，这时零件 B 就被自动设置为自适应的零件。当零件 A 的端面发生变化时，零件 B 也会自动随之变化。再例如，零件 C 是由一个截面轮廓拉伸至零件 D 的一个端面为止，此时零件 C 也被自动设置为自适应，那么当零件 D 的截面位置发生变化时，零件 C 也会随之变化。

（3）在位创建零部件的自适应性是可以设置的

单击"工具"选项卡"选项"面板上的"应用程序选项"按钮，打开"应用程序选项"对话框，选择"部件"选项卡，在"在位特征"选项组中，如果选中"配合平面"复选框，则构造特征得到所需的大小并使之与平面配合，但不允许它调整。如果选中"自适应特征"复选框，则当其构造的基础平面改变时，自动调整在位特征的大小或位置。另外，当部件中新建零件的特征时，往往将所选的几何图元从一个零件投影到另一个零件的草图来创建参考草图，如果选择"在位造型时启用关联的边/回路几何图元投影"复选框，则投影的几何图元是关联的，并且会在父零件改变时更新。

2. 自适应轴套零件的设计过程

下面我们讲解一下如图 9-53 所示的自适应轴套零件的在位创建过程。

步骤 01 新建一个部件文件，并且创建一个轴零件。

步骤 02 在位创建轴套零件，选择如图 9-54 所示的平面新建草图，单击"草图"选项卡"创建"面板上的"投影几何图元"按钮，将轴的截面投影到当前草图中，然后单击"草图"选项卡"创建"面板上的"圆心圆"按钮，绘制另外一个圆形以组成轴套的界面轮廓，单击"草图"选项卡"约束"面板上的"尺寸"按钮为其标注如图 9-55 所示的轴套厚度尺寸。单击"完成草图"按钮，退出草图环境。

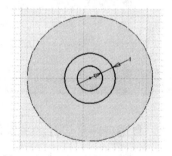

图 9-53　创建一个轴零件　　　图 9-54　新建草图的平面　　　图 9-55　标注轴套厚度尺寸

步骤 03 单击"三维模型"选项卡"创建"面板上的"拉伸"按钮，打开"拉伸"对话框，选择环形截面轮廓进行拉伸，如图 9-56 所示，拉伸的终止方式设置为"到"，起始表面选择拉伸草图所在的表面，终止表面选择轴的一个端面，单击"确定"按钮完成轴套零件的创建。

图 9-56 拉伸操作

步骤 04 选择右键菜单中的"完成编辑"选项或单击"返回"按钮 ，返回部件环境中，此时可以看到浏览器中的轴套零件自动被设置为自适应零件，如图 9-57 所示。轴和轴套部件如图 9-58 所示。如果这时改变轴零件的直径和高度，则轴套零件也会自动变化以适应轴的变化。

图 9-57 浏览器

图 9-58 轴和轴套部件

- 自适应不能解决所有的设计问题。
- 在装配中的自适应零件，都会增加零部件之间的复杂关联关系，因此将影响装配的性能。
- 在自适应的改变应用之后，应关闭零件在装配中的自适应状态，这个步骤是提高装配性能的关键，因为任何自适应特征的变化都迫使 Autodesk Inventor 去进行复杂运算。如果装配包含数百个（没有上千）零件，那么性能将会受到影响。

9.5 表达视图

在实际生产中，工人往往是按照装配图的要求来对部件进行装配的。装配图相对于零件图来说具有一定的复杂性，需要有一定看图经验的人才能明白设计者的意图。如果部件足够复杂的话，那么即使是有看图经验的"老手"，也要花费很多的时间和精力来读图。如果能动态地显示部件中每一个零件的装配位置，甚至显示部件的装配过程，那么势必能节省工人读图的时间，大大提高工作效率，表达视图的产生就是为了满足这种需要。

表达视图是动态显示部件装配过程的一种特定视图，在表达视图中，通过给零件添加位置参数和轨迹线，使其成为动画，动态演示部件的装配过程。表达视图不仅说明了模型中零部件和部件之间的相互关系，还说明了零部件的安装顺序，将表达视图用在工程图文件中来创建分解视图，也就是俗称的爆炸图。

9.5.1　进入表达视图环境

选择"快速入门"选项卡内的"新建"按钮，在打开的"新建文件"对话框中选择Standard.ipt，如图 9-59 所示。

图 9-59　"新建文件"对话框

单击"创建"按钮，打开"插入"对话框，选择要创建表达视图的装配文件，单击"打开"文件，进入表达视图环境，如图 9-60 所示。

在 Inventor 2017 中对表达视图用户界面进行了重大更改，提高了用于生成分解视图和装配或拆卸动画零部件的交互。

"快照视图"面板列出并管理模型的快照视图，快照视图可捕获时间轴中指定点的模型和照相机布局，并在创建后将它们链接在一起。通过编辑视图并打断链接可使链接视图相互独立。

模型浏览器显示有关表达视图场景的信息，其中场景包含模型和位置参数文件夹，包含在相关故事板中使用的所有位置参数。

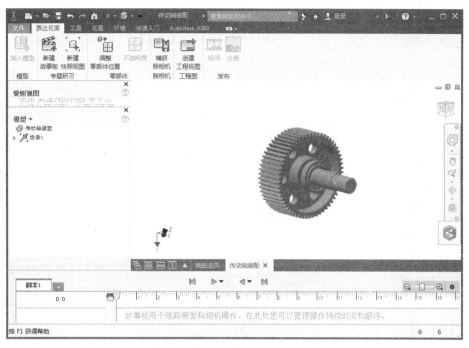

图 9-60　表达视图环境

9.5.2　创建故事板

动画由在一个或多个故事板的时间轴上排列的动作组成。动画用于发布视频或创建快照视图序列，创建表达视图的步骤如下。

步骤 01　单击"表达视图"选项卡中"专题研习"面板上的"新建故事板"按钮，打开"新建故事板"对话框，如图 9-61 所示。

图 9-61　"新建故事板"对话框

步骤 02　在对话框中选择故事板类型。

步骤 03　单击"确定"按钮，完成新建故事板。

对"新建故事板"对话框中的选项说明如下。

- 干净的：启动故事板，并且其模型和照相机设置基于当前场景使用的设计视图表达。
- 紧接上一个开始：新故事板会插入选定故事板的后面。直至源故事板终点的零部件位置、可见性、不透明度和照相机设置会为新故事板建立初始状态。

"故事板"面板列出了在表达视图文件中保存的所有故事板。故事板包含模型和照相机的动画，如图 9-62 所示。可使用故事板创建视频或者以可编辑的形式存储各个快照视频或一系列快照视图的位置。"故事板"可以浮动并移动到屏幕空间中的任意位置，也可固定到另一个监视器。

图 9-62 "故事板"面板

动画由在故事板时间轴上记录的位置参数和动作组成。在时间轴上单击鼠标右键，弹出如图 9-63 所示的快捷菜单，可以定义位置参数或动作。

图 9-63 快捷菜单

9.5.3 新建快照视图

快照视图存储零部件位置、可见性、不透明度和照相机位置。快照视图是可以独立的，也可以链接到故事板时间轴。使用快照视图为 Inventor 模型创建工程视图或光栅图像。

步骤 01 单击"表达视图"选项卡中"专题研习"面板上的"快照视图"按钮 🔍，新的表达视图将添加到"快照视图"面板中，如图 9-64 所示。

图 9-64 "快照视图"面板

步骤 02 双击创建好的快照视图进入"编辑视图"模式，可以更改零部件的可见性、不透明度或位置，单击"编辑视图"选项卡中的"完成编辑视图"按钮 ✔，退出视图编辑模式。

9.5.4 调整零部件位置

自动生成的表达视图在分解效果上有时不会太令人满意，有时可能需要局部调整零件之间的位置关系以便更好地观察，这时可以使用"调整零部件位置"对话框来达到目的。

步骤 01 单击"表达视图"选项卡中"零部件"面板上的"调整零部件位置"按钮 ，打开"调整零部件位置"小工具栏，如图 9-65 所示。

步骤 02 选取要调整位置的零部件，默认为移动，出现一个坐标系的预览，如图 9-66 所示，可以设定零部件沿着这个坐标系的某个轴移动。

图 9-65 "调整零部件位置"小工具栏

图 9-66 坐标系的预览

步骤 03 选择一个坐标轴且输入平移的距离，或者直接拖到坐标轴移动零部件，然后单击 按钮即可。也可以单击小工具栏中的"旋转"按钮，使零部件绕坐标轴进行旋转。

对"调整零部件位置"小工具栏中的选项说明如下。

- 移动：创建平动位置参数。

- 旋转：创建旋转位置参数。

- 选择过滤器

  ➢ 零部件：选择部件或零件。

  ➢ 零件：选择零件。

- 定位：放置或移动空间坐标轴。将光标悬停在模型上以显示零部件夹点，然后单击一个点来放置空间坐标轴。

- 空间坐标轴的方向

  ➢ 局部：使空间坐标轴的方向与附着空间坐标轴的零部件坐标系一致。

  ➢ 将空间坐标轴与几何图元对齐：旋转空间坐标轴，使坐标与选定零部件的几何图元对齐。

  ➢ 世界：使空间坐标轴的方向与表达视图中的世界坐标系一致。

- 添加轨迹：为当前位置参数创建另一条轨迹。

- 删除轨迹：删除为当前位置参数创建的轨迹。

9.5.5 创建视频

将故事板发布为 AVI 和 WMV 视频文件。

步骤01 单击"表达视图"选项卡中"发布"面板上的"视频"按钮 ，打开"发布为视频"对话框，如图 9-67 所示。

步骤02 在"发布范围"选项组中，设置发布范围。

步骤03 在视频分辨率中选择视频输出窗口的预定义大小也可以自定义宽度和高度。

步骤04 指定输出文件的位置和文件名。

步骤05 在文件格式中选择要发布的格式，然后单击"确定"按钮，发布视频。

对"发布为视频"对话框中的选项说明如下。

● 发布范围

➢ 当前故事板范围：可以指定发布的时间间隔。

➢ 反转：选择此复选框，可按相反顺序（即从终点到起点）发布视频。

图 9-67 "发布为视频"对话框

● 视频分辨率：可以从下拉列表中选择当前文档窗口大小，或直接选择视频的分辨率，如果选择"自定义"，可以直接输入视频的宽度和高度。

● 输出

➢ 文件名：输入输出视频的文件名。

➢ 文件位置：指定视频发布的位置，也可以单击 按钮，选择存放的位置。

➢ 文件格式：可以从下拉列表中选择发布视频的文件格式为 AVI 或 WMV。

9.6 综合实例——手压阀装配

本实例将装配如图 9-68 所示的手压阀。

图 9-68 手压阀装配

下载资源\动画演示\第9章\手压阀装配.avi

操作步骤

步骤01　新建文件。运行 Inventor，单击"快速"工具栏上的"新建"按钮🗋，在打开的"新建文件"对话框中选择"Standard.iam"选项，如图 9-69 所示，单击"创建"按钮，新建一个部件文件。

图 9-69　"新建文件"对话框

步骤02　装入阀体。单击"装配"选项卡"零部件"面板上的"放置"按钮🗄，打开如图 9-70 所示的"装入零部件"对话框，选择"阀体"零件，单击"打开"按钮，装入阀体。单击鼠标右键，在打开的如图 9-71 所示的快捷菜单中选择"在原点处固定放置"选项，则零件的坐标与部件的坐标原点重合。再次单击鼠标右键，在打开的如图 9-72 所示的快捷菜单中选择"确定"选项，完成阀体的装配，如图 9-73 所示。

图 9-70　"装入零部件"对话框

图 9-71　快捷菜单 1

图 9-72　快捷菜单 2

图 9-73　放置阀体

步骤 03 放置阀杆。单击"装配"选项卡"零部件"面板上的"放置"按钮，打开"装入零部件"对话框，选择"阀杆"零件，单击"打开"按钮，装入阀杆，将其放置到视图中的适当位置。单击鼠标右键，在打开的快捷菜单中选择"确定"选项，完成阀杆的放置，如图 9-74 所示。

图 9-74　安装阀杆

步骤 04 装配阀杆。单击"装配"选项卡"位置"面板上的"约束"按钮，打开"放置约束"对话框，选择"配合"类型，在视图中选取如图 9-75 所示的两个面，设置偏移

量为 0mm，单击"应用"按钮，选择"配合"类型，在视图中选取如图 9-76 所示的
阀杆轴线和阀体内孔轴线，设置偏移量为 0mm，选择"配合"选项，单击"确定"
按钮，结果如图 9-77 所示。

图 9-75 选择面

图 9-76 选取轴线

图 9-77 装配阀杆

步骤 05 放置调节螺母。单击"装配"选项卡"零部件"面板上的"放置"按钮，打开"装
入零部件"对话框，选择"调节螺母"零件，单击"打开"按钮，装入调节螺母，
将其放置到视图中的适当位置。单击鼠标右键，在打开的快捷菜单中选择"确定"
选项，完成调节螺母的放置，如图 9-78 所示。

步骤 06 放置胶垫。单击"装配"选项卡"零部件"面板上的"放置"按钮，打开"装入
零部件"对话框，选择"胶垫"零件，单击"打开"按钮，装入胶垫，将其放置到
视图中的适当位置。单击鼠标右键，在打开的快捷菜单中选择"确定"选项，完成
胶垫的放置，如图 9-79 所示。

图 9-78 装入调节螺母

图 9-79 装入胶垫

步骤 **07** 胶垫-调节螺母装配。单击"装配"选项卡"位置"面板上的"约束"按钮，打开"放置约束"对话框，选择"插入"类型，在视图中选取如图 9-80 所示的两个圆形边线，设置偏移量为 0mm，选择"反向"选项，单击"确定"按钮，结果如图 9-81 所示。

图 9-80 选择边线

图 9-81 装配

步骤 **08** 放置弹簧。单击"装配"选项卡"零部件"面板上的"放置"按钮，打开"装入零部件"对话框，选择"弹簧"零件，单击"打开"按钮，装入弹簧，将其放置到视图中的适当位置。单击鼠标右键，在打开的快捷菜单中选择"确定"选项，完成弹簧的放置，如图 9-82 所示。

图 9-82 装入弹簧

步骤 **09** 装配弹簧。单击"装配"选项卡"位置"面板上的"约束"按钮，打开"放置约束"对话框，选择"配合"类型，在视图中选取如图 9-83 所示的两个面，设置偏移量为 0mm，单击"应用"按钮。选择"配合"类型，在浏览器中分别选取调节螺母和弹簧的 YZ 平面，设置偏移量为 0mm，选择"配合"选项，单击"应用"按钮。选择"配合"类型，在浏览器中分别选取调节螺母和弹簧的 XY 平面，设置偏移量为 0mm，选择"表面平齐"选项，单击"确定"按钮，结果如图 9-84 所示。

图 9-83　选择面　　　　　　　　　　　　　　　　图 9-84　装配弹簧

步骤⑩　胶垫-阀体装配。单击"装配"选项卡"位置"面板上的"约束"按钮，打开"放置约束"对话框，选择"插入"类型，在视图中选取如图 9-85 所示的两个圆形边线，设置偏移量为 0mm，选择"反向"选项，单击"确定"按钮，结果如图 9-86 所示。

图 9-85　选择边线　　　　　　　　　　　　　　　　图 9-86　装配

步骤⑪　放置锁紧螺母。单击"装配"选项卡"零部件"面板上的"放置"按钮，打开"装入零部件"对话框，选择"锁紧螺母"零件，单击"打开"按钮，装入锁紧螺母，将其放置到视图中的适当位置。单击鼠标右键，在打开的快捷菜单中选择"确定"选项，完成锁紧螺母的放置，如图 9-87 所示。

步骤⑫　装配锁紧螺母。单击"装配"选项卡"位置"面板上的"约束"按钮，打开"放置约束"对话框，选择"插入"类型，在视图中选取如图 9-88 所示的两个圆形边线，设置偏移量为 0mm，选择"反向"选项，单击"确定"按钮，结果如图 9-89 所示。

图 9-87　装入锁紧螺母　　　　　　　　　　　　　图 9-88　选择边线

步骤⑬ 装入手柄。单击"装配"选项卡"零部件"面板上的"放置"按钮，打开"装入零部件"对话框，选择"手柄"零件，单击"打开"按钮，装入手柄，将其放置到视图中的适当位置。单击鼠标右键，在打开的快捷菜单中选择"确定"选项，完成手柄的放置，如图 9-90 所示。

图 9-89　安装锁紧螺母　　　　　　　　　　　图 9-90　装入手柄

步骤⑭ 装配手柄。击"装配"选项卡"位置"面板上的"约束"按钮，打开"放置约束"对话框，选择"插入"类型，在视图中选取如图 9-91 所示的两个圆形边线，设置偏移量为 0mm，选择"反向"选项，单击"确定"按钮，拖动手柄到适当位置，结果如图 9-92 所示。

图 9-91　选择边线　　　　　　　　　　　　图 9-92　安装手柄

步骤⑮ 放置销钉。单击"装配"选项卡"零部件"面板上的"放置"按钮，打开"装入零部件"对话框，选择"销钉"零件，单击"打开"按钮，装入销钉，将其放置到视图中的适当位置。单击鼠标右键，在打开的快捷菜单中选择"确定"选项，完成销钉的放置，如图 9-93 所示。

步骤⑯ 装配销钉。单击"装配"选项卡"位置"面板上的"约束"按钮，打开"放置约束"对话框，选择"插入"类型，在视图中选取如图 9-94 所示的两个圆形边线，设置偏移量为 0mm，选择"反向"选项，单击"确定"按钮，结果如图 9-95 所示。

图 9-93　装入销钉

图 9-94　选择边线

步骤 ⑰　装入球头。单击"装配"选项卡"零部件"面板上的"放置"按钮🔧，打开"装入零部件"对话框，选择"球头"零件，单击"打开"按钮，装入球头，将其放置到视图中的适当位置。单击鼠标右键，在打开的快捷菜单中选择"确定"选项，完成球头的放置，如图 9-96 所示。

图 9-95　安装销钉

图 9-96　装入球头

步骤 ⑱　安装阀盖。单击"装配"选项卡"位置"面板上的"约束"按钮🔳，打开"放置约束"对话框，选择"插入"类型，在视图中选取如图 9-97 所示的两个圆形边线，设置偏移量为 0mm，选择"反向"选项，单击"确定"按钮，结果如图 9-98 所示。

图 9-97　选择边线

图 9-98　安装阀盖

步骤 ⑲　保存文件。单击"快速"工具栏上的"保存"按钮💾，打开"另存为"对话框，输入文件名为"手压阀.iam"，单击"保存"按钮即可保存文件。

第 10 章　焊接设计

📥 **导言**

在焊接件中，用户可以创建部件，有选择地添加部件特征以准备用于焊接的模型，作为实体特征或示意特征添加焊接，添加更多部件特征以用于最后的加工操作。完成焊接模型后，所有的零件和特征将保存到一个部件文件中并被称为焊接件。

10.1　焊接件环境

焊接件设计环境是部件装配环境的延伸，可以通过两种方式进入焊接环境。

1. 启动新的焊接件

步骤 **01** 单击"快速入门"选项卡"启动"面板中的"新建"按钮，打开"新建文件"对话框，在对话框中选择"Weldment.iam"模板，如图 10-1 所示。

图 10-1　"新建文件"对话框

步骤 **02** 单击"创建"按钮，进入焊接环境，如图 10-2 所示。

图 10-2　焊接环境

2．将部件转换为焊接件

步骤 01　打开要转换的部件。

步骤 02　单击"环境"选项卡"转换"面板中的"转换为焊接件"按钮，打开如图 10-3 所示的提示对话框，单击"是"按钮。

图 10-3　提示对话框

步骤 03　打开如图 10-4 所示的"转换为焊接件"对话框，在对话框中选择标准，选择焊道材料并设置 BOM 表结构，单击"确定"按钮，进入焊接环境。

图 10-4　"转换为焊接件"对话框

10.2　创建焊接件

每个新建的焊接件文件都是通过模板创建的。在安装 Autodesk Inventor 时，用户选择的默认度量单位设置用于创建焊接件的默认模板。用户可以使用此模板或其他预定义模板，也可以修改其中某个预定义模板，或者创建自己的模板。

任何焊接件文件都可以作为模板使用，当把焊接件文件保存到 Templates 文件夹中时，它就成为模板。例如，在一个焊接件文件中包含要在其他焊接件中使用的设置和特性，请将其副本保存在"Autodesk\Inventor 2017\Templates"文件夹中。下一次创建焊接件文件时，就可以使用这个新模板。

在 Autodesk Inventor 中有以下两种方法创建焊接件。

- 由现有的装配转换：可以通过转换现有的装配创建焊接件。在应用菜单中，激活焊接应用程序，接着弹出一个提示对话框，警告如果将部件转换为焊接件后，就不能转换回部件。选择需要转换的现有装配特征，并选择焊缝材料，一旦转换焊接件，该装配件和原焊接装配件就具有相同的功能。
- 创建一个新的焊接件：在打开的"新建文件"对话框中，选择焊接"Weldment.iam"模板。

10.2.1　确定要在焊接件模板中包含的内容

任何可使创建焊接件更加简单、有效的设置或建立的默认值都可以包含在模板中，模板中包含以下内容。

- 设置和定义默认焊道材料。
- 设置焊道的可见性和启用状态。
- 改变基准工作平面的大小，以使其适应所创建的焊接件的平均大小。
- 如果在不同的焊接件中使用不同的度量单位，应分别为每个焊接件创建不同的模板。
- 如果使用光源和颜色，可以设置样式以便在需要时使用它们。将模板文件与样式库关联，如果不使用样式库，则在模板文件中定义样式。
- 为 BOM 表设置列和格式。
- 定义常用参数或链接到参数电子表格。使用这种方法，可以创建自己的参数名称，在参数列表中输入说明或其他说明性文字，也可设置自己的参数。

10.2.2　设置特性

与标准部件一样，可以指定诸如成本中心、项目名称或主管等特性，并将它们保存为模板的一部分，使用特性来查找、跟踪和管理文件，也可以使用它们在标题栏、明细栏和 BOM 表中自动添加和维护信息。

可以指定焊道所特有的特性，例如，焊道材料、焊道的可见性和启用状态。

10.2.3　设置默认焊接件模板

可以将任何模板设置为用于创建新焊接件的默认模板。若要使模板成为默认模板，请使用文件名 Weldment.iam 并将其保存在 Templates 文件夹中。为了避免替换现有的默认模板，请在保存新模板之前先移动或重命名现有的标准模板。

创建新文件时，Templates 文件夹中的文件会显示在"新建文件"对话框中。

10.2.4　创建焊接件模板

所有新建的焊接件文件都使用模板创建。新建焊接件时，将使用默认焊接件模板中的设置。用户可以创建自己的模板，并将其添加到 Autodesk Inventor 提供的模板中，操作步骤如下。

步骤 **01**　使用现有的模板创建焊接件。

步骤 **02**　设置默认的度量单位。

步骤 **03**　设置要使用的标准。

步骤 **04**　指定焊道材料类型、可见性和启用的状态。

步骤 **05**　如果需要，请更改基准工作平面的大小，以使其适应平均焊接件大小。

步骤 **06**　设置文件特性。

步骤 **07**　将文件保存在 Autodesk\Inventor 2017\Templates 文件夹或其子文件夹中。焊接件文件在保存到 Templates 文件夹后将自动变为模板。

注意　Templates 文件夹中的文件 Weldment.iam 是默认的部件模板。若要替换默认的模板，请先删除 Weldment.iam 文件，然后利用具有相同名称的模板来替换它。

10.3　焊道特征类型

Autodesk Inventor 中的焊道特征包括示意焊缝、实体角焊和实体坡口焊。所有焊道类型均位于焊接特征组中，每种类型在浏览器中都有唯一的图标。

焊接将捕捉焊接说明，将其与选定的几何图元相关联并显示焊接符号。可以在工程视图中自动恢复和创建示意焊接符号及实体焊接符号，也可以为实体角焊自动生成焊接标注。

在焊接件部件中，使用"焊接"选项卡上的命令来创建角焊、坡口焊和示意焊缝。沿着选定面的长度创建间断角焊道或连续角焊道，或者使用坡口焊通过实体焊道连接两个面。

如图 10-5 所示为示意焊缝、角焊缝和间断角焊缝焊接件。

焊道特征总会受到焊后加工特征的影响，但是不受焊接准备特征的影响，焊道特征也不包含在部件特征参与列表中。

可以在创建焊道时创建焊接符号，也可以通过单独操作来创建。

图 10-5　示意焊缝、角焊缝和间断角焊缝焊接件

10.3.1　创建角焊缝特征

角焊缝通过在单个零件或多个零件的一个面、多个面之间添加材料来创建拐角。

创建角焊缝的步骤如下：

步骤01 在焊接件部件中，双击以激活浏览器中的焊缝组。

步骤02 单击"焊接"选项卡"焊接"面板中的"角焊"按钮 ，打开"角焊"对话框，如图 10-6 所示。

图 10-6　"角焊"对话框

步骤03 在图形窗口中，为第 1 个选择集选择一个或多个面。使用"Shift"键取消选择不需要的面。

步骤04 单击鼠标右键，在弹出的快捷菜单中选择"继续"命令，然后选择图形窗口中的第 2 个面集。

步骤05 如有必要，请选择"链"复选框将面链接在一起。

步骤06 选择焊道方向，然后输入焊缝边的相应值。

步骤 07　单击下拉箭头，在弹出的下拉列表中选择焊缝轮廓。

步骤 08　如果选择凸面符号或凹面符号，则偏移值可用。此值描述了曲线偏移于平面的数值，如图 10-7 所示，图形窗口中的预览将随着输入的值而更新。

图 10-7　视图更新

步骤 09　创建间断焊缝时，请根据激活的标准设置值，预览图像将显示应用值的位置。

步骤 10　单击"应用"按钮以创建角焊道和焊接符号（如果设置时选择了焊接符号）。如果需要，可以继续创建焊缝，或者单击"取消"按钮关闭对话框。

对"角焊"对话框中的选项说明如下。

- 焊道：指定用来构造角焊的参数。

  ➢ 选择面：选择要定义角焊的面。勾选"链"复选框，自动选择解除的连续面。
  ➢ 测量边长度：根据边长度构造角焊，如果仅输入一个值，则边长相等。
  ➢ 测量喉深：根据角焊的焊缝根部和面之间的距离构造角焊。

- 轮廓：指定"平直"、"外凸"和"内凹"焊道工艺形状以及偏移距离。

- 间断：按照功能键激活的标准指定角焊道的间断。ANSI 标准用于指定焊缝长度和焊缝中心之间的距离。ISO、BSI、DIN 和 GB 标准用于指定焊缝长度、焊缝间距和焊缝数。JIS 标准用于指定焊缝长度、焊缝中心之间的距离和焊缝数。

- 范围：确定角焊起始或结束的方式。角焊可终止于工作平面或平面，也可以延伸穿过所有选定的几何图元，形成全螺纹焊接。

- 从表面到表面：选择终止焊接特征的起始和终止面（平面）。在焊接件中，面或平面可以位于其他零件上，但必须平行。

- 贯通：在指定方向上创建穿过所有选定几何图元的焊道。

- 起始-长度：创建具有用户指定的偏移距离和固定长度的焊道。

- 创建焊接符号：除非专门断开链接，否则角焊道将链接到焊接符号中的值。输入值以定义焊接符号的内容和外观。

10.3.2　创建坡口焊特征

可以在利用实体焊道连接的两个面集的焊接件部件中创建坡口焊特征。焊接符号可以与特征同时创建，也可以通过单独操作来创建。

坡口焊的创建步骤如下：

步骤 01　在焊接件部件中，双击以激活浏览器中的焊缝组。

步骤 02　单击"焊接"选项卡"焊接"面板中的"坡口"按钮，弹出"坡口焊"对话框，如图 10-8 所示。

步骤 03　如果需要，请选择"链选面"复选框来选择多个相切面。

步骤 04　单击"面集 1"，然后在图形窗口中为第 1 个选择集选择一个或多个面。使用 Shift

键可取消选择不需要的面，选定面应与按钮表面的彩色线相匹配。

图 10-8　"坡口焊"对话框

步骤 05 单击鼠标右键，在弹出的快捷菜单中选择"继续"命令，然后选择图形窗口中的第 2 组面。选择"整面焊接"和"忽略内部回路"复选框，可指定第 2 个选择集的处理方式。

步骤 06 单击"填充方向" 按钮，在图形窗口中单击边或面以指明焊缝方向。

步骤 07 如果不需要选择方向（例如孔中的圆柱体），请选择"径向填充"复选框来定义方向。

步骤 08 单击"应用"按钮以创建坡口焊道和焊接符号（如果设置时选择了焊接符号）。如果需要，可以继续创建焊缝，或者单击"取消"按钮关闭对话框。

对"坡口焊"对话框中的选项说明如下。

● 面集 1/面集 2：选择要使用坡口焊道连接的两个面集，每个面集必须包含一个或多个连续零件面。

● 整面焊接：指定焊道在两个面集中出现的方式。若取消此复选框的勾选，则指定在较小的面集范围内终止焊道。若勾选此复选框，则指定延伸焊道以退化两个面集，如果面集 1 和面集 2 的长度不同，则焊道将延伸以配合这两个面集。

● 链选面：勾选此复选框，可选择多个相切面。

● 填充方向：设置使用坡口焊道连接坡口焊面集时，坡口焊面集的投影方向。

● 径向填充：沿曲线投影焊道。

● 忽略内部回路：确定选定面集是形成空心坡口焊还是实体焊缝，若勾选此复选框，则指定焊道跨越内部回路覆盖整个面。若取消此复选框，则指定沿回路延伸焊道。

● 创建焊接符号：输入值以定义焊接符号的内容和外观。

10.3.3　创建示意焊缝特征

焊接符号可以与特征同时创建，也可以通过单独操作来创建。在浏览器的焊接文件夹中，焊道和焊接符号是独立的特征。焊接符号与焊道特征不相关联，因此可以为任意焊道特征指定任意焊接符号值。示意焊道被焊接符号退化后，将变为焊接符号的一个子节点。

示意焊缝的创建步骤如下：

步骤 01 在焊接件部件中，双击以激活浏览器中的焊缝组。

步骤 02 单击"焊接"选项卡"焊接"面板中的"示意"按钮，弹出"示意焊缝"对话框，如图 10-9 所示。

图 10-9 "示意焊缝"对话框

步骤 03 指定选择模式，选择一条或多条边，或者选择连续边的链或封闭回路。

步骤 04 在"范围"下拉列表中选择示意焊道的终止方式。

步骤 05 在"面积"中选择面积、测量或显示尺寸。

步骤 06 单击"应用"按钮以创建示意焊缝。

对"示意焊缝"对话框中的选项说明如下。

- 选择模式：设置要应用示意焊道的区域的选择配置。
- 范围：确定终止示意焊缝的方式。示意焊缝可以在工作平面上终止，也可以延伸穿过所有选定的几何图元，形成全长焊接。

  ➤ 贯通：在指定方向上的所有特征和草图上创建焊接。

  ➤ 从表面到表面：选择终止焊接特征的起始和终止面（平面）。在焊接件中，面或平面可以位于其他零件上，但必须平行。

- 面积：设置示意焊道的截面积，以便计算示意焊道的物理特性。
- 创建焊接符号：勾选此复选框，可同时创建焊接符号和示意焊道。

1. 示意焊缝与实体焊缝有何不同？

- 示意焊缝作为图形元素创建。这些图形元素会改变模型边的外观，以表明它们被焊接。示意焊缝也创建包含焊接特征的完全描述的标准焊接符号，不创建实际的焊道几何图元，在计算质量特性时，提供一个近似质量。由于具有这些特征，示意焊缝可以轻松地代表许多焊接类型。
- 实体焊缝使用焊接说明为装配焊接件中的焊道和焊接符号创建三维表达。实体焊道向模型中添加将参与质量特性计算的材料。在需要考虑干涉检查或焊接对质量特性的影响的设计过程中，使用实体焊缝。
- 可以为示意焊缝的箭头侧和非箭头侧定义不同的焊接类型和值。实体焊缝的箭头侧和非箭头侧只能定义不同的值。

2. 示意焊缝与实体焊缝的工作流程有何不同？

- 所有焊接特征类型都具有完全控制焊接说明的能力，主要的区别在于：创建示意焊缝时要选择边，而创建实体焊缝时要选择面。
- 焊接准备对于实体焊缝是可选的，而对于示意焊缝是不需要的。示意焊缝符号包含对所选边所需的焊接准备的描述。

10.3.4 端部填充

可以添加模型中的焊接端部填充，以表示用来表明焊道末端的填充区域。端部填充可以在工程视图中被恢复，端部填充会自动添加到角焊道中。

端部填充的创建步骤如下：

步骤 01 在焊接件部件中，双击以激活浏览器中的焊缝组。

步骤 02 单击"焊接"选项卡"焊接"面板中的"端部填充"按钮，高亮显示现有的端部填充。

步骤 03 单击任意实体焊道面以添加端部填充。

步骤 04 继续添加端部填充，单击鼠标右键，在弹出的快捷菜单中选择"结束"选项退出。

10.4 焊接表示方法

10.4.1 创建焊接符号

可以在焊接件部件模型中创建焊接符号。添加模型焊接符号的步骤如下：

步骤 01 在焊接件部件中，双击以激活浏览器中的焊缝组。

步骤 02 单击"焊接"选项卡"焊接"面板中的"符号"按钮，打开"焊接符号"对话框，如图 10-10 所示。

图 10-10 "焊接符号"对话框

步骤 03 选择符号要附着到的焊接特征。

步骤 04 若要将该信息与角焊缝特征关联，请在"角焊链接"列表中选择该特征。

步骤 05 在"焊接符号"对话框中输入值以定义符号的内容和外观。焊接符号将在图形窗口中进行预览。

步骤 06 单击"应用"按钮创建焊接符号。如果需要，可以继续创建符号，或者单击"取消"按钮关闭对话框。

若要在创建某焊道特征时添加焊接符号，请选中用来创建该焊道特征的对话框中的"创建焊接符号"。

对"焊接符号"对话框中的选项说明如下。

- 焊缝：选择一个或多个由焊接符号标注的示意焊道、角焊道和坡口焊道。焊接符号将特征分组成由单个焊接符号标注的组合焊道中。焊接符号指引线将附着到一个标注的焊缝上，可以将指引线点拖到任意标注的焊缝上。

- 识别线 ⌐⌐：单击此按钮，可以选择不放置基准线、将基准线放置在参考线上方或将基准线放置在参考线下方。

- 交换箭头/其他符号 ⊞：单击此按钮，以在参考线上方和下方之间切换箭头和符号。

- 交错 ✛ˇ：对倒角的焊接符号进行交错设置，仅在圆角焊接符号对称设置在参考线两侧时才有效。

- 符号参数，如图 10-11 所示。

图 10-11 符号参数

- 尾部注释框：将说明添加到所选的参考线上。

- abc 复选框：勾选此复选框，以封闭框中的注释文本。

- 前缀：将前缀设置到边文本的前面。

- 边：指定边的文本。

- 焊接符号：单击上下侧的按钮，在参考线的两侧显示符号。

- 段数：指定焊缝数量。

- 长度：指定焊缝长度。

- 间距：指定焊缝间的距离。

- 轮廓：指定焊缝的轮廓加工。

- 全周边符号：指定是否对选定的参考线使用全周边符号。

- 现场符号：指定是否在选定的参考线上添加表明某个现场的现场焊符号。

- 角焊链接：将单个角焊道的值与一侧角焊接符号值以及选项关联链接。

10.4.2 移动焊接符号

若要移动焊接符号，可以延长或缩短符号指引线的指引线段，或者移动附着点、顶点。在移动过程中,关联焊道特征中的有效边将亮显。

移动焊接符号的步骤如下:

步骤 01 在"快速访问"工具栏上选择"选择"→"选择特征优先"命令。

步骤 02 在图形窗口中,将鼠标指针移动到焊接符号或指引线上以显示夹点。

步骤 03 若要将水平参考段移动到新位置,请单击并拖动离其最近的夹点。

步骤 04 若要改变附着点,请单击并拖动基础夹点以重置指引线。对于示意焊缝,拖动到特征选择集中的任意箭头侧边上。对于角焊缝,拖动到角焊道生成的任意箭头侧边上。

步骤 05 释放鼠标,将焊接符号放在新位置。

10.5 焊缝计算器

焊缝计算器用于设计并校核对接焊缝、角焊缝、塞焊缝、坡口焊缝和点焊缝;可以校核承受不同类型载荷的所有典型焊缝;可以对静态载荷和疲劳载荷进行对接焊缝和角焊缝校核;可以选择所需的焊缝类型、焊缝的材料和尺寸、焊缝的几何参数;可以执行强度校核。

 注意 建议用户不要在疲劳载荷情况下使用塞焊缝、坡口焊缝和点焊缝,该连接计算不可用。计算中不应考虑突然脆裂的起源,以及由温度和残余应力影响引起的材料机械值的变化。该计算不适用于需要特殊标准的焊缝(如压力容器、起重机、升降机、管材等)。计算中仅指定了某部分特定载荷的额定应力,不考虑应力集中和内部应力。

10.5.1 计算对接焊缝

计算对接焊缝的步骤如下:

步骤 01 单击"焊接"选项卡"焊接"面板中的"对接焊缝计算器"按钮,打开如图 10-12 所示的"对接焊缝计算器"对话框。

图 10-12 "对接焊缝计算器"对话框

步骤 02　选择"计算"选项卡，单击"更多" 按钮，并选择计算方法，输入相应的参数。

步骤 03　如果需要，可切换到"疲劳计算"选项卡，输入用于疲劳计算的值，如图 10-13 所示。

图 10-13　"疲劳计算"选项卡

步骤 04　单击"计算"按钮以计算连接，结果值将显示在"疲劳计算"选项卡右边的"结果"区域中。

步骤 05　单击"确定"按钮，将焊缝计算插入 Autodesk Inventor。

对"对接焊缝计算器"对话框中的选项说明如下。

1．"计算"选项卡

- 载荷：输入用于指定焊缝载荷的力、弯矩和其他重要参数。
- 尺寸：定义焊缝几何图元所需的所有参数。

　　➢　板厚度：指定载荷、轴直径和联接特性的最佳轮廓长度。

　　➢　焊缝长度：指定载荷和联接特性的最佳轴直径。

- 联接材料和特性：勾选此复选框，打开材料数据库并选择材料。可以直接在对话框中更改参数，也会根据选择的材料自动修改参数。
- 静态加载的焊缝计算：包括标准计算程序和比较应力法两种，两种方法的计算应力结果类似，但是强度校核结果评估不同。

　　➢　标准计算程序：使用标准计算过程，可以将计算的法向应力、剪切应力或结果约化与许用应力进行直接比较，以此来校核连接强度。

　　➢　比较应力法：将许用应力与辅助参考应力进行比较，后者是在使用此方法执行强度校核时，使用焊缝连接变换系数并根据计算出的局部应力确定的。

- 焊缝载荷：指定计算焊缝载荷的方法。
- 焊缝设计：指定计算焊缝设计的方法。
- 结果：显示计算值和焊缝强度校核。

2．"疲劳计算"选项卡

- 载荷：输入载荷参数。
- 疲劳极限确定。

  ➢ 材料的基本疲劳极限：使用预估值或根据材料测试结果输入一个值。

  ➢ 表面系数：说明随着质量的提高，疲劳强度也会增加。

  ➢ 尺寸系数：对于使用反向弯曲或扭转载荷的焊缝，该值小于 1。如果焊缝承受反向张力载荷，则其值对疲劳强度没有影响。

  ➢ 可靠性系数：显示计算值，该值随着可靠性要求的提高而减小。

  ➢ 应力修正系数：显示疲劳强度等效系数的倒数值。

  ➢ 运行温度系数：取决于使用的材料。可以将20℃~200℃的大致范围内有效的常用结构型钢的疲劳极限设置为 0。

  ➢ 综合影响系数：包括可以降低或增加焊缝疲劳强度的所有其他影响。

- 计算参数：设置计算过程的参数。
- 疲劳强度计算方法：在下拉列表中选择计算方法，包括虚拟平均应力法、修正的 Goodman 法、二次方法（椭圆）、Gerber 抛物线法、Kececioglu、Chester 和 Dodge 法、Bagci 法以及 Soderberg 法。

10.5.2　计算带有联接面载荷的角焊缝

计算带有联接面载荷的角焊缝，操作步骤如下：

步骤 01 单击"焊接"选项卡"焊接"面板中的"角焊计算器（平面）"按钮，打开"角焊（联接面载荷）计算器"对话框，如图 10-14 所示。

图 10-14　"角焊（联接面载荷）计算器"对话框

步骤 02 在弹出的对话框中选择"计算"选项卡，单击"更多" >> 按钮，并选择计算方法。

步骤 03　在"计算"选项卡中输入相应的参数。

步骤 04　如果选择了适当的"焊缝形式"，请切换到"疲劳计算"选项卡，输入用于疲劳计算的值。

步骤 05　单击"计算"按钮以计算连接，结果值将显示在"疲劳计算"选项卡右边的"结果"区域中。

步骤 06　单击"确定"按钮将焊缝计算插入 Autodesk Inventor。

10.5.3　计算承受空间荷载的角焊缝

计算承受空间荷载的角焊缝，操作步骤如下：

步骤 01　单击"焊接"选项卡"焊接"面板中的"角焊（空间载荷）计算器"按钮，打开"角焊（空间载荷）计算器"对话框，如图 10-15 所示。

图 10-15　"角焊（空间载荷）计算器"对话框

步骤 02　在弹出的对话框中选择"计算"选项卡，单击"更多" >> 按钮，并选择计算方法。

步骤 03　在"计算"选项卡中输入相应的参数。

步骤 04　如果选择了合适的"焊缝形式"，请切换到"疲劳计算"选项卡，输入用于疲劳计算的值。

步骤 05　单击"计算"按钮以计算连接，结果值将显示在"疲劳计算"选项卡右边的"结果"区域中。

步骤 06　单击"确定"按钮，将焊缝计算插入 Autodesk Inventor。

10.5.4　计算塞焊缝和坡口焊缝

计算塞焊缝和坡口焊缝，操作步骤如下：

步骤 01　单击"焊接"选项卡"焊接"面板中的"塞焊/坡口焊计算器"按钮，打开"塞焊和坡口焊计算器"对话框，如图 10-16 所示。

步骤 02　在"静态加载的焊缝计算"选项组中选择计算方法。

步骤 03　在"计算"选项卡中输入相应的输入参数。

步骤 04 单击"计算"按钮以计算连接，结果值将显示在"计算"选项卡右边的"结果"区域中。

图 10-16 "塞焊和坡口焊计算器"对话框

步骤 05 单击"确定"按钮，将焊缝计算插入 Autodesk Inventor。

 单击右上角的"结果"按钮 以打开 HTML 报告。

10.5.5 计算点焊缝

步骤 01 单击"焊接"选项卡"焊接"面板中的"点焊计算器"按钮 ，打开"点焊计算器"对话框，如图 10-17 所示。

图 10-17 "点焊计算器"对话框

步骤 02 在"静态加载的焊缝计算"选项组中选择计算方法。

步骤 03 在"计算"选项卡中输入相应的输入参数。

步骤 04 单击"计算"按钮，以计算连接，结果值将显示在"计算"选项卡右边的"结果"区域中。

步骤 05 单击"确定"按钮，将焊缝计算插入 Autodesk Inventor。

10.6　综合实例——轴承支架

本实例将焊接轴承支架，如图 10-18 所示。

图 10-18　轴承支架

　下载资源\动画演示\第10章\轴承支架.avi

操作步骤

步骤 01　打开文件。单击"快速入门"选项卡"启动"面板上的"打开"按钮📂，打开"打开"对话框，选择"轴承支架"装配文件，单击"打开"按钮，打开轴承支架装配体，如图 10-19 所示。

图 10-19　轴承支架

步骤 02　单击"环境"选项卡"转换"面板中的"转换为焊接件"按钮🔧，打开如图 10-20 所示的提示框，单击"是"按钮。

图 10-20　提示对话框

步骤 03　打开"转换为焊接件"对话框，在对话框中选择 GB 标准，选择"不锈钢，440C"焊道材料，并设置"BOM 表结构"为"不可拆分件"，如图 10-21 所示，单击"确定"按钮，进入焊接环境。

图 10-21　"转换为焊接件"对话框

步骤 04　单击"焊接"选项卡"过程"面板中的"焊接"按钮，激活焊接环境。

步骤 05　单击"焊接"选项卡"焊接"面板中的"角焊"按钮，打开"角焊"对话框，勾选"链"复选框，选择如图 10-22 所示的面 1 和面 2，输入焊缝为 3mm，其他采用默认设置，单击"确定"按钮，结果如图 10-23 所示。

图 10-22　选择面

步骤 06　单击"焊接"选项卡"焊接"面板中的"角焊"按钮，打开"角焊"对话框，勾选"链"复选框，选择如图 10-24 所示的面 1 和面 2，输入焊缝为 3mm，勾选"创建焊接符号"复选框，单击上侧的焊接符号，在打开的列表中选择"角焊缝"，如图 10-25 所示，在"角焊链接"下拉列表中选择"当前焊道"选项，其他采用默认设置，如图 10-26 所示，单击"确定"按钮，结果如图 10-27 所示。

图 10-23　创建焊缝 1　　　　图 10-24　选择面　　　　图 10-25　选择焊接符号

图 10-26 "角焊"对话框

图 10-27 焊缝 2

步骤 07 单击"焊接"选项卡"焊接"面板中的"角焊"按钮，打开"角焊"对话框，选择如图 10-28 所示的面 1 和面 2，输入焊缝为 3mm，其他采用默认设置，单击"确定"按钮。

步骤 08 单击"焊接"选项卡"焊接"面板中的"角焊"按钮，打开"角焊"对话框，选择如图 10-29 所示的面 1 和面 2，输入焊缝为 3mm，其他采用默认设置，单击"确定"按钮。

图 10-28 选择面

图 10-29 选择面

步骤 09 单击"焊接"选项卡"焊接"面板中的"角焊"按钮，打开"角焊"对话框，选择如图 10-30 所示的面 1 和面 2，输入焊缝为 3，其他采用默认设置，单击"确定"按钮，结果如图 10-31 所示。

图 10-30　选择面　　　　　　　　　　　图 10-31　焊缝

步骤 10　重复步骤 05~09，创建另一侧角撑板的焊缝，结果如图 10-18 所示。

步骤 11　保存文件。单击"文件"主菜单中的"另存为"命令，打开"另存为"对话框，输入文件名为"轴承支架焊接.ipt"，单击"保存"按钮即可保存文件。

第 11 章　工程图

导言

　　在实际生产中，二维工程图依然是表达零件和部件信息的一种重要方式。本章将重点讲述 Inventor 中二维工程图的创建和编辑等相关知识。

11.1　创建工程图

11.1.1　新建工程图

　　与新建一个零件文件一样，在 Inventor 中可以通过自带的文件模板来快速创建工程图，操作步骤如下。

步骤 01　单击"快速入门"选项卡中的"新建"按钮，在打开的"新建文件"对话框中，选择 Standard.idw，新建一个工程图文件。

步骤 02　如果要创建英制或者米制单位下的工程图，从该对话框的"English"或者"Metric"选项卡下选择对应的模板文件（*.idw）即可。

步骤 03　在"Metric"选项卡里面还提供了很多不同标准的模板，其中，模板的名称代表了该模板所遵循的标准，如"ISO.idw"是符合 ISO 国际标准的模板，"ANSI.idw"符合 ANSI 美国国家标准，"GB.idw"符合中国国家标准等。用户可以根据不同的环境，选择不同的模板以创建工程图。需要说明的一点是，在安装 Inventor 时，需要选择绘图的标准，如 GB 或 ISO 等，然后在创建工程图时，会自动按照安装时选择的标准创建图纸。

步骤 04　单击"创建"按钮完成工程图文件的创建，如图 11-1 所示。

图 11-1　"新建文件"对话框

11.1.2 编辑图纸

若要设置当前工程图的名称、大小等，可以在浏览器中的图纸名称处单击右键，在打开的快捷菜单中选择"编辑图纸"选项，如图 11-2 所示，打开"编辑图纸"对话框，如图 11-3 所示。

图 11-2　快捷菜单

图 11-3　"编辑图纸"对话框

对"编辑图纸"对话框中的选项说明如下。

- 可以设定图纸的名称，设置图纸的大小，如 A4、A2 等，也可以选择"自定义大小"选项来具体指定图纸的高度和宽度，可以设置图纸的方向，如纵向或者横向。
- 若选择"不予记数"复选框，则所选图纸不算在工程图图纸的计数之内，若选择"不予打印"复选框，则在打印工程图纸时不打印所选图纸。

"编辑图纸"对话框中的参数设置主要是为了满足在不同类型的打印机中打印图纸的需要，如果使用普通的家用或者办公打印机中打印图纸，图纸的大小最大只能设定为 A4，因为这些打印机最大只能支持 A4 图幅的打印。

11.1.3 创建和管理多个图纸

可以在一个工程图文件中创建和管理多个图纸，操作步骤如下。

步骤 01 在浏览器内单击鼠标右键，打开如图 11-4 所示的快捷菜单，选择"新建图纸"选项，可新建一张图纸。

步骤 02 若在浏览器中选中要删除的图纸，单击鼠标右键，在弹出的快捷菜单中选择"删除图纸"选项，可删除选中的图纸。

步骤 03 若在浏览器中选择要复制的图纸，单击鼠标右键，打开如图 11-5 所示的快捷菜单，选择"复制"选项，可复制选中的图纸。

图 11-4　快捷菜单 1

图 11-5　快捷菜单 2

步骤 04 虽然在一幅工程图中允许有多幅图纸，但是只能有一张图纸处于激活状态，而图纸只有处于激活状态才可以进行各种操作，如创建各种视图。在浏览器中选中要激活的图纸，单击鼠标右键，在弹出的快捷菜单中选择"激活"选项。在浏览器中，激活的图纸将被亮显，未激活的图纸将暗显。

11.1.4　定制标题栏数据来源

目前 Inventor 提供的工程图模板中，零件图标题栏的数据来源就是这个工程图自身的数据，而不是零件的原始数据。但是，工程图是设计模型的表达者，标题栏中的数据应该来源于零件模型。

因此，若想正常使用 Inventor 的工程图，肯定需要重建标题栏，使它的数据处理符合设计需求。标题栏中与被表达零件相关的数据，一定是取自零件本身，而不可以在工程图中另外建立或者修改。同时，在 Inventor 中，认为标题栏是工程图中一个独立的单元。这种数据处理方法是正确的，我们可以继续使用。需要定制的是标题栏中各个栏目数据的取值对象。

在设置之前，我们必须确切地知道零件模型中会有哪些信息可用于工程图标题栏，并对两者之间的关系做到确切对应。经过编者长期的使用和研究，得出如表 11-1 所示的对应规则。

表 11-1　零件模型与工程图标题栏的对应关系

零件特性		工程图可接受的零件特性	零件特征			工程图可接受的零件特性
序号		特性名称	选项卡名	序号	特性名称	选项卡名
概要	1	标题	名称	25	材料	材料
	2	主题	主题	26	审核人	审核人
	3	作者	作者	27	审核日期	审核日期
	4	主管	主管	28	工程批准人	
	5	单位	单位	29	工程批准日期	
	6	种类	种类	30	状态	
	7	关键词	关键词	31	制造批准人	
	8	备注	备注	32	制造批准日期	
	9	零件代号	零件代号	…	…	
	10	库存编号	库存编号	34	设计状态	
	11	描述	描述			
	12	版本号	版本号			
	13	项目	项目			
	14	设计人	设计人			
	15	工程师	工程师			
	16	批准人	批准人			
	17	成本中心	成本中心			
	18	预估成本	预估成本			
	19	创建日期	创建日期			
	20	供应商	供应商			
	21	Web 链接	Web 链接			

注：表中"零件特征"列下"物理特性状态"跨序号 25~34 行。

根据表 11-1 中的对应关系，可以定制标题栏数据。现以标题栏中"零件名称"的定义为例讲解定义的流程。

步骤 01 新建一个工程图，在工程图的浏览器中选择"工程图资源"→"标题栏"选项，选定 GB1 标题栏，单击鼠标右键，在弹出的快捷菜单中选择"编辑"命令，这时视图区域直接切换到标题栏的编辑状态。

步骤 02 在视图区找到"<名称>"，然后选定它并单击鼠标右键，在弹出的快捷菜单中选择"编辑文本（E）"命令，弹出"文本格式"对话框。

步骤 03 在对话框的文本框中删除原来的"<名称>"，在"类型"下拉列表中选择"特性-模型"选项，然后在"特性"下拉列表中选定"名称"选项。

步骤 04 单击"精度"右边的"添加文本参数"按钮 $\mathcal{X}_1$，这时文本框中的"<名称>"就来源于零件模型了，如图 11-6 所示，单击"确定"按钮。

图 11-6 "文本格式"对话框

步骤 05 其他项目也按照这样的流程定制，定制完成后单击功能区中的"完成草图"按钮，保存编辑，将这个工程图保存为模板。

以后利用这个工程图模板创建工程图时，标题栏的数据就直接来源于零件模型了。

11.1.5 定制图框

在开始创建工程图时，Inventor 会给我们一个默认的图纸，但是图纸的图框是不符合 GB 制图规则要求的，主要表现在两个方面：Inventor 默认图纸图框左边没有留 25mm 的装订边；图框左上角没有图号栏。因此，若要绘制符合 GB 要求的工程图，必须重新定制图框。

GB 标准图框的定制流程如下：

步骤 01 利用 GB.idw 模板创建一个工程图，这样就可以继承 GB 模板中其他做好的设置。

步骤 02 在工程图的浏览器中，删除"图纸：1"下面的"默认图框"。

步骤 03 在工程图的浏览器中，选择"工程图资源"→"图框"选项，单击鼠标右键，在弹出的快捷菜单中选择"定义新图框（D）"命令。

步骤 04 这时 Inventor 将自动切换到草图模式，并自动提供图纸边框的 4 个草图点，可以借此定义图框的位置。

步骤 05　创建图框线，按照 GB 图框和图纸边的关系，在图框线和 4 个边框草图点之间创建驱动尺寸约束。

步骤 06　在图框左上角定义图号栏，并在该栏目中定义接受模型的特性。

步骤 07　定制完成后，单击"完成草图"按钮✅，将新定义的图框命名为"GB 标准图框"，单击"保存"按钮。

步骤 08　在浏览器中的"图框"下，选定定义的新图框，单击鼠标右键，在弹出的快捷菜单中选择"插入"选项，这时可以看到图纸中的图框就是我们新定义的，最后把这个文件保存成模板。

11.2　设置工程图环境

单击"工具"选项卡"选项"面板上的"应用程序选项"按钮，打开"应用程序选项"对话框，选择"工程图"选项卡，如图 11-7 所示，可以对工程图环境进行定制。

图 11-7　"工程图"选项卡

对"工程图"选项卡中的选项说明如下：

● 放置视图时检索所有模型尺寸：用于设置在工程图中放置视图时检索所有的模型尺寸。若选择此复选框，则在放置工程视图时，将向各个工程视图添加适用的模型尺寸；若取消选择此复选框，则在放置视图后手动检索尺寸。

- 创建标注文字时居中对齐：用于设置尺寸文本的默认位置。创建线性尺寸或角度尺寸时，选中该复选框可以使标注文字居中对齐，清除该复选框可以使标注文字的位置由放置尺寸时的鼠标位置决定。
- 启用同基准尺寸几何图元选择：用于设置创建同基准时如何选择工程图的几何图元。
- 在创建后编辑尺寸：若选择此复选框，则在使用"尺寸"命令放置尺寸时，将显示"编辑尺寸"对话框。
- 允许从工程图修改零件：选择此复选框，从工程图中进行零件修改，更改工程图上的模型尺寸可更改对应的零件尺寸。
- 视图对齐：为工程图设置默认的对齐方式，有居中和固定两种。
- 剖视标准零件：可以设置标准零件在部件的工程视图中的剖切操作。默认情况下选中"遵从浏览器"选项，图形浏览器中的"剖视标准零件"被关闭，当然可以将此设置更改为"始终"或"从不"。
- 标注类型配置："标注类型配置"选项组中的选项为线性、直径和半径尺寸标注，设置首选类型，如在标注圆的尺寸时，选择 ⊘ 则标注直径尺寸，选择 ⊘ 则标注半径尺寸。
- 线宽显示：若选择此复选框，则工程图中的可见线条将以激活的绘图标准中定义的线宽显示。如果清除复选框，则所有可见线条将以相同线宽显示。注意：此设置不影响打印工程图的线宽。
- 默认工程图文件类型：设置当创建新工程图时所使用的默认工程图文件类型（.idw 或.dwg）。
- 默认对象样式。

  ➢ 按标准：在默认情况下，将对象的默认样式指定为采用当前标准的"对象默认值"中指定的样式。

  ➢ 按上次使用的样式：指定在关闭并重新打开工程图文档时，默认使用上次使用的对象和尺寸样式，该设置可在任务之间继承。

- 默认图层样式。

  ➢ 按标准：将图层的默认样式指定为采用当前标准的"对象默认值"中指定的样式。

  ➢ 按上次使用的样式：指定在关闭并重新打开工程图文档时，默认使用上次使用的图层样式，该设置可在任务之间继承。

- 查看预览显示。

  ➢ 预览显示为：设置预览图像的配置，默认设置为"所有零部件"。可以从下拉列表中选择"部分"或"边框"。"部分"或"边框"选项可以减少内存消耗。

  ➢ 以未剖形式预览剖视图：通过剖切或不剖切零部件来控制剖视图的预览。若选中此复选框将以未剖形式预览模型；若清除此复选框（默认设置）将以剖切形式预览。

- 容量/性能。
  - ➤ 内存节约模式：指示 Autodesk Inventor 在进行视图计算之前和期间通过降低性能来更保守地占用内存。通过更改加载和卸载零部件的方式来保留内存。
  - ➤ 启用后台更新：启用或禁用光栅工程视图显示。

11.3　建立工程视图

在 Inventor 中可以创建基础视图、投影视图、斜视图、剖视图、局部视图、打断视图以及局部剖视图。

11.3.1　基础视图

新工程图中的第一个视图就是基础视图，基础视图是创建其他视图（如剖视图、局部视图）的基础，用户可以随时为工程图添加多个基础视图。

1．创建基础视图

步骤 01　单击"放置视图"选项卡"创建"面板上的"基础视图"按钮，打开"工程视图"对话框，如图 11-8 所示。

图 11-8　"工程视图"对话框

步骤 02　在打开的"工程视图"对话框中选择要创建工程图的零部件。

步骤 03　图纸区域内出现要创建的零部件视图的预览，可以移动鼠标把视图放置到合适的位置。

步骤 04　在"工程视图"对话框中设置所有的参数。

步骤 05　单击"确定"按钮或者在图纸上单击鼠标左键，即可完成基础视图的创建。

2．编辑基础视图

步骤 01　把鼠标移动到创建的基础视图的上面，视图周围出现红色虚线形式的边框。当把鼠标移动到边框的附近时，指针旁边将出现移动符号，此时按住左键就可以拖动视图，以改变视图在图纸中的位置。

步骤 02 在视图上单击鼠标右键，弹出快捷菜单。

- 选择"复制"和"删除"命令可以复制和删除视图。
- 选择"打开"命令，则会在新窗口中打开要创建工程图的源零部件。
- 在视图上双击鼠标左键，则重新打开"工程视图"对话框，用户可以修改其中可以修改的选项。
- 选择"对齐视图"或者"旋转"命令可以改变视图在图纸中的位置。

3. 对"工程视图"对话框的说明

对"工程视图"对话框中的选项说明如下。

（1）"零部件"选项卡（如图 11-8 所示）

①"文件"选项

"文件"选项用来指定要用于工程视图的零件、部件或表达视图文件。单击"打开现有文件"按钮 🔍，打开"打开"对话框，可在该对话框中选择文件。

②"样式/标签/比例"选项组

- 比例：设置生成的工程视图相对于零件或部件的比例。另外在编辑从属视图时，该选项可以用来设置视图相对于父视图的比例。可以在框中输入所需的比例，或者单击箭头，从常用比例列表中选择。
- 视图标识符：指定视图的名称。默认的视图名称由激活的绘图标准决定，若要修改名称，可以选择编辑框中的名称并输入新名称。
- 切换标签可见性 🔲：用于显示或隐藏视图名称。
- 样式：用来定义工程图视图的显示样式，可以选择三种显示样式：显示隐藏线 🔲、不显示隐藏线 🔲 和着色 🔲。

（2）"模型状态"选项卡（如图 11-9 所示）

图 11-9　"模型状态"选项卡

"模型状态"选项卡用于指定要在工程视图中使用的焊接件状态、iAssembly 或 iPart 成员，以及指定参考数据，例如线样式和隐藏线计算等。

- 焊接件：仅在选定文件包含焊接件时可用。单击要在视图中表达的焊接件状态，"准备"下列出了所有处于准备状态的零部件。
- 成员：对于 iAssembly 工厂，选择要在视图中表达的成员。
- 参考数据：设置视图中参考数据的显示。
  - 线样式：为所选的参考数据设置线样式，单击列表框以选择样式，可选样式有"按参考零件"、"按零件"和"关"。
  - 边界：设置"边界"选项的值来查看更多参考数据。设置边界值可以使得边界在所有边上以指定值扩展。
  - 隐藏线计算：指定是计算"所有实体"的隐藏线还是计算"分别参考数据"的隐藏线。

（3）"显示选项"选项卡（如图 11-10 所示）

图 11-10　　"显示选项"选项卡

"显示选项"选项卡用于设置工程视图的元素是否显示，注意只有适用于指定模型和视图类型的选项才可用。可以选中或者清除一个选项来决定该选项对应的元素是否可见。

11.3.2　投影视图

创建了基础视图以后，可以利用一角投影法或者三角投影法创建投影视图。在创建投影视图前，必须先创建一个基础视图，操作步骤如下。

步骤 01　单击"放置视图"选项卡"创建"面板上的"投影视图"按钮，在图纸上选择一个基础视图。

步骤 02　向不同的方向拖动鼠标以预览不同方向的投影视图。如果竖直向上或者向下拖动鼠标，则可以创建仰视图或者俯视图；水平向左或者向右拖动鼠标则可以创建左视图或者右视图；如果向图纸的 4 个角拖动则可以创建轴测视图，如图 11-11 所示。

步骤 03 确定投影视图的形式和位置以后，单击鼠标左键，指定投影视图的位置。

步骤 04 在单击鼠标的位置处出现一个矩形轮廓，单击鼠标右键，打开如图 11-12 所示的快捷菜单，选择"创建"选项，则在矩形轮廓内部创建投影视图。创建完毕后，矩形轮廓自动消失。

图 11-11　创建投影视图

图 11-12　快捷菜单

由于投影视图是基于基础视图创建的，因此我们常称基础视图为父视图，称投影视图以及其他以基础视图为基础创建的视图为子视图。在默认的情况下，子视图的很多特性继承自父视图：

● 如果拖动父视图，则子视图的位置随之改变，以保持和父视图之间的位置关系。

● 如果删除了父视图，则子视图也同时被删除。

● 子视图的比例和显示方式同父视图保持一致，当修改父视图的比例和显示方式时，子视图的比例和显示方式也随之改变。

11.3.3　斜视图

通过从父视图中的一条边或直线投影来放置斜视图，得到的视图将与父视图在投影方向上对齐，创建斜视图的操作步骤如下。

步骤 01 单击"放置视图"选项卡"创建"面板上的"斜视图"按钮，选择一个基础视图，打开"斜视图"对话框，如图 11-13 所示。

图 11-13　"斜视图"对话框

步骤 02 在"斜视图"对话框中，指定视图的名称和比例等基本参数以及显示方式。

鼠标指针旁边出现一条直线标志，选择垂直于投影方向的平面内的任意一条直线，此时移动鼠标则出现斜视图的预览。

在合适的位置上单击鼠标左键，或者单击"斜视图"对话框中的"确定"按钮，则斜视图被创建。

11.3.4　剖视图

剖视图是表达零部件上被遮挡的特征以及部件装配关系的有效方式，创建剖视图的操作步骤如下。

步骤 01 单击"放置视图"选项卡"创建"面板上的"剖视"按钮，选择一个父视图，这时鼠标形状变为十字形。

步骤 02 单击鼠标左键设置视图剖切线的起点，然后单击以确定剖切线的其余点，视图剖切线上点的个数和位置决定了剖视图的类型。

步骤 03 当剖切线绘制完毕后，单击鼠标右键，在弹出的快捷菜单中选择"继续"选项，此时打开"剖视图"对话框，如图 11-14 所示。

步骤 04 在对话框中设置视图名称、比例、显示方式等参数，剖切深度的选项。

步骤 05 图纸内出现剖视图的预览，移动鼠标以选择创建位置。

步骤 06 设置好视图位置以后，单击鼠标左键或者单击"剖视图"对话框中的"确定"按钮以完成剖视图的创建。

对"剖视图"对话框中的选项说明如下。

1．视图/比例标签

● 视图标识符：用于编辑视图标识符的字符串。
● 缩放比例：设置相对于零件或部件的视图比例。

2．剖切深度

● 全部：零部件被完全剖切。
● 距离：按照指定的深度进行剖切。

3．切片

● 包括切片：如果选中此选项，则会根据浏览器属性创建包含一些切割零部件和剖视零部件的剖视图。
● 剖切整个零件：如果选中此选项，则会取代浏览器属性，并会根据剖视线的几何图元切割视图中的所有零部件。

4．方式

● 投影视图：从草图线创建投影视图。
● 对齐：若选择此选项，则生成的剖视图将垂直于投影线。

5. 剖切边

- 锯齿边：在截面视图中显示剖切边为锯齿边。
- 光滑边：在截面视图中显示剖切边为平滑切线。

一般来说，剖切面由绘制的剖切线决定，剖切面过剖切线且垂直于屏幕方向。对于同一个剖切面，不同的投影方向生成的剖视图也不相同，因此在创建剖面图时，一定要选择合适的剖切面和投影方向。在如图 11-15 所示的具有内部凹槽的零件中，要表达零件内壁的凹槽，必须使用剖视图。为了表现方形的凹槽特征和圆形的凹槽特征，必须创建不同的剖切平面。表现方形凹槽所选择的剖切平面以及生成的剖视图如图 11-16 所示，表现圆形凹槽所选择的剖切平面以及生成的剖视图如图 11-17 所示。

图 11-14 "剖视图"对话框

图 11-15 具有内部凹槽的零件

图 11-16 表现方形凹槽的剖视图

图 11-17 表现圆形凹槽的剖视图

　　需要特别注意的是，剖切的范围完全由剖切线的范围决定，剖切线在其长度方向上延展的范围决定了所能够剖切的范围。图 11-18 显示了不同长度的剖切线所创建的剖视图是不同的。

图 11-18 不同长度的剖切线所创建的剖视图

　　剖视图中投影的方向就是观察剖切面的方向，它也决定了所生成的剖视图的外观。可以选择任意的投影方向生成剖视图，投影方向既可以与剖切面垂直，也可以不垂直，如图 11-19 所示，其中，HH 视图和 JJ 视图是由同一个剖切面剖切生成的，但是投影方向不相同，所以生成的剖视图也不相同。

图 11-19 选择任意的投影方向生成剖视图

对于剖视图的编辑，和前面所述的基础视图相同，可通过右键菜单中的"删除"、"编辑视图"等命令进行相关操作。另外，与其他视图不同的是，可以通过拖动图纸上的剖切线与投影视图符号来对视图位置和投影方向进行更改。

11.3.5 局部视图

局部视图可以用来突出显示父视图的局部特征。局部视图并不与父视图对齐，默认情况下也不与父视图同比例，创建局部视图的操作步骤如下。

步骤 01 单击"放置视图"选项卡中"创建"面板上的"局部视图"按钮，选择一个视图，打开"局部视图"对话框，如图 11-20 所示。

步骤 02 在对话框中设置局部视图的视图名称、比例以及显示方式等选项。

步骤 03 在视图上选择要创建局部视图的区域，可以是矩形区域，也可以是圆形区域。

步骤 04 将选取的区域放置到适当位置，单击"确定"按钮，完成局部视图的创建。

图 11-20 "局部视图"对话框

创建局部视图的过程演示如图 11-21 所示。

选择视图

绘制区域

完成局部视图

图 11-21 创建局部视图过程

对"局部视图"对话框中的选项说明如下。

● 轮廓形状：为局部视图指定圆形或矩形轮廓形状。父视图和局部视图的轮廓形状相同。

● 镂空形状：可以将切割线型指定为"锯齿过渡"或"平滑过渡"。

● 显示完整局部边界：会在产生的局部视图周围显示全边界（环形或矩形）。

● 显示连接线：会显示局部视图中轮廓和全边界之间的连接线。

局部视图创建以后，可以通过局部视图的右键菜单中的"编辑视图"选项来进行编辑、复制、删除等操作。

如果要调整父视图中创建局部视图的区域，可以在父视图中将鼠标指针移动到创建局部视图时拉出的圆形或者矩形上，则圆形或者矩形的中心和边缘上出现绿色小圆点。在中心的小圆点上按住鼠标，移动鼠标则可拖动区域的位置；在边缘的小圆点上按住鼠标左键拖动，则可以改变区域的大小。当改变了区域的大小或位置后，局部视图会自动随之更新。

11.3.6　打断视图

打断视图是通过修改已建立的工程视图来创建的，可
以创建打断视图的工程图有零件视图、部件视图、投影视
图、等轴测视图、剖视图以及局部视图，也可以利用打断
视图来创建其他视图。

1．创建打断视图

图 11-22　"断开"对话框

步骤01 单击"放置视图"选项卡"修改"面板上的"断
裂画法"按钮，在图纸上选择一个视图，则
打开"断开"对话框，如图 11-22 所示。

步骤02 在对话框中设置断开视图的样式、方向、间隙
和符号等参数。

步骤03 设定好所有参数以后，可以在图纸中单击鼠标左键，以放置第一条打断线，然后在
另外一个位置单击鼠标左键以放置第二条打断线，两条打断线之间的区域就是零件
中要被打断的区域。放置完毕，打断视图即被创建。

对"断开"对话框中的选项说明如下。

（1）样式

● 矩形样式：为非圆柱形对象和所有剖视打断的视图创建打断。
● 构造样式：使用固定格式的打断线创建打断。

（2）方向

● 水平：设置打断方向为水平方向。
● 竖直：设置打断方向为竖直方向。

（3）显示

● 显示：设置每个打断类型的外观。当拖动滑块时，控制打断线的波动幅度，表示为
打断间隙的百分比。
● 间隙：指定打断视图中打断之间的距离。
● 符号：指定所选打断处的打断符号的数目，每处打断最多允许使用 3 个符号，并且
只能在"结构样式"的打断中使用。

（4）传递给父视图
如果选择此复选框，则打断操作将扩展到父视图。

2．编辑打断视图

编辑打断视图的操作步骤如下。

步骤 **01** 在打断视图的打断符号上单击鼠标右键，在弹出的快捷菜单中选择"编辑打断"选项，重新打开"断开"对话框，可以重新对打断视图的参数进行定义。

步骤 **02** 如果要删除打断视图，选择右键菜单中的"删除"选项即可。

步骤 **03** 打断视图提供了打断控制器，以直接在图纸上对打断视图进行修改。当鼠标指针位于打断视图符号的上方时，打断控制器（一个绿色的小圆形）即会显示，可以用鼠标左键选中该控制器，左右或者上下拖动以改变打断的位置，如图 11-23 所示。

图 11-23　改变打断的位置

步骤 **04** 通过拖动两条打断线可改变去掉的零部件部分的视图量，如果将打断线从初始视图的打断位置移走，则会增加去掉零部件的视图量；如果将打断线移向初始视图的打断位置，则会减少去掉零部件的视图量，如图 11-24 所示。

拖动一条打断线　　　　　　拖动完毕后的打断视图

图 11-24　拖动打断线

11.3.7　局部剖视图

若要显示零件局部被隐藏的特征，可以创建局部剖视图，通过可以去除一定区域的材料，以显示现有工程视图中被遮挡的零件或特征。局部剖视图需要依赖于父视图，所以要创建局部剖视图必须先放置父视图，然后创建与一个或多个封闭的截面轮廓相关联的草图来定义局部剖区域的边界。需要注意的是，父视图必须与包含定义局部剖边界的截面轮廓的草图相关联。创建局部剖视图的操作步骤如下。

步骤 **01** 选择图纸内一个要进行局部剖切的视图。

步骤 **02** 单击"放置视图"选项卡"草图"面板上的"开始创建草图"按钮，则此时在图纸内新建了一个草图，切换到"草图"面板，选择其中的草图图元绘制工具绘制封闭的作为剖切边界的几何图形，如圆形和多边形等。

步骤 **03** 绘制完毕，单击"草图"选项卡上的"完成草图"按钮✔，退出草图环境。

步骤 **04** 单击"放置视图"选项卡"修改"面板上的"局部剖视图"按钮，然后选择绘制草图的视图，打开"局部剖视图"对话框，如图 11-25 所示。

图 11-25 "局部剖视图"对话框

步骤 05 在"局部剖视图"对话框中的"边界"选项中需要定义截面轮廓,即选择草图几何图元以定义局部剖边界。

步骤 06 在视图中选择点,在对话框中输入深度。

步骤 07 单击"确定"按钮,完成局部剖视图的创建。

局部剖视图的创建过程如图 11-26 所示。

父视图　　　　　　创建边界轮廓　　　　　形成局部剖视图

图 11-26 局部剖视图的创建过程

对"局部剖视图"对话框中的选项说明如下。

1. 深度

- 自点:为局部剖的深度设置数值。
- 至草图:使用与其他视图相关联的草图几何图元定义局部剖的深度。
- 至孔:使用视图中孔特征的轴定义局部剖的深度。
- 贯通零件:使用零件的厚度定义局部剖的深度。

2. 显示隐藏边

临时显示视图中的隐藏线,可以在隐藏线的几何图元上拾取一点来定义局部剖深度。

3. 剖切所有零件

勾选此复选框,以剖切当前未在局部剖视图区域中剖切的零件。

11.3.8 实例——创建阀体工程视图

本实例将绘制阀体工程视图，如图 11-27 所示。

图 11-27　阀体工程视图

  下载资源\动画演示\第11章\阀体工程视图.avi

操作步骤

1．新建文件

运行 Inventor，单击"快速入门"选项卡"启动"面板上的"新建"按钮，在打开的如图 11-28 所示的"新建文件"对话框中的"工程图"下拉列表中选择"Standard.idw"选项，然后单击"确定"按钮新建一个工程图文件。

图 11-28　"新建文件"对话框

2. 创建基础视图

步骤 01 单击 "放置视图" 选项卡 "创建" 面板上的 "基础视图" 按钮，打开 "工程视图"
对话框，如图 11-29 所示。

图 11-29　 "工程视图" 对话框

步骤 02 在对话框中单击 "打开现有文件" 按钮，打开 "打开" 对话框，选择 "阀体.ipt"
文件，如图 11-30 所示，单击 "打开" 按钮，打开 "阀体" 零件。

图 11-30　 "打开" 对话框

步骤 03 返回 "工程视图" 对话框中，输入比例为 1.5:1，选择显示方式为 "不显示隐藏线"
，如图 11-31 所示。视图中显示的是阀体的前视图，将视图放置在图纸中的适当
位置，单击 "确定" 按钮，完成视图的创建，如图 11-32 所示。

图 11-31 "工程视图"对话框

图 11-32 创建基础视图

3. 创建剖视图

步骤 01 单击"放置视图"选项卡"创建"面板上的"剖视"按钮，在视图中选择上步创建的基础视图，在视图的中间位置绘制一条水平线段作为剖切线，然后单击鼠标右键，在打开的快捷菜单中单击"继续"按钮，如图 11-33 所示。

步骤 02 系统自动生成剖视图，并打开如图 11-34 所示的"剖视图"对话框，拖动视图到基础视图上方的适当位置后单击，完成剖视图的创建，如图 11-35 所示。

图 11-33 快捷菜单

图 11-34 "剖视图"对话框

图 11-35 剖视图

4．创建投影视图

单击"放置视图"选项卡"创建"面板上的"投影视图"按钮，在视图中选择上步创建的主视图，然后向右拖动鼠标，在适当位置单击鼠标左键确定创建投影视图的位置，再单击鼠标右键，在打开的快捷菜单中选择"创建"选项，如图 11-36 所示，生成投影视图如图 11-37 所示。

图 11-36　快捷菜单

图 11-37　创建投影视图

5．创建局部剖视图

步骤 01　在视图中选取左视图，单击"放置视图"选项卡"草图"面板上的"开始创建草图"按钮，进入草图绘制环境。单击"草图"选项卡"绘图"面板中的"样条曲线（插值）"按钮，绘制一个封闭轮廓，如图 11-38 所示。单击"完成草图"按钮，退出草图环境。

步骤 02　单击"放置视图"选项卡"创建"面板上的"局部剖视图"按钮，在视图中选取左视图，打开如图 11-39 所示的"局部剖视图"对话框，在"深度"下拉列表中选择"至孔"选项，系统自动捕捉上步绘制的草图为截面轮廓，选择如图 11-40 所示的孔，输入深度为 0，单击"确定"按钮，完成局部剖视图的创建，如图 11-41 所示。

图 11-38　绘制样条曲线

图 11-39　"局部剖视图"对话框

图 11-40　选择孔

图 11-41　创建局部剖视图

6．添加中心线

步骤 01　单击"标注"选项卡"符号"面板上的"中心线"按钮，选择主视图上的两边中点，单击鼠标右键，在弹出的快捷菜单中选择"创建"选项，如图 11-42 所示，完成在主视图上添加中心线。

步骤 02　单击"标注"选项卡"符号"面板上的"中心标记"按钮，在视图中选择圆，为圆添加中心线，如图 11-43 所示。选择短中心线，拖动夹点，调整中心线的长度，如图 11-44 所示。采用相同的步骤，为其他圆添加中心线，如图 11-45 所示。

图 11-42　快捷菜单

图 11-43　选择圆

图 11-44　添加中心线　　　　　　　　　图 11-45　添加中心线

 单击"标注"选项卡"符号"面板上的"对分中心线"按钮，选择如图 11-46 所示的孔的两条边线，为孔添加中心线并调整中心线长度，如图 11-47 所示。同理，添加其他中心线，如图 11-48 所示。

图 11-46　选择边线　　　图 11-47　创建中心线　　　　图 11-48　添加中心线

7. 保存文件

单击"快速入门"工具栏上的"保存"按钮，打开"另存为"对话框，输入文件名为"阀体视图.idw"，单击"保存"按钮即可保存文件。

11.4　标注工程视图

创建完视图后，需要对工程图进行尺寸标注。尺寸标注是工程图设计中的重要环节，将关系到零件的加工、检验和实用等各个环节。只有配合合理的尺寸标注才能帮助设计者更好地表达其设计意图。

11.4.1 尺寸标注

工程视图中的尺寸标注是与模型中的尺寸相关联的，模型尺寸的改变会导致工程图中尺寸的改变。同样，工程图中尺寸的改变会导致模型尺寸的改变。

1. 尺寸

尺寸包括线性尺寸、角度尺寸、圆弧尺寸等。

单击"标注"选项卡"尺寸"面板上的"尺寸"按钮，依次选择几何图元的组成要素即可，例如：

- 若要标注直线的长度，可以依次选择直线的两个端点，或者直接选择整条直线。
- 若要标注角度，可以依次选择角的两条边。
- 若要标注圆或者圆弧的半径（直径），则选取圆或者圆弧即可。

在视图中选择要编辑的尺寸，单击鼠标右键，打开如图 11-49 所示的快捷菜单。

图 11-49　快捷菜单

对快捷菜单中的选项说明如下。

- 删除：从工程视图中删除尺寸。
- 编辑：打开"编辑尺寸"对话框，可以在"精度和公差"选项卡中选定并且修改尺寸公差的具体样式。
- 文本：打开"文本格式"对话框，可以设定尺寸文本的特性，如字体、字号、间距以及对齐方式等。在对尺寸文本进行修改前，需要在"文本格式"对话框中选中代表尺寸文本的符号。
- 隐藏尺寸界线：用于隐藏尺寸界线。
- 新建尺寸样式：打开"新建尺寸样式"对话框，可以新建各种标准（如 GB、ISO）的尺寸样式。

2. 基线尺寸

当要以自动标注的方式向工程视图中添加多个尺寸时，基线尺寸是很有用的，操作步骤如下。

步骤 01　单击"标注"选项卡"尺寸"面板上的"基线"按钮，在视图中选择要标注的图元。

步骤 02　选择完毕后，单击鼠标右键，在弹出的快捷菜单中选择"继续"选项，出现基线尺寸的预览。

步骤 03　在要放置尺寸的位置单击鼠标左键，即可完成基线尺寸的创建。

步骤 04　如果要在其他位置放置相同的尺寸集，在结束命令之前按 Backspace 键，将再次出现尺寸预览，单击其他位置放置尺寸，如图 11-50 所示。

图 11-50 "基准尺寸"示意图

3．同基准尺寸

可以在 Inventor 中创建同基准尺寸或者由多个尺寸组成的同基准尺寸集，操作步骤如下。

步骤 01 单击"标注"选项卡"尺寸"面板上的"同基准"按钮，然后在图纸上用鼠标左键单击一个点或者一条直线边作为基准，此时移动鼠标以指定基准的方向，基准的方向垂直于尺寸标注的方向，单击鼠标左键以完成基准的选择。

步骤 02 依次选择要进行标注的特征的点或者边，选择完毕则尺寸自动被创建。

步骤 03 当全部选择完毕以后，单击鼠标右键，在弹出的快捷菜单中选择"创建"选项，出现同基准尺寸的预览。

步骤 04 在要放置尺寸的位置单击鼠标左键，即可完成同基准尺寸的创建，如图 11-51 所示。

图 11-51 "同基准尺寸"示意图

11.4.2 倒角标注

倒角标注的功能可以帮助我们快速对倒角添加注释，在这里我们将讲解如何给两倒角边不等的倒角添加标注。

1．创建倒角尺寸

步骤 01 单击"标注"选项卡"特征注释"面板上的"倒角"按钮。

步骤 **02** 依次在工程图上选择倒角边和引导边。

步骤 **03** 拖动尺寸到适当位置单击以放置倒角注释，默认附着点为倒角的中点，但创建倒角注释后，可以单击该附着点，将该点拖动到同一视图的其他位置。

步骤 **04** 继续创建和放置倒角注释，单击鼠标右键，然后在弹出的快捷菜单中选择"确定"命令退出。

2．编辑倒角尺寸

步骤 **01** 选定该标注，单击鼠标右键，在弹出的快捷菜单中选择"编辑倒角注释"选项，弹出"编辑倒角注释"对话框。

步骤 **02** 在对话框中设置需要的标注样式、精度和公差。

步骤 **03** 单击"确定"按钮完成编辑，标注结果如图 11-52 所示。

图 11-52　编辑倒角标注

11.4.3　表面粗糙度标注

表面粗糙度是评价零件表面质量的重要指标之一，它对零件的耐磨性、耐腐蚀性、零件之间的配合和外观都有影响。单击"标注"选项卡"符号"面板上的"表面粗糙度"按钮√。

● 若要创建不带指引线的符号，可以双击符号所在的位置，打开"表面粗糙度"对话框，如图 11-53 所示。

图 11-53　"表面粗糙度"对话框

- 若要创建与几何图元相关联的、不带指引线的符号，可以双击亮显的边或点，该符号随即附着在边或点上，并且将打开"表面粗糙度"对话框，可以通过拖动符号来改变其位置。
- 若要创建带指引线的符号，可以单击指引线起点的位置，如果单击亮显的边或点，则指引线将被附着在边或点上，移动光标并单击鼠标左键为指引线添加另外一个顶点。当表面粗糙度的符号指示器位于所需的位置时，单击鼠标右键，在弹出的快捷菜单中选择"继续"选项以放置符号，此时也会打开"表面粗糙度"对话框。

对"表面粗糙度"对话框中的选项说明如下。

1．表面类型

- : 基本表面粗糙度符号。
- : 表面利用去除材料的方法获得。
- : 表面利用不去除材料的方法获得。

2．其他

- 长边加横线 : 用于为符号添加一个尾部符号。
- 多数 : 用于为工程图指定标准的表面特性。
- 全周边 : 用于添加全周边指示器。

3．定义表面特性的值

- A: 指定表面粗糙度值、表面粗糙度值 Ra 最小、最小表面粗糙度值或等级号。
- A': 指定表面粗糙度值、表面粗糙度值 Ra 最大、最大表面粗糙度值或等级号。
- C: 指定加工方法、处理方法或表面涂层。如果激活的绘图标准基于 ANSI，则此框可以用于输入一个注释编号。
- C': 如果绘图标准基于 ISO 或 DIN，指定附加的加工方法。此选项仅当 C 有输入值时才有效。
- D: 用来指定放置方向。单击箭头并在下拉列表中选择符号，如果选择 ，则此选项不可用。
- E: 用来指定机械加工余量。只有选择表面用去除方法获得，此选项才可用。

11.4.4　形位公差标注

步骤 01　单击"标注"选项卡"符号"面板上的"形位公差符号"按钮 。

- 若要创建不带指引线的符号，可以双击符号所在的位置，打开"形位公差符号"对话框，如图 11-54 所示。

图 11-54 "形位公差符号"对话框

- 若要创建与几何图元相关联的、不带指引线的符号,可以双击亮显的边或点,则符号将被附着在边或点上,并打开"形位公差符号"对话框,可以拖动符号来改变其位置。

- 若要创建带指引线的符号,首先在指引线起点的位置单击鼠标左键,如果选择单击亮显的边或点,则指引线将被附着在边或点上,然后移动光标以预览将创建的指引线,单击鼠标左键来为指引线添加另外一个顶点。当符号标识位于所需的位置时,单击鼠标右键,然后选择"继续"选项,则符号成功放置,并打开"形位公差符号"对话框。

步骤 02 参数设置完毕,单击"确定"按钮以完成形位公差的标注。

对"形位公差符号"对话框中的选项说明如下。

- 符号:选择要进行标注的项目,一共可以设置三个,可以选择直线度、圆度、垂直度、同心度等公差项目。

- 公差:设置公差值,可以分别设置两个独立公差的数值,但是第二个公差仅适用于 ANSI 标准。

- 基准:指定影响公差的基准,基准符号可以从下面的符号栏中选择(如 A),也可以手工输入。

- 插入偏移量:在插入点后向文本添加偏移量字符,可用的字符由激活的绘图标准所决定。

- 全周边:用来在形位公差旁添加全周边符号。

编辑形位公差有如下几种方法:

- 选择要修改的形位公差,在打开的如图 11-55 所示的快捷菜单中选择"编辑形位公差符号样式"选项,打开"样式和标准编辑器"对话框,其中的"形位公差符号"选项自动打开,如图 11-56 所示,可以编辑形位公差符号的样式。

图 11-55 快捷菜单

图 11-56 "样式和标准编辑器"对话框

- 在快捷菜单中选择"编辑单位属性"选项,打开"编辑单位属性"对话框,对公差的基本单位和换算单位进行更改,如图 11-57 所示。
- 在快捷菜单中选择"编辑箭头"选项,打开如图 11-58 所示的"更改箭头"对话框以修改箭头形状。

图 11-57 "编辑单位属性"对话框

图 11-58 "更改箭头"对话框

11.4.5 基准符号

步骤 01 单击"标注"选项卡"符号"面板上的"基准标识符号"按钮。

- 若要创建不带指引线的符号,可以双击符号所在的位置,此时打开"文本格式"对话框。
- 若要创建与几何图元相关联的、不带指引线的符号,可以双击亮显的边或点,则符号将被附着在边或点上,并打开"文本格式"对话框,可以拖动符号来改变其位置。
- 若要创建带指引线的符号,首先在指引线起点的位置单击鼠标左键,如果选择单击亮显的边或点,则指引线将被附着在边或点上,然后移动光标以预览将创建的指引线,单击鼠标左键来为指引线添加另外一个顶点。当符号标识位于所需的位置时,单击鼠标右键，在弹出的快捷菜单中选择"继续"选项，则符号成功放置，并打开"文本格式"对话框。

步骤 02 参数设置完毕，单击"确定"按钮以完成形位公差的标注。

11.4.6 文本

在 Inventor 中，可以向工程图中的激活草图或工程图资源（例如标题栏格式、自定义图框或缩略图符号）中添加文本框或者带有指引线的注释文本，作为图纸标题、技术要求或者其他的备注说明文本等。

1．文本标注

步骤 01 单击"标注"选项卡"文本"面板上的"文本"按钮 **A**。

步骤 02 在工程图区域按住鼠标左键，移动鼠标拖出一个矩形作为放置文本的区域，松开鼠标后打开"文本格式"对话框，如图 11-59 所示。

图 11-59　"文本格式"对话框

步骤 03 设置好文本的特性、样式等参数后，在下面的文本框中输入要添加的文本。

步骤 04 单击"确定"按钮以完成文本的添加。

2．编辑文本

步骤 01 可以通过在文本上按住鼠标左键并拖动，以改变文本的位置。

步骤 02 若要编辑已经添加的文本，可以双击已经添加的文本，重新打开"文本格式"对话框，以编辑已经输入的文本。通过文本的右键快捷菜单中的"编辑文本"选项可以达到相同的目的。

步骤 03 选择右键快捷菜单中的"顺时针旋转 90 度"或"逆时针旋转 90 度"选项可以将文本旋转 90 度。

步骤 04 通过"编辑单位属性"选项可以打开"编辑单位属性"对话框，以编辑基本单位和换算单位的属性。

步骤 **05**　选择"删除"选项则删除所选择的文本。

3．指引线文本标注

可以为工程图添加带有指引线的文本注释，需要注意的是如果将注释指引线附着到视图或视图中的几何图元上，则当移动或删除视图时，注释也将被移动或删除，操作步骤如下。

步骤 **01**　单击"标注"选项卡"文本"面板上的"指引线文本"按钮 **A**，在图形窗口中，单击某处以设置指引线的起点，如果将点放在亮显的边或点上，则指引线将附着到边或点上，此时出现指引线的预览，移动光标并单击鼠标左键来为指引线添加顶点。

步骤 **02**　在文本位置上单击鼠标右键，在弹出的快捷菜单中选择"继续"选项，则打开"文本格式"对话框。

步骤 **03**　在"文本格式"对话框的文本框中输入文本，可以使用该对话框中的选项来添加符号、命名参数或修改文本格式。

步骤 **04**　单击"确定"按钮，完成指引线文本的添加。

编辑指引线也可以通过其右键快捷菜单来完成。快捷菜单中的"编辑指引线文本"、"编辑单位属性"、"编辑箭头"、"删除指引线"等选项的功能与前面所讲述的类似，故不再重复讲述，读者可以参考前面的相关内容。

11.4.7　实例——标注阀体工程图

本实例将标注阀体工程图，如图 11-60 所示。

图 11-60　标注阀体工程图

操作步骤

步骤 01 打开文件。运行 Inventor，单击"快速入门"选项卡"启动"面板上的"打开"按钮 📂，打开"打开"对话框，在对话框中选择"阀体视图.idw"文件，然后单击"打开"按钮打开工程图文件。

步骤 02 标注直径尺寸。单击"标注"选项卡"尺寸"面板上的"尺寸"按钮 ⊢⊣，在视图中选择要标注直径尺寸的两条边线，拖出尺寸线放置到适当的位置单击，打开"编辑尺寸"对话框，将光标放置在尺寸值的前端，然后选择"直径"符号 ∅，如图 11-61 所示，单击"确定"按钮。同理标注其他直径尺寸，结果如图 11-62 所示。

图 11-61　"编辑尺寸"对话框

步骤 03 标注基线尺寸。单击"标注"选项卡"尺寸"面板上的"基线"按钮 ⊨，选择要标注的图元，单击鼠标右键，在弹出的快捷菜单中单击"继续"按钮，如图 11-63 所示，拖动尺寸到适当位置，单击鼠标左键，标注基线尺寸如图 11-64 所示。单击鼠标右键，在弹出的快捷菜单中单击"创建"按钮，完成连续尺寸的标注并退出。

图 11-62　标注直径尺寸

图 11-63　快捷菜单 1

图 11-64 完成基线标注

步骤 04 标注连续尺寸。单击"标注"选项卡"尺寸"面板上的"连续"按钮 ，在视图中
选择要标注尺寸的边线，单击鼠标右键，在弹出的快捷菜单中单击"继续"按钮，
如图 11-65 所示，拖出尺寸线放置到适当位置，单击鼠标左键确定，标注连续尺寸
如图 11-66 所示。单击鼠标右键，在弹出的快捷菜单中单击"创建"按钮，完成连
续尺寸的标注并退出。

图 11-65 快捷菜单 1

图 11-66 标注连续尺寸

步骤 05 标注半径和直径尺寸。单击"标注"选项卡"尺寸"面板上的"尺寸"按钮 ，在
视图中选择要标注半径尺寸的圆弧，拖出尺寸线放置到适当位置，如图 11-67 所示，
打开"编辑尺寸"对话框，单击"确定"按钮，同理标注其他半径尺寸，结果如图
11-68 所示。

图 11-67　标注半径尺寸　　　　　　　　　　　图 11-68　标注半径尺寸

步骤06　标注长度尺寸。单击"标注"选项卡"尺寸"面板上的"尺寸"按钮┌─┐，在视图中选择要标注尺寸的两条边线，拖出尺寸线放置到适当位置，打开"编辑尺寸"对话框，单击"确定"按钮，结果如图 11-69 所示。

图 11-69　标注长度尺寸

步骤07　标注粗糙度。单击"标注"选项卡"符号"面板上的"粗糙度"按钮√，在视图中选择要标注的表面，拖动符号到适当位置后单击放置，然后单击鼠标右键，在打开的如图 11-70 所示的快捷菜单中选择"继续"选项，打开"表面粗糙度"对话框，在对话框中选择"表面用去除材料的方法获得" ，输入粗糙度值为 Ra12.5，如图 11-71 所示，单击"确定"按钮。同理标注其他粗糙度，结果如图 11-72 所示。

图 11-70　快捷菜单

图 11-71　"表面粗糙度"对话框

步骤 08　标注基准符号。单击"标注"选项卡"符号"面板上的"基准标识符号"按钮，选择直径为 36 的尺寸，指定基准符号的起点和顶点，然后单击鼠标右键，在打开的如图 11-73 所示的快捷菜单中选择"继续"选项，打开如图 11-74 所示的"文本格式"对话框，采用默认设置，单击"确定"按钮，完成基准符号的标注，如图 11-75 所示。

图 11-72　标注粗糙度

图 11-73　快捷菜单

图 11-74　"文本格式"对话框

图 11-75　标注基准符号

步骤 **09** 标注形位公差。单击"标注"选项卡"符号"面板上的"形位公差符号"按钮，选择如图 11-76 所示的直径尺寸，指定形位公差符号的起点和顶点，打开如图 11-77 所示的"形位公差符号"对话框，选择符号，输入公差和基准，单击"确定"按钮，完成基准符号的标注，如图 11-78 所示。

图 11-76　快捷菜单

图 11-77　"形位公差符号"对话框

步骤 **10** 填写技术要求。单击"标注"选项卡"文本"面板上的"文本"按钮 **A**，在视图中指定一个区域，打开"文本格式"对话框，在文本框中输入文本，并设置参数，如图 11-79 所示，单击"确定"按钮，结果如图 11-60 所示。

图 11-78　标注形位公差

图 11-79　"文本格式"对话框

步骤 11　保存文件。单击"文件"主菜单中的"另存为"命令，打开"另存为"对话框，输入文件名为"阀体工程图.idw"，单击"保存"按钮即可保存文件。

11.5　添加引出序号和明细栏

创建工程视图尤其是部件的工程图后,往往需要向该视图中的零件和子部件中添加引出序号和明细栏。明细表是显示在工程图中的 BOM 表标注,为部件的零件或者子部件按照顺序标号。它可以显示两种类型的信息:仅零件或第一级零部件。引出序号就是一个标注标志,用于标识明细表中列出的项,引出序号的数字应与明细表中零件的序号相对应。

11.5.1　引出序号

在 Inventor 中，可以为部件中的单个零部件标注引出序号，也可以一次为部件中的所有零部件标注引出序号。

1. 引出序号

步骤 01　单击"标注"选项卡"表格"面板上的"引出序号"按钮，使用鼠标左键单击一个零件，同时设置指引线的起点，这时会打开"BOM 表特性"对话框，如图 11-80 所示。

图 11-80　"BOM 表特性"对话框

● "源"选项组中的"文件"文本框用于显示在工程图中创建 BOM 表的源文件。

● 在"BOM 表设置"选项组中，可以选择适当的 BOM 表视图，可以选择"装配结构"或者"仅零件"选项。源部件中可能禁用"仅零件"视图，在明细表中选择了"仅零件"视图，则将启用"仅零件"视图。需要注意的是: BOM 表视图仅适用于源部件。

● "级别"中的第一级用于为直接子项指定一个简单的整数值。

● "最少位数"选项用于控制设置零部件编号显示的最小位数，下拉列表中提供的固定位数范围是 1 ~ 6。

步骤 02　设置好该对话框的所有选项后，单击"确定"按钮，此时鼠标指针旁边出现指引线的预览，移动鼠标以选择指引线的另外一个端点，单击鼠标左键选择该端点，然后单击鼠标右键，在弹出的快捷菜单中选择"继续"选项，则创建了一个引出序号，此时可以继续为其他零部件添加引出序号，或者按 Esc 键退出。

2. 自动引出符号

步骤 01 单击"标注"选项卡"表格"面板上的"自动引出符号"按钮。

步骤 02 选择一个视图，此时打开"自动引出序号"对话框，如图 11-81 所示。

步骤 03 单击"确定"按钮，则该视图中的所有零部件都会自动添加引出序号。

当引出序号被创建后，可以用鼠标左键选中某个引出序号以拖动到新的位置，还可以利用右键快捷菜单中的相关选项进行编辑：

- 选择"编辑引出序号"选项，打开"编辑引出序号"对话框，如图 11-82 所示，可以编辑引出序号的形状、序号值等。

图 11-81　"自动引出序号"对话框　　　图 11-82　"编辑引出序号"对话框

- "附着引出符号"选项可以将另一个零件或自定义零件的引出序号附着到现有的引出序号。

其他选项的功能和前面讲过的类似，故不再重复。

11.5.2 明细栏

除了可以为部件自由添加明细外，还可以对关联的 BOM 表进行相关设置，操作步骤如下。

步骤 01 单击"标注"选项卡"表格"面板上的"明细栏"按钮，打开如图 11-83 所示的"明细栏"对话框。

图 11-83　"明细栏"对话框

步骤 **02** 选择要为其创建明细表的视图以及视图文件，单击该对话框中的"确定"按钮。

步骤 **03** 在鼠标指针旁边出现矩形框，即明细表的预览，在合适的位置单击鼠标左键，则自动创建部件明细表。

对"明细栏"对话框中的选项说明如下。

- BOM 表视图：选择适当的 BOM 表视图来创建明细表和引出序号。
- 表拆分：管理工程图中明细栏的外观。

  - 表拆分的方向：左、右表示将明细表行分别向左、向右拆分。
  - 启用自动拆分：勾选此复选框，启用自动拆分控件。
  - 最大行数：指定一个截面中所显示的行数，可键入适当的数字。
  - 区域数：指定要拆分的截面数。

> **注意** 源部件中可能禁用"仅零件"类型，如果选择此选项，将在源文件中选择"仅零件"类型。

创建明细表以后，可以在上面按住鼠标左键以拖动它到新的位置。利用右键快捷菜单中的"编辑明细表"选项或者在明细表上双击，打开"编辑明细表"对话框，可进行编辑序号、代号、添加描述以及排序、比较等操作，选择"输出"选项则可将明细表输出为 Microsoft Acess 文件（*.mdb）。

11.6　综合实例——手压阀工程图

本实例将绘制手压阀工程图，如图 11-84 所示。

图 11-84　手压阀工程图

操作步骤

1. 新建文件

运行 Inventor，单击"快速入门"选项卡"启动"面板上的"新建"按钮，在"新建文件"对话框中的"工程图"下拉列表中选择"Standard.idw"选项，如图 11-85 所示，单击"创建"按钮，新建一个工程图文件。

图 11-85　"新建文件"对话框

2. 创建基础视图

步骤 01　单击"放置视图"选项卡"创建"面板上的"基础视图"按钮，打开"工程视图"对话框。

步骤 02　在对话框中单击"打开现有文件"按钮，打开"打开"对话框，选择"手压阀.iam"文件，如图 11-86 所示，单击"打开"按钮，打开"手压阀"装配体。

图 11-86　"打开"对话框

步骤 03 返回到"工程视图"对话框中，输入比例为 1:1，选择显示方式为"不显示隐藏线"，如图 11-87 所示。当前视图为前视图，设置完参数后，将视图放置在图纸中的适当位置，如图 11-88 所示。单击"确定"按钮，完成前视图的创建。

图 11-87 "工程视图"对话框

图 11-88 创建基础视图

3. 创建剖视图

步骤 01 单击"放置视图"选项卡"创建"面板上的"剖视"按钮，在视图中选择上步创建的基础视图，在视图的中间位置绘制一条水平线段作为剖切线，然后单击鼠标右键，在弹出的快捷菜单中单击"继续"选项，如图 11-89 所示。

图 11-89 快捷菜单

步骤 02 系统自动生成剖视图，并打开如图 11-90 所示的"剖视图"对话框，拖动视图到基础视图上方的适当位置并单击，完成剖视图的创建，如图 11-91 所示。

图 11-90 "剖视图"对话框

图 11-91 剖视图

4．创建不剖件

在浏览器的剖视图零件列表中选择"阀杆"零件，单击鼠标右键，在弹出的如图 11-92 所示的快捷菜单中选择"剖切参与件"→"无"选项，则阀杆做不剖处理。同理，将弹簧、手柄、球头零件做不剖处理，如图 11-93 所示。

图 11-92　快捷菜单　　　　　　　　图 11-93　不剖切零件

有关标准规定，对于紧固件以及轴、连杆、球、键、销等实心零件，若按纵向剖切，且剖切平面通过其对称平面，或与对称平面相平行的平面或者轴线时，则这些零件都按照不剖切绘制。

5．标注尺寸

单击"标注"选项卡"尺寸"面板上的"尺寸"按钮，在视图中选择要标注尺寸的边线，拖出尺寸线放置到适当位置，打开如图 11-94 所示的"编辑尺寸"对话框，单击"确定"按钮，完成一个尺寸的标注；同理标注其他基本尺寸，结果如图 11-95 所示。

图 11-94　"编辑尺寸"对话框　　　　　图 11-95　标注尺寸

装配图中的尺寸标注和零件图中有所不同，零件图中的尺寸是加工的依据，工人根据这些尺寸能够准确无误地加工出符合图纸要求的零件；装配图中的尺寸则是装配的依据，装配工人需要根据这些尺寸来精确安装零部件。在装配图中，一般需要标注以下类型的尺寸：

- 总体尺寸，即部件的长、宽和高。它为制作包装箱、确定运输方式以及部件占据的空间提供依据。
- 配合尺寸，表示零件之间配合性质的尺寸，它规定了相关零件结构尺寸的加工精度要求。
- 安装尺寸，表示零部件安装在机器或固定基础上，所需的对外安装时连接用的尺寸。
- 重要的相对位置尺寸，它是对影响部件工作性能有关的零件的相对位置尺寸，在装配图中必须保证，应该直接注出。
- 规格尺寸，它是选择零部件的依据，在设计中确定，通常要与相关的零件和系统相匹配，例如所选用的管螺纹的外径尺寸。
- 其他的重要尺寸，需要注意的是，正确的尺寸标注不是机械地按照以上类型的尺寸对装配图进行装配，而是在分析部件功能和参考同类型资料的基础上进行。

6．添加序号

单击"标注"选项卡"表格"面板上的"自动引出序号"按钮，打开如图 11-96 所示的"自动引出序号"对话框，在视图中选择主视图，然后添加视图中所有的零件，选择序号的放置位置为环形，将序号放置到视图中的适当位置，如图 11-97 所示，单击"确定"按钮，结果如图 11-98 所示。

图 11-96　"自动引出序号"对话框

图 11-97　放置序号

7．手动添加序号

单击"标注"选项卡"表格"面板上的"引出序号"按钮，在俯视图中选择销钉零件，拖动序号到适当位置后单击放置，然后单击鼠标右键，在弹出的如图 11-99 所示的快捷菜单中选择"继续"选项，完成序号的标注，效果如图 11-100 所示。

图 11-98　标注序号

图 11-99　快捷菜单

8. 添加明细栏

步骤 01 单击"标注"选项卡"表格"面板上的"明细栏"按钮，打开"明细栏"对话框，在视图中选择主视图，其他采用默认设置，如图 11-101 所示。单击"确定"按钮，将明细栏放置到图中的适当位置，如图 11-102 所示。

图 11-100　添加序号

图 11-101　"明细栏"对话框

9			1	常规	
8			1	常规	
7			1	常规	
6			1	常规	
5			1	常规	
4			1	常规	
3			1	常规	
2			1	常规	
1			1	常规	
项目	标准	名称	数量	材料	注释
		明细栏			

图 11-102　生成明细栏

步骤 02　双击明细栏，打开"明细栏：手压阀"对话框，在对话框中填写零件名称等参数，如图 11-103 所示，单击"确定"按钮，完成明细栏的填写，如图 11-104 所示。

图 11-103　"明细栏：手压阀"对话框

9		球头	1	常规	
8		销钉	1	常规	
7		手柄	1	常规	
6		锁紧螺母	1	常规	
5		弹簧	1	常规	
4		胶垫	1	常规	
3		调节螺母	1	常规	
2		阀杆	1	常规	
1		阀体	1	常规	
项目	标准	名称	数量	材料	注释
		明细栏			

图 11-104　明细栏

9．保存文件

单击"快速"工具栏上的"保存"按钮，打开"另存为"对话框，输入文件名为"手压阀.idw"，单击"保存"按钮即可保存文件。

第 12 章　柱塞泵综合实例

 导言

本章将以柱塞泵为例讲述利用 Inventor 来进行建模、装配以及工程图的综合运用，包括下阀瓣、填料压盖、阀盖、柱塞、上阀瓣、阀体和泵体零件的创建，然后创建柱塞泵的装配和表达视图，最后以泵体和装配体为例创建其工程图。

12.1　创建柱塞泵零件

12.1.1　下阀瓣

绘制如图 12-1 所示的下阀瓣。

图 12-1　下阀瓣

 下载资源\动画演示\第12章\下阀瓣.avi

操作步骤

步骤 01　新建文件。运行 Inventor，单击"快速"工具栏上的"新建"按钮，在打开的"新建文件"对话框中的"零件"下拉列表中选择"Standard.ipt"选项，单击"创建"按钮，新建一个零件文件。

步骤 02　创建草图。单击"三维模型"选项卡"草图"面板上的"开始创建二维草图"按钮，选择 XZ 平面为草图绘制平面，进入草图绘制环境。单击"草图"选项卡"绘图"面板上的"直线"按钮，绘制草图。单击"约束"面板上的"尺寸"按钮，标注尺寸如图 12-2 所示。单击"完成草图"按钮，退出草图环境。

步骤 03　创建旋转体。单击"三维模型"选项卡"创建"面板上的"旋转"按钮，打开"旋转"对话框，由于草图中只有图 12-2 中的一个截面轮廓，所以自动被选取为旋转截面轮廓，选取竖直直线段为旋转轴，如图 12-3 所示，单击"确定"按钮完成旋转。

图 12-2　绘制草图

图 12-3　设置参数

步骤 04　保存文件。单击"快速"工具栏上的"保存"按钮，打开"另存为"对话框，输入文件名为"下阀瓣.ipt"，单击"保存"按钮即可保存文件。

12.1.2　填料压盖

绘制如图 12-4 所示的填料压盖。

图 12-4　填料压盖

　下载资源\动画演示\第12章\填料压盖.avi

操作步骤

步骤 01　新建文件。运行 Inventor，单击"快速"工具栏上的"新建"按钮，在打开的"新建文件"对话框中的"零件"下拉列表中选择"Standard.ipt"选项，单击"创建"按钮，新建一个零件文件。

步骤 **02** 创建草图。单击"二维模型"选项卡"草图"面板上的"开始创建二维草图"按钮 ，，，
选择 XZ 平面为草图绘制平面，进入草图绘制环境。单击"草图"选项卡"绘图"
面板上的"圆心圆"按钮 、"圆角"按钮 和"修改"面板上的"修剪"按钮 ，
绘制草图轮廓。单击"约束"面板上的"尺寸"按钮 ，标注尺寸如图 12-5 所示。
单击"完成草图"按钮 ，退出草图环境。

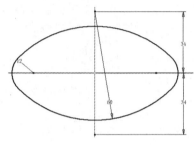

图 12-5　绘制草图

步骤 **03** 创建拉伸体。单击"三维模型"选项卡"创建"面板上的"拉伸"按钮 ，，打开"拉
伸"对话框，由于草图中只有图 12-5 中的一个截面轮廓，所以自动被选取为拉伸截
面轮廓，将拉伸距离设置为 12mm，如图 12-6 所示。单击"确定"按钮完成拉伸，
则创建如图 12-7 所示的零件基体。

图 12-6　设置参数　　　　　　　　　　　　　　图 12-7　创建拉伸体

步骤 **04** 创建草图。单击"三维模型"选项卡"草图"面板上的"开始创建二维草图"按钮 ，，
选择如图 12-7 所示的平面为草图绘制面。单击"草图"选项卡"绘图"面板上的"圆
心圆"按钮 ，绘制草图。单击"约束"面板上的"尺寸"按钮 ，标注尺寸，如
图 12-8 所示。单击"完成草图"按钮 ，退出草图环境。

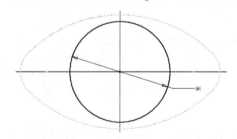

图 12-8　绘制草图

步骤 **05** 创建拉伸体。单击"三维模型"选项卡"创建"面板上的"拉伸"按钮 ，，打开"拉

伸"对话框，选取上一步绘制的草图为拉伸截面轮廓，将拉伸距离设置为 3mm，如图 12-9 所示。单击"确定"按钮完成拉伸，则创建如图 12-10 所示的零件基体。

图 12-9　设置参数

图 12-10　完成拉伸

步骤 06 创建草图。单击"三维模型"选项卡"草图"面板上的"开始创建二维草图"按钮，选择如图 12-10 所示的平面为草图绘制面。单击"草图"选项卡"绘图"面板上的"圆心圆"按钮，绘制草图。单击"约束"面板上的"尺寸"按钮，标注尺寸如图 12-11 所示。单击"完成草图"按钮，退出草图环境。

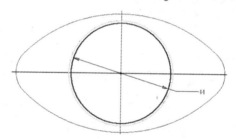

图 12-11　绘制草图

步骤 07 创建拉伸体。单击"三维模型"选项卡"创建"面板上的"拉伸"按钮，打开"拉伸"对话框，选取上一步绘制的草图为拉伸截面轮廓，将拉伸距离设置为 22mm，如图 12-12 所示。单击"确定"按钮完成拉伸，如图 12-13 所示。

图 12-12　设置参数

图 12-13　创建拉伸体

步骤 08 创建草图。单击"三维模型"选项卡"草图"面板中的"开始创建二维草图"按钮，选择如图 12-14 所示的平面为草图绘制面。单击"草图"选项卡"绘图"面板上的"圆心圆"按钮⊘，绘制草图。单击"约束"面板上的"尺寸"按钮⊢┐，标注尺寸如图 12-15 所示。单击"完成草图"按钮✔，退出草图环境。

图 12-14 选择平面

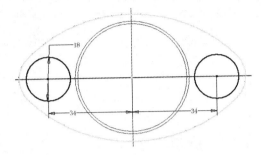

图 12-15 绘制草图

步骤 09 创建拉伸体。单击"三维模型"选项卡"创建"面板上的"拉伸"按钮🗂，打开"拉伸"对话框，选取上一步绘制的草图为拉伸截面轮廓，将拉伸距离设置为 2mm，如图 12-16 所示。单击"确定"按钮完成拉伸，如图 12-17 所示。

图 12-16 设置参数

图 12-17 完成拉伸

步骤 10 创建直孔。单击"三维模型"选项卡"修改"面板上的"孔"按钮🕳，打开"孔"对话框。在"放置"下拉列表中选择"同心"放置方式，在视图中选取步骤 07 创建的拉伸体外表面为孔放置平面，选取圆弧边线为同心参考，选择"直孔"类型，输入孔直径为 36mm，终止方式为"贯通"，如图 12-18 所示，单击"确定"按钮，结果如图 12-19 所示。

图 12-18 设置参数

图 12-19 完成孔

步骤 11　创建直孔。单击"三维模型"选项卡"修改"面板上的"孔"按钮 ，打开"孔"对话框。在"放置"下拉列表中选择"同心"放置方式，在视图中选取步骤 09 中创建的拉伸体表面为孔放置平面，选取圆弧边线为同心参考，选择"直孔"类型，输入孔直径为 9mm，终止方式为"贯通"，如图 12-20 所示，单击"确定"按钮。采用相同的方式，在另一侧圆台上创建参数相同的孔，结果如图 12-4 所示。

图 12-20　设置参数

步骤 12　保存文件。单击"快速"工具栏上的"保存"按钮 ，打开"另存为"对话框，输入文件名为"填料压盖.ipt"，单击"保存"按钮即可保存文件。

12.1.3　阀盖

绘制如图 12-21 所示的阀盖。

图 12-21　阀盖

 下载资源\动画演示\第12章\阀盖.avi

操作步骤

步骤 01　新建文件。运行 Inventor，单击"快速"工具栏上的"新建"按钮 ，在打开的"新建文件"对话框中的"零件"下拉列表中选择"Standard.ipt"选项，单击"创建"按钮，新建一个零件文件。

步骤 02　创建草图。单击"三维模型"选项卡"草图"面板上的"开始创建二维草图"按钮 ，选择 XZ 平面为草图绘制平面，进入草图绘制环境。单击"草图"选项卡"绘图"面板上的"多边形"按钮 ，绘制六边形。单击"约束"面板上的"尺寸"按钮 ，标注尺寸如图 12-22 所示。单击"完成草图"按钮 ，退出草图环境。

步骤 03 创建拉伸体。单击"三维模型"选项卡"创建"面板上的"拉伸"按钮，打开"拉伸"对话框，系统自动选取上步绘制的草图为拉伸截面轮廓，将拉伸距离设置为15mm，如图 12-23 所示。单击"确定"按钮完成拉伸，如图 12-24 所示。

图 12-22　绘制草图

图 12-23　设置参数

步骤 04 创建草图。单击"三维模型"选项卡"草图"面板上的"开始创建二维草图"按钮，选择 YZ 平面为草图绘制平面，进入草图绘制环境。单击"草图"选项卡"绘图"面板上的"直线"按钮，绘制轮廓。单击"约束"面板上的"尺寸"按钮，标注尺寸如图 12-25 所示。单击"完成草图"按钮，退出草图环境。

图 12-24　创建拉伸体

图 12-25　绘制草图

步骤 05 创建旋转体。单击"三维模型"选项卡"创建"面板上的"旋转"按钮，打开"旋转"对话框，选取上一步绘制的草图截面为旋转轮廓，选取竖直直线段为旋转轴，选择布尔求差操作，如图 12-26 所示。单击"确定"按钮完成旋转，如图 12-27 所示。

图 12-26　设置参数

步骤 06 创建草图。单击"三维模型"选项卡"草图"面板上的"开始创建二维草图"按钮，选择 YZ 平面为草图绘制平面，进入草图绘制环境。单击"草图"选项卡"绘图"面板上的"直线"按钮，绘制轮廓。单击"约束"面板上的"尺寸"按钮，标注尺寸如图 12-28 所示。单击"完成草图"按钮，退出草图环境。

图 12-27　创建旋转切除

图 12-28　绘制草图

步骤 07　创建旋转体。单击"三维模型"选项卡"创建"面板上的"旋转"按钮🍳，打开"旋转"对话框，系统自动选取上一步绘制的草图截面为旋转截面轮廓，选取竖直直线段为旋转轴，如图 12-29 所示。单击"确定"按钮完成旋转，如图 12-30 所示。

图 12-29　设置参数

图 12-30　创建旋转体

步骤 08　创建直孔。单击"三维模型"选项卡"修改"面板上的"孔"按钮🔘，打开"孔"对话框。在"放置"下拉列表中选择"同心"放置方式，在视图中选取上步创建的旋转体表面为孔放置平面，选取圆弧边线为同心参考，选择"直孔"类型，输入距离为 24mm，选择"螺纹孔"，规格为 M12，如图 12-31 所示，单击"确定"按钮。

图 12-31　设置参数

步骤 09　创建外螺纹。单击"三维模型"选项卡"修改"面板上的"螺纹"按钮📇，打开"螺纹"对话框，选择如图 12-32 所示的面为螺纹放置面，单击"确定"按钮，完成螺纹的创建，结果如图 12-33 所示。

图 12-32　选择螺纹放置面　　　　　　　　图 12-33　创建螺纹

步骤 10 保存文件。单击"快速"工具栏上的"保存"按钮📳，打开"另存为"对话框，输入文件名为"阀盖.ipt"，单击"保存"按钮即可保存文件。

12.1.4　柱塞

绘制如图 12-34 所示的柱塞。

图 12-34　柱塞

 下载资源\动画演示\第12章\柱塞.avi

操作步骤

步骤 01 新建文件。运行 Inventor，单击"快速"工具栏上的"新建"按钮🗋，在打开的"新建文件"对话框中的"Templates"选项卡中的"零件"下拉列表中选择"Standard.ipt"选项，单击"创建"按钮，新建一个零件文件。

步骤 02 创建草图。单击"三维模型"选项卡"草图"面板上的"开始创建二维草图"按钮🖉，

选择 XZ 平面为草图绘制平面，进入草图绘制环境。单击"草图"选项卡"绘图"面板上的"圆心圆"按钮 ⊙，绘制圆形。单击"约束"面板上的"尺寸"按钮 |⊣，标注尺寸如图 12-35 所示。单击"完成草图"按钮 ✔，退出草图环境。

步骤 **03** 创建拉伸体。单击"三维模型"选项卡"创建"面板上的"拉伸"按钮 ，打开"拉伸"对话框，由于草图中只有图 12-35 中的一个截面轮廓，所以自动被选取为拉伸截面轮廓，将拉伸距离设置为 80mm，如图 12-36 所示。单击"确定"按钮完成拉伸，则创建如图 12-37 所示的零件基体。

图 12-35 绘制草图   图 12-36 设置参数

步骤 **04** 创建草图。单击"三维模型"选项卡"草图"面板上的"开始创建二维草图"按钮 ，选择 XY 平面为草图绘制平面，进入草图绘制环境。单击"草图"选项卡"修改"面板上的"圆心圆"按钮 ⊙ 和"直线"按钮 /，绘制草图轮廓。单击"约束"面板上的"尺寸"按钮 |⊣，标注尺寸如图 12-38 所示。单击"完成草图"按钮 ✔，退出草图环境。

图 12-37 创建拉伸体   图 12-38 绘制草图

步骤 **05** 创建拉伸。单击"三维模型"选项卡"创建"面板上的"拉伸"按钮 ，打开"拉伸"对话框，选取上一步创建的草图为拉伸截面轮廓，在"形状"选项卡中将拉伸距离设置为 24mm，单击"对称"按钮 ，如图 12-39 所示，单击"确定"按钮完成拉伸，如图 12-40 所示。

步骤 **06** 创建草图。单击"三维模型"选项卡"草图"面板上的"开始创建二维草图"按钮 ，选择如图 12-40 所示的草图绘制面，进入草图绘制环境。单击"草图"选项卡"绘图"面板上的"两点矩形"按钮 □，绘制草图轮廓。单击"约束"面板上的"尺寸"按钮 ⊢，标注尺寸如图 12-41 所示。单击"完成草图"按钮 ✓，退出草图环境。

图 12-39　设置参数　　　　图 12-40　创建拉伸体　　图 12-41　绘制草图

步骤 07　创建拉伸。单击"三维模型"选项卡"创建"面板上的"拉伸"按钮 ⬛，打开"拉伸"对话框，选取上一步创建的草图为拉伸截面轮廓，在"形状"选项卡中将拉伸范围设置为"贯通"，选择布尔"求差"方式，如图 12-42 所示。单击"确定"按钮完成拉伸，结果如图 12-43 所示。

图 12-42　设置参数　　　　　　图 12-43　创建拉伸切除

步骤 08　创建直孔。单击"三维模型"选项卡"修改"面板上的"孔"按钮 ⬤，打开"孔"对话框。在"放置"下拉列表中选择"同心"放置方式，在视图中选取步骤 05 创建的拉伸体外表面为孔放置面，选取圆弧边线为同心参考，选择"直孔"类型，输入孔直径为 10mm，终止方式为"贯通"，如图 12-44 所示。单击"确定"按钮，结果如图 12-45 所示。

图 12-44　设置参数　　　　　图 12-45　完成孔

步骤 09 创建倒角。单击"三维模型"选项卡"修改"面板上的"倒角"按钮 ◎，打开"倒角"对话框，选择"倒角边长"类型，选择如图 12-46 所示的边线，输入倒角边长为 2mm，单击"确定"按钮，结果如图 12-47 所示。

图 12-46　设置参数　　　　　图 12-47　倒角处理

步骤 10 保存文件。单击"快速"工具栏上的"保存"按钮 🔳，打开"另存为"对话框，输入文件名为"柱塞.ipt"，单击"保存"按钮即可保存文件。

12.1.5　上阀瓣

绘制如图 12-48 所示的上阀瓣。

下载资源\动画演示\第12章\上阀瓣.avi

操作步骤

步骤 01 新建文件。运行 Inventor，单击"快速"工具栏上的"新建"按钮 🗋，在打开的"新建文件"对话框中的"Templates"选项卡中的"零件"下拉列表中选择"Standard.ipt"选项，单击"创建"按钮，新建一个零件文件。

步骤 02 创建草图。单击"三维模型"选项卡"草图"面板上的"开始创建二维草图"按钮 🗔，选择 XZ 平面为草图绘制平面，进入草图绘制环境。单击"草图"选项卡"绘图"

面板上的"直线"按钮 ∕，绘制轮廓。单击"约束"面板上的"尺寸"按钮 ├┤，标注尺寸如图 12-49 所示。单击"完成草图"按钮 ✓，退出草图环境。

图 12-48　上阀瓣

图 12-49　绘制草图

步骤 03 创建旋转体。单击"三维模型"选项卡"创建"面板上的"旋转"按钮 ⬬，打开"旋转"对话框，由于草图中只有图 12-49 中的一个截面轮廓，所以自动被选取为旋转截面轮廓，选取竖直线段为旋转轴，如图 12-50 所示。单击"确定"按钮完成旋转，则创建如图 12-51 所示的零件基体。

图 12-50　设置参数

图 12-51　创建旋转体

步骤 04 创建草图。单击"三维模型"选项卡"草图"面板上的"开始创建二维草图"按钮 ▣，在视图中选取旋转体的上表面为草图绘制面，单击"草图"选项卡"绘图"面板上的"圆"按钮 ⊙，绘制草图轮廓，单击"约束"面板上的"尺寸"按钮 ├┤，标注尺寸如图 12-52 所示。单击"完成草图"按钮 ✓，退出草图环境。

图 12-52 绘制草图

步骤 05 创建拉伸体。单击"三维模型"选项卡"创建"面板上的"拉伸"按钮，打开"拉伸"对话框，选取上一步创建的草图为拉伸截面轮廓，将拉伸距离设置为 10mm，如图 12-53 所示。单击"确定"按钮完成拉伸，如图 12-54 所示。

图 12-53 设置参数

图 12-54 创建拉伸体

步骤 06 保存文件。单击"快速"工具栏上的"保存"按钮，打开"另存为"对话框，输入文件名为"上阀瓣.ipt"，单击"保存"按钮即可保存文件。

12.1.6 阀体

绘制如图 12-55 所示的阀体。

下载资源\动画演示\第12章\阀体.avi

操作步骤

步骤 01 新建文件。运行 Inventor，单击"快速"工具栏上的"新建"按钮，在打开的"新

建文件"对话框中的"零件"下拉列表中选择"Standard.ipt"选项，单击"创建"按钮，新建一个零件文件。

步骤 02 创建草图。单击"三维模型"选项卡"草图"面板上的"开始创建二维草图"按钮，选择 XZ 平面为草图绘制平面，进入草图绘制环境。单击"草图"选项卡"绘图"面板上的"直线"按钮，绘制轮廓。单击"约束"面板上的"尺寸"按钮，标注尺寸如图 12-56 所示。单击"完成草图"按钮，退出草图环境。

图 12-55　阀体

图 12-56　绘制草图

步骤 03 创建旋转体。单击"三维模型"选项卡"创建"面板上的"旋转"按钮，打开"旋转"对话框，由于草图中只有图 12-56 中的一个截面轮廓，所以自动被选取为旋转截面轮廓，选取竖直线段为旋转轴，如图 12-57 所示。单击"确定"按钮完成旋转，则创建如图 12-58 所示的零件基体。

图 12-57　设置参数　　　　　　　　图 12-58　创建旋转体

步骤 04 创建草图。单击"三维模型"选项卡"草图"面板上的"开始创建二维草图"按钮，选择 XZ 平面为草图绘制面，单击"草图"选项卡"绘图"面板上的"圆"按钮，绘制草图轮廓，单击"约束"面板上的"尺寸"按钮，标注尺寸如图 12-59 所示。单击"完成草图"按钮，退出草图环境。

图 12-59　绘制草图

步骤 05　创建拉伸体。单击"三维模型"选项卡"创建"面板上的"拉伸"按钮 ，打开"拉伸"对话框，选取上一步创建的草图为拉伸截面轮廓，将拉伸距离设置为 40mm，如图 12-60 所示。单击"确定"按钮完成拉伸，结果如图 12-61 所示。

图 12-60　设置参数

图 12-61　创建拉伸体

步骤 06　创建草图。单击"三维模型"选项卡"草图"面板上的"开始创建二维草图"按钮 ，选择 XY 平面为草图绘制面，单击"草图"选项卡"绘图"面板上的"圆心圆"按钮 ，绘制草图轮廓，单击"约束"面板上的"尺寸"按钮 ，标注尺寸如图 12-62 所示。单击"完成草图"按钮 ，退出草图环境。

图 12-62　绘制草图

步骤 07 创建拉伸体。单击"三维模型"选项卡"创建"面板上的"拉伸"按钮 ，打开"拉伸"对话框，选取上一步创建的草图为拉伸截面轮廓，将拉伸距离设置为 24mm，如图 12-63 所示。单击"确定"按钮完成拉伸，结果如图 12-64 所示。

图 12-63 设置参数　　　　　　　　　　图 12-64 创建拉伸体

步骤 08 创建草图。单击"三维模型"选项卡"草图"面板上的"开始创建二维草图"按钮 ，在视图中选择上一步绘制的拉伸体外表面为草图绘制面，单击"草图"选项卡"绘图"面板上的"圆心圆"按钮 ，绘制草图轮廓，单击"约束"面板上的"尺寸"按钮 ，标注尺寸如图 12-65 所示。单击"完成草图"按钮 ，退出草图环境。

步骤 09 创建拉伸体。单击"三维模型"选项卡"创建"面板上的"拉伸"按钮 ，打开"拉伸"对话框，选取上一步创建的草图为拉伸截面轮廓，将拉伸距离设置为 3mm，如图 12-66 所示。单击"确定"按钮完成拉伸，结果如图 12-67 所示。

图 12-65 绘制草图　　　　　　　　　　图 12-66 设置参数

步骤 10 创建草图。单击"三维模型"选项卡"草图"面板上的"开始创建二维草图"按钮 ，在视图中选择上一步绘制的拉伸体外表面为草图绘制面，单击"草图"选项卡"绘图"面板上的"圆心圆"按钮 ，绘制草图轮廓，单击"约束"面板上的"尺寸"按钮 ，标注尺寸如图 12-68 所示。单击"完成草图"按钮 ，退出草图环境。

图 12-67　创建拉伸体

图 12-68　绘制草图

步骤 ⑪　创建拉伸体。单击"三维模型"选项卡"创建"面板上的"拉伸"按钮，打开"拉伸"对话框，选取上一步创建的草图为拉伸截面轮廓，将拉伸距离设置为 20mm，如图 12-69 所示。单击"确定"按钮完成拉伸，结果如图 12-70 所示。

图 12-69　设置参数

图 12-70　创建拉伸体

步骤 ⑫　创建草图。单击"三维模型"选项卡"草图"面板上的"开始创建二维草图"按钮，选择 XZ 平面为草图绘制平面，进入草图绘制环境。单击"草图"选项卡"绘图"面板上的"直线"按钮，绘制轮廓。单击"约束"面板上的"尺寸"按钮，标注尺寸如图 12-71 所示。单击"完成草图"按钮，退出草图环境。

步骤 ⑬　创建旋转体。单击"三维模型"选项卡"创建"面板上的"旋转"按钮，打开"旋转"对话框，选择上一步绘制的草图为截面轮廓，选取竖直线段为旋转轴，选择布尔求差操作，如图 12-72 所示。单击"确定"按钮完成旋转，则创建如图 12-73 所示的孔。

图 12-71　绘制草图　　　　　　　　　　图 12-72　设置参数

步骤⑭ 创建草图。单击"三维模型"选项卡"草图"面板上的"开始创建二维草图"按钮，在视图中选择步骤 05 绘制的拉伸体外表面为草图绘制面，单击"草图"选项卡"绘图"面板上的"圆心圆"按钮，绘制草图轮廓，单击"约束"面板上的"尺寸"按钮，标注尺寸如图 12-74 所示。单击"完成草图"按钮，退出草图环境。

图 12-73　创建孔

图 12-74　绘制草图

步骤⑮ 创建拉伸体。单击"三维模型"选项卡"创建"面板上的"拉伸"按钮，打开"拉伸"对话框，选取上步创建的草图为拉伸截面轮廓，将拉伸范围设置为"到表面或平面"，选择求差操作，如图 12-75 所示。单击"确定"按钮完成拉伸，结果如图 12-76 所示。

图 12-75　设置参数

图 12-76　创建拉伸体

步骤 16　创建草图。单击"三维模型"选项卡"草图"面板上的"开始创建二维草图"按钮▤，在视图中选择步骤 11 绘制的拉伸体外表面为草图绘制面，单击"草图"选项卡"绘图"面板上的"圆心圆"按钮⊙，绘制草图轮廓，单击"约束"面板上的"尺寸"按钮▭，标注尺寸如图 12-77 所示。单击"完成草图"按钮✔，退出草图环境。

步骤 17　创建拉伸体。单击"三维模型"选项卡"创建"面板上的"拉伸"按钮▤，打开"拉伸"对话框，选取上一步创建的草图为拉伸截面轮廓，将拉伸范围设置为"到表面或平面"，选择求差操作，如图 12-78 所示。单击"确定"按钮完成拉伸，结果如图 12-79 所示。

图 12-77　绘制草图

图 12-78　设置参数

步骤 18　创建工作平面 1。单击"三维模型"选项卡"定位特征"面板上的"从平面偏移"按钮▥，在视图或浏览器中选择 YZ 平面，在文本框中输入偏移距离为–45mm，如图 12-80 所示。单击"确定"按钮✔，完成工作平面 1 的创建。

图 12-79　创建拉伸体

图 12-80　创建工作平面 1

步骤⑲　创建草图。单击"三维模型"选项卡"草图"面板上的"开始创建二维草图"按钮 ，选择上一步创建的工作平面 1 为草图绘制平面，进入草图绘制环境。单击"草图"选项卡"绘图"面板上的"直线"按钮 和"矩形"按钮 ，绘制轮廓。单击"约束"面板上的"尺寸"按钮 ，标注尺寸如图 12-81 所示。单击"完成草图"按钮 ，退出草图环境。

步骤⑳　创建旋转体。单击"三维模型"选项卡"创建"面板上的"旋转"按钮 ，打开"旋转"对话框，选择上一步绘制的草图为截面轮廓，选取竖直线段为旋转轴，选择布尔求差操作，如图 12-82 所示。单击"确定"按钮完成旋转，则创建如图 12-83 所示的零件基体。

图 12-81　绘制草图

图 12-82　设置参数

步骤㉑　创建工作平面 2。单击"三维模型"选项卡"定位特征"面板上的"从平面偏移"按钮 ，在视图或浏览器中选择 YZ 平面，在文本框中输入偏移距离为–24mm，如图 12-84 所示。单击"确定"按钮 ，完成工作平面 2 的创建。

步骤㉒　创建草图。单击"三维模型"选项卡"草图"面板上的"开始创建二维草图"按钮 ，选择上一步创建的工作平面 2 为草图绘制平面，进入草图绘制环境。单击"草图"

选项卡"绘图"面板上的"直线"按钮╱和"矩形"按钮▭，绘制轮廓。单击"约束"面板上的"尺寸"按钮▭，标注尺寸如图 12-85 所示。单击"完成草图"按钮✓，退出草图环境。

图 12-83　创建旋转体

图 12-84　创建工作平面 2

图 12-85　绘制草图

步骤 23　创建旋转体。单击"三维模型"选项卡"创建"面板上的"旋转"按钮🔄，打开"旋转"对话框，选择上一步绘制的草图为截面轮廓，选取水平线段为旋转轴，选择布尔求差操作，如图 12-86 所示。单击"确定"按钮完成旋转，则创建如图 12-87 所示的零件基体。

图 12-86　设置参数

图 12-87　创建旋转体

步骤 24 创建外螺纹。单击"三维模型"选项卡"修改"面板上的"螺纹"按钮，打开"螺纹"对话框，选择如图 12-88 所示的面为螺纹放置面，单击"应用"按钮，在另一侧的螺纹连接处创建螺纹，如图 12-89 所示。

图 12-88　选择螺纹放置面　　　　　　　　图 12-89　创建螺纹

步骤 25 创建内螺纹。单击"三维模型"选项卡"修改"面板上的"螺纹"按钮，打开"螺纹"对话框，选择如图 12-90 所示的面为螺纹放置面，取消"全螺纹"复选框的勾选，输入螺纹长度为 15mm，单击"确定"按钮，创建螺纹。

图 12-90　选择螺纹放置面

步骤 26 保存文件。单击"快速"工具栏上的"保存"按钮，打开"另存为"对话框，输入文件名为"阀体.ipt"，单击"保存"按钮即可保存文件。

12.1.7　泵体

绘制如图 12-91 所示的泵体。

图 12-91　泵体

操作步骤

步骤 01 新建文件。运行 Inventor，单击"快速"工具栏上的"新建"按钮，在打开的"新建文件"对话框中的"Templates"选项卡中的"零件"下拉列表中选择"Standard.ipt"选项，单击"创建"按钮，新建一个零件文件。

步骤 02 创建草图。单击"三维模型"选项卡"草图"面板上的"开始创建二维草图"按钮，选择 XZ 平面为草图绘制平面，进入草图绘制环境，利用绘图工具绘制草图轮廓。单击"约束"面板上的"尺寸"按钮，标注尺寸如图 12-92 所示。单击"草图"选项卡上的"完成草图"按钮，退出草图环境。

图 12-92　绘制草图

步骤 03 创建拉伸体。单击"三维模型"选项卡"创建"面板上的"拉伸"按钮，打开"拉伸"对话框，系统自动选取上一步绘制的草图为拉伸截面轮廓，将拉伸距离设置为 10mm，如图 12-93 所示。单击"确定"按钮完成拉伸，结果如图 12-94 所示。

图 12-93　设置参数

图 12-94　创建拉伸体

步骤 04 创建草图。单击"三维模型"选项卡"草图"面板上的"开始创建二维草图"按钮，选择如图 12-94 所示的平面为草图绘制面，进入草图绘制环境。单击"草图"选项卡"绘图"面板上的"直线"按钮／和"圆心圆弧"按钮／，绘制草图轮廓。单击"约束"面板上的"尺寸"按钮，标注尺寸如图 12-95 所示。单击"草图"选项卡上的"完成草图"按钮，退出草图环境。

图 12-95　绘制草图

步骤 05 创建拉伸体。单击"三维模型"选项卡"创建"面板上的"拉伸"按钮，打开"拉伸"对话框，选取上一步绘制的草图为拉伸截面轮廓，将拉伸距离设置为 3mm，如图 12-96 所示。单击"确定"按钮完成拉伸，结果如图 12-97 所示。

图 12-96　设置参数

图 12-97　创建拉伸体

步骤 06 创建草图。单击"三维模型"选项卡"草图"面板上的"开始创建二维草图"按钮，选择如图 12-97 所示的平面为草图绘制平面，进入草图绘制环境。单击"草图"选项卡"绘图"面板上的"圆心圆"按钮，绘制圆。单击"约束"面板上的"尺寸"按钮，标注尺寸如图 12-98 所示。单击"草图"选项卡上的"完成草图"按钮，退出草图环境。

图 12-98　绘制草图

步骤 07　创建拉伸体。单击"三维模型"选项卡"创建"面板上的"拉伸"按钮，打开"拉伸"对话框，选取上一步绘制的草图为拉伸截面轮廓，将拉伸距离设置为 60mm，如图 12-99 所示。单击"确定"按钮完成拉伸，结果如图 12-100 所示。

图 12-99　设置参数

图 12-100　创建拉伸体

步骤 08　创建草图。单击"三维模型"选项卡"草图"面板上的"开始创建二维草图"按钮，选择如图 12-100 所示的平面为草图绘制平面，进入草图绘制环境。单击"草图"选项卡"绘图"面板上的"圆心圆"按钮，绘制圆。单击"约束"面板上的"尺寸"按钮，标注尺寸如图 12-101 所示。单击"草图"选项卡上的"完成草图"按钮，退出草图环境。

图 12-101　绘制草图

步骤 09　创建拉伸体。单击"三维模型"选项卡"创建"面板上的"拉伸"按钮，打开"拉伸"对话框，选取上一步绘制的草图为拉伸截面轮廓，将拉伸距离设置为 10mm，如图 12-102 所示。单击"确定"按钮完成拉伸，结果如图 12-103 所示。

图 12-102　设置参数　　　　　　　图 12-103　创建拉伸体

步骤⑩ 创建草图。单击"三维模型"选项卡"草图"面板上的"开始创建二维草图"按钮，选择如图 12-103 所示的平面为草图绘制平面，进入草图绘制环境。单击"草图"选项卡"绘图"面板上的"圆心圆"按钮，绘制圆。单击"约束"面板上的"尺寸"按钮，标注尺寸如图 12-104 所示。单击"草图"选项卡上的"完成草图"按钮，退出草图环境。

图 12-104　绘制草图

步骤⑪ 创建拉伸体。单击"三维模型"选项卡"创建"面板上的"拉伸"按钮，打开"拉伸"对话框，选取上一步绘制的草图为拉伸截面轮廓，将拉伸距离设置为 5mm，如图 12-105 所示。单击"确定"按钮完成拉伸，结果如图 12-106 所示。

图 12-105　设置参数　　　　　　　图 12-106　创建拉伸体

步骤⑫ 创建草图。单击"三维模型"选项卡"草图"面板上的"开始创建二维草图"按钮，选择如图 12-107 所示的平面为草图放置面，进入草图绘制环境。单击"草图"选项卡"绘图"面板上的"圆心圆"按钮，绘制圆。单击"约束"面板上的"尺寸"

按钮，标注尺寸如图 12-108 所示。单击"草图"选项卡上的"完成草图"按钮，
退出草图环境。

图 12-107　选择平面

图 12-108　绘制草图

步骤 ⑬　创建拉伸体。单击"三维模型"选项卡"创建"面板上的"拉伸"按钮，打开"拉伸"对话框，选取上一步绘制的草图为拉伸截面轮廓，将拉伸距离设置为 3mm，如图 12-109 所示。单击"确定"按钮完成拉伸，结果如图 12-110 所示。

图 12-109　设置参数

图 12-110　创建拉伸体

步骤 ⑭　创建草图。单击"三维模型"选项卡"草图"面板上的"开始创建二维草图"按钮，选择如图 12-111 所示的平面为草图放置面，进入草图绘制环境。单击"草图"选项卡"绘图"面板上的"两点矩形"按钮，绘制轮廓。单击"约束"面板上的"尺寸"按钮，标注尺寸如图 12-112 所示。单击"草图"选项卡上的"完成草图"按钮，退出草图环境。

图 12-111　选择平面

图 12-112　绘制草图

步骤⑮ 创建拉伸体。单击"三维模型"选项卡"创建"面板上的"拉伸"按钮 ，打开"拉伸"对话框，选取上一步绘制的草图为拉伸截面轮廓，将拉伸距离设置为8mm，如图12-113所示。单击"确定"按钮完成拉伸，结果如图12-114所示。

图 12-113 设置参数   图 12-114 创建拉伸体

步骤⑯ 创建草图。单击"三维模型"选项卡"草图"面板上的"开始创建二维草图"按钮 ，选择 XY 平面为草图绘制平面，进入草图绘制环境。单击"草图"选项卡"绘图"面板上的"直线"按钮 绘制直线，如图12-115所示。单击"草图"选项卡上的"完成草图"按钮 ，退出草图环境。

图 12-115 绘制草图

步骤⑰ 创建加强筋。单击"三维模型"选项卡"创建"面板上的"加强筋"按钮 ，打开"加强筋"对话框，选择"平行于草图平面"类型 ，选取上一步绘制的草图为截面轮廓，将加强筋厚度设置为10mm，单击"对称"按钮，调整筋方向，如图12-116所示。单击"确定"按钮完成加强筋，结果如图12-117所示。

图 12-116 设置参数   图 12-117 创建加强筋

步骤⑱ 创建草图。单击"三维模型"选项卡"草图"面板上的"开始创建二维草图"按钮 ，选择 XY 平面为草图绘制平面，进入草图绘制环境。单击"草图"选项卡"绘图"面板上的"直线"按钮，绘制草图，如图 12-118 所示。单击"草图"选项卡上的"完成草图"按钮，退出草图环境。

图 12-118　绘制草图

步骤⑲　创建加强筋。单击"三维模型"选项卡"创建"面板上的"加强筋"按钮，打开"加强筋"对话框，选择"平行于草图平面"类型，选取上一步绘制的草图为截面轮廓，将加强筋厚度设置为 10mm，单击"方向 2"按钮，调整筋方向，如图 12-119 所示。单击"确定"按钮完成加强筋，结果如图 12-120 所示。

图 12-119　设置参数

图 12-120　创建加强筋

步骤⑳　创建草图。单击"三维模型"选项卡"草图"面板上的"开始创建二维草图"按钮，选择 XY 平面为草图绘制平面，进入草图绘制环境。单击"草图"选项卡"绘图"面板上的"直线"按钮，绘制草图轮廓。单击"约束"面板上的"尺寸"按钮，标注尺寸如图 12-121 所示。单击"草图"选项卡上的"完成草图"按钮，退出草图环境。

图 12-121　绘制草图

步骤 21 创建旋转体。单击"三维模型"选项卡"创建"面板上的"旋转"按钮，打开"旋转"对话框，选取上一步绘制的草图截面为旋转轮廓，选取水平直线段为旋转轴，选择布尔求差操作，如图 12-122 所示。单击"确定"按钮完成旋转，结果如图 12-123 所示。

图 12-122　设置参数　　　　　　　　　　图 12-123　创建旋转切除

步骤 22 创建草图。单击"三维模型"选项卡"草图"面板上的"开始创建二维草图"按钮，选择如图 12-124 所示的平面为草图放置面，进入草图绘制环境。单击"草图"选项卡"绘图"面板上的"圆心圆"按钮，绘制圆。单击"约束"面板上的"尺寸"按钮，标注尺寸如图 12-125 所示。单击"草图"选项卡上的"完成草图"按钮，退出草图环境。

图 12-124　选择平面　　　　　　　　　　图 12-125　绘制草图

步骤 23 创建拉伸体。单击"三维模型"选项卡"创建"面板上的"拉伸"按钮，打开"拉伸"对话框，选取上一步绘制的草图为拉伸截面轮廓，将拉伸范围设置为"贯通"，选择布尔求差操作，如图 12-126 所示。单击"确定"按钮完成拉伸，结果如图 12-127 所示。

图 12-126　设置参数　　　　　　　　　　图 12-127　创建拉伸切除

步骤 24 创建沉头孔。单击"三维模型"选项卡"修改"面板上的"孔"按钮 ⊙，打开"孔"对话框。在"放置"下拉列表中选择"线性"放置方式，在视图中选取上一步创建的拉伸体外表面为孔放置平面，选择如图 12-128 所示的参考，孔到两条参考边的距离为 16mm，选择"沉头孔"类型，输入沉头孔直径 18mm，沉头孔深度 2mm，孔直径为 11mm，终止方式为"贯通"，单击"应用"按钮。在另一侧创建相同参数的沉头孔，结果如图 12-129 所示。

图 12-128　设置参数　　　　　　　　　　　　图 12-129　创建沉头孔

步骤 25 创建草图。单击"三维模型"选项卡"草图"面板上的"开始创建二维草图"按钮 ⬚，选择如图 12-130 所示的草图放置面，进入草图绘制环境。单击"草图"选项卡"绘图"面板上的"两点矩形"按钮 ▭ 和"圆角"按钮 ◠，绘制草图轮廓。单击"约束"面板上的"尺寸"按钮 ▭，标注尺寸如图 12-131 所示。单击"草图"选项卡上的"完成草图"按钮 ✅，退出草图环境。

图 12-130　选择平面　　　　　　　　　　　图 12-131　绘制草图

步骤 26 创建拉伸体。单击"三维模型"选项卡"创建"面板上的"拉伸"按钮 ▯，打开"拉伸"对话框，选取上一步绘制的草图为拉伸截面轮廓，将拉伸范围设置为"贯通"，选择求差方式，如图 12-132 所示。单击"确定"按钮完成拉伸，如图 12-133 所示。

图 12-132　设置参数　　　　　　　　　　　　图 12-133　创建拉伸体

步骤 27　圆角处理。单击"三维模型"选项卡"修改"面板上的"圆角"按钮，打开"圆角"对话框，在视图中选择如图 12-134 所示的边线，输入圆角半径为 2mm，单击"应用"按钮，选择如图 12-135 所示的边线，输入圆角半径为 5mm，单击"确定"按钮，结果如图 12-136 所示。

图 12-134　选择边线　　　　　图 12-135　选择边线　　　　　图 12-136　创建圆角

步骤 28　创建外螺纹。单击"三维模型"选项卡"修改"面板上的"螺纹"按钮，打开"螺纹"对话框，选择如图 12-137 所示的面为螺纹放置面，单击"确定"按钮，完成螺纹的创建，结果如图 12-91 所示。

图 12-137　设置参数

步骤 29　保存文件。单击"快速"工具栏上的"保存"按钮，打开"另存为"对话框，输入文件名为"泵体.ipt"，单击"保存"按钮即可保存文件。

12.2　柱塞泵装配

装配如图 12-138 所示的柱塞泵。

图 12-138　柱塞泵装配

 下载资源\动画演示\第12章\柱塞泵装配.avi

操作步骤

步骤01　新建文件。运行 Inventor，单击"快速"工具栏上的"新建"按钮 ，在打开的"新建文件"对话框中选择"Standard.iam"选项，单击"创建"按钮，新建一个部件文件。

步骤02　装入泵体。单击"装配"选项卡"零部件"面板上的"放置"按钮 ，打开如图 12-139 所示的"装入零部件"对话框，选择"泵体"零件，单击"打开"按钮，装入泵体，单击鼠标右键，在打开的如图 12-140 所示的快捷菜单中选择"在原点处固定放置"选项，零件的坐标与部件的坐标原点重合。再次单击鼠标右键，在打开的快捷菜单中选择"确定"选项，完成泵体的装配，结果如图 12-141 所示。

图 12-139　"装入零部件"对话框

图 12-140　快捷菜单

图 12-141　放置泵体

步骤 03 放置填料压盖结果。单击"装配"选项卡"零部件"面板上的"放置"按钮，打开"装入零部件"对话框，选择"填料压盖"零件，单击"打开"按钮，装入填料压盖，将其放置到视图中的适当位置。单击鼠标右键，在打开的快捷菜单中选择"确定"选项，完成填料压盖的放置，结果如图 12-142 所示。

图 12-142　装入填料压盖

步骤 04 装配填料压盖。单击"装配"选项卡"位置"面板上的"约束"按钮，打开"放置约束"对话框，选择"插入"类型，在视图中选取如图 12-143 所示的两个圆形边线，设置偏移量为 0，选择"反向"选项，单击"应用"按钮，选择"配合"类型，在视图中选取如图 12-144 所示的两个轴线，设置偏移量为 0，选择"配合"选项，单击"确定"按钮，结果如图 12-145 所示。

图 12-143　选择边线

图 12-144　选取轴线

步骤 05　放置柱塞。单击"装配"选项卡"零部件"面板上的"放置"按钮，打开"装入零部件"对话框，选择"柱塞"零件，单击"打开"按钮，装入柱塞，将其放置到视图中的适当位置。单击鼠标右键，在弹出的快捷菜单中选择"确定"选项，完成柱塞的放置，结果如图 12-146 所示。

图 12-145　安装填料压盖　　　　　　　　图 12-146　装入柱塞

步骤 06　装配柱塞。单击"装配"选项卡"位置"面板上的"约束"按钮，打开"放置约束"对话框，选择"插入"类型，在视图中选取如图 12-147 所示的两个圆形边线，设置偏移量为 0，选择"反向"选项，单击"应用"按钮，选择"角度"类型，在视图中选取如图 12-148 所示的两个平面，设置偏移量为 0，选择"定向角度"选项，单击"确定"按钮，结果如图 12-149 所示。

图 12-147　选择边线

415

图 12-148　选择平面

步骤 07　放置阀体。单击"装配"选项卡"零部件"面板上的"放置"按钮，打开"装入零部件"对话框，选择"阀体"零件，单击"打开"按钮，装入阀体，将其放置到视图中的适当位置。单击鼠标右键，在打开的快捷菜单中选择"确定"选项，完成阀体的放置，结果如图 12-150 所示。

图 12-149　安装柱塞

图 12-150　装入阀体

步骤 08　装配阀体：单击"装配"选项卡"位置"面板上的"约束"按钮，打开"放置约束"对话框，选择"插入"类型，在视图中选取如图 12-151 所示的两个圆形边线，设置偏移量为 0，选择"反向"选项，单击"应用"按钮。选择"角度"类型，在视图中选取如图 12-152 所示的两个平面，设置偏移量为 0，选择"定向角度"选项，设置角度为 0，单击"确定"按钮，结果如图 12-153 所示。

图 12-151　选择边线

图 12-152　选择平面

步骤 09　装入下阀瓣。单击"装配"选项卡"零部件"面板上的"放置"按钮，打开"装入零部件"对话框，选择"下阀瓣"零件，单击"打开"按钮，装入下阀瓣，将其放置到视图中的适当位置。单击鼠标右键，在打开的快捷菜单中选择"确定"选项，完成下阀瓣的放置，结果如图 12-154 所示。

图 12-153　安装阀体

图 12-154　装入下阀瓣

步骤 10　装配下阀瓣。单击"装配"选项卡"位置"面板上的"约束"按钮，打开"放置约束"对话框，选择"插入"类型，在视图中选取如图 12-155 所示的两个圆形边线，设置偏移量为 0，选择"反向"选项，单击"确定"按钮，结果如图 12-156 所示。

图 12-155　选择边线

步骤 11　放置上阀瓣。单击"装配"选项卡"零部件"面板上的"放置"工具按钮，打开"装入零部件"对话框，选择"上阀瓣"零件，单击"打开"按钮，装入上阀瓣，将其放置到视图中的适当位置。单击鼠标右键，在打开的快捷菜单中选择"完毕"选项，完成上阀瓣的放置，如图 12-157 所示。

图 12-156　安装下阀瓣　　　　　　　　　　图 12-157　装入上阀瓣

步骤 ⑫　装配上阀瓣。单击"装配"选项卡"位置"面板上的"约束"按钮🔲，打开"放置约束"对话框，选择"插入"类型，在视图中选取如图 12-158 所示的两个圆形边线，设置偏移量为 0，选择"反向"选项，单击"确定"按钮，结果如图 12-159 所示。

图 12-158　选择边线

步骤 ⑬　装入阀盖。单击"装配"选项卡"零部件"面板上的"放置"按钮🔳，打开"装入零部件"对话框，选择"阀盖"零件，单击"打开"按钮，装入阀盖，将其放置到视图中的适当位置。单击鼠标右键，在打开的快捷菜单中选择"确定"选项，完成阀盖的放置，结果如图 12-160 所示。

图 12-159　安装上阀瓣　　　　　　　　　　图 12-160　装入阀盖

步骤 ⑭　装配阀盖。单击"装配"选项卡"位置"面板上的"约束"按钮🔲，打开"放置约束"对话框，选择"插入"类型，在视图中选取如图 12-161 所示的两个圆形边线，设置偏移量为 0，选择"反向"选项，单击"确定"按钮，结果如图 12-162 所示。

图 12-161　选择边线

图 12-162　安装阀盖

步骤 15　保存文件。单击"快速"工具栏上的"保存"按钮📙，打开"另存为"对话框，输入文件名为"柱塞泵.iam"，单击"保存"按钮即可保存文件。

12.3　创建柱塞泵表达视图

本实例将创建柱塞泵表达视图，如图 12-163 所示。调整各个零件的位置，然后创建表达视图动画并保存。

图 12-163　柱塞泵表达视图

下载资源\动画演示\第12章\创建柱塞泵表达视图.avi

操作步骤

步骤 **01** 新建文件。运行 Inventor，选择"快速入门"选项卡，单击"启动"面板上的"新建"选项，在打开的"新建文件"对话框中选择"Standard.ipn"选项，然后单击"创建"按钮，打开"插入"对话框，选择"柱塞泵.iam"文件，如图 12-164 所示。单击"打开"按钮，打开装配体文件如图 12-165 所示。

图 12-164 "插入"对话框

图 12-165 柱塞泵

步骤 **02** 创建故事板。单击"表达视图"选项卡"专题研习"面板上的"新建故事板"按钮，打开"新建故事板"对话框，如图 12-166 所示。选择"干净的"故事板类型，单击"确定"按钮，新建故事板，如图 12-167 所示。

图 12-166 "新建故事板"对话框

图 12-167　新建故事板

步骤 **03**　新建快照视图。单击绘图区上方的主视图图标，调整视图方向，如图 12-168 所示，单击"表达视图"选项卡"专题研习"面板上的"新建快照视图"按钮🔲，在"快照视图"面板上添加视图 1 快照，如图 12-169 所示。

图 12-168　调整视图方向　　　　　　图 12-169　"快照视图"面板

步骤 **04**　调整填料压盖位置。单击"表达视图"选项卡"零部件"面板上的"调整零部件位置"按钮🔳，打开如图 12-170 所示的"调整零部件位置"小工具。在视图中选择填料压盖，选择坐标系的轴为移动方向，输入距离为 200mm，如图 12-171 所示，单击✔️按钮，结果如图 12-172 所示。

图 12-170　"调整零部件位置"小工具　　　　　图 12-171　设置参数

421

图 12-172　调整填料压盖位置

步骤 05　调整柱塞位置。单击"表达视图"选项卡"零部件"面板上的"调整零部件位置"
按钮 ，打开"调整零部件位置"小工具。在视图中选择柱塞，选择移动方向，输
入距离为 100mm，如图 12-173 所示，单击 按钮，结果如图 12-174 所示。

图 12-173　设置参数

图 12-174　调整柱塞位置

步骤 06 调整阀盖位置。单击"表达视图"选项卡"零部件"面板上的"调整零部件位置"按钮，打开"调整零部件位置"小工具栏。在视图中选择阀盖，选择移动方向，输入距离为 200mm，如图 12-175 所示，单击 ✓ 按钮，结果如图 12-176 所示。

图 12-175 设置参数　　　　　　　　　　　图 12-176 调整阀盖位置

步骤 07 调整上阀瓣位置。单击"表达视图"选项卡"零部件"面板上的"调整零部件位置"按钮，打开"调整零部件位置"小工具栏。在视图中选择上阀瓣，选择移动方向，输入距离为 150mm，如图 12-177 所示，单击 ✓ 按钮。

图 12-177 设置参数

步骤 08 调整下阀瓣位置。单击"表达视图"选项卡"零部件"面板上的"调整零部件位置"按钮，打开"调整零部件位置"小工具栏。在视图中选择下阀瓣，选择移动方向，输入距离为 100mm，如图 12-178 所示，单击 ✓ 按钮。

图 12-178　设置参数

步骤 09 调整阀体位置。单击"表达视图"选项卡"零部件"面板上的"调整零部件位置"
按钮 🗎，打开"调整零部件位置"小工具栏。在视图中选择阀体，选择移动方向，
输入距离为-50mm，单击 ✓ 按钮，如图 12-179 所示。

图 12-179　调整阀体位置

步骤 10 播放动画。根据调整零件位置所创建的故事板如图 12-180 所示。将标尺拖到 0.0 秒
处（即柱塞泵还没分解），单击"故事板"上的"播放当前故事板"按钮 ▷ ▼，播
放创建的分解动画。

图 12-180　故事板

拖动故事板上每个零件移动的时间长度，可使每个零件分解完成后停顿 0.2 秒后再分解，也可以单击鼠标右键，在打开的快捷菜单中选择"编辑时间"来调整时间长度，编辑后的故事板如图 12-181 所示。

图 12-181　编辑后的故事板

步骤⑪　发布视频。单击"表达视图"选项卡"发布"面板上的"视频"按钮，打开"发布为视频"对话框，设置视频分辨率为 800×600，设置保存路径，输入文件为柱塞泵分解动画，选择文件格式为 AVI 文件，如图 12-182 所示。单击"确定"按钮，弹出"视频压缩"对话框，采用默认设置，如图 12-183 所示。单击"确定"按钮，完成视频发布后，系统会弹出如图 12-184 所示的提示，单击"确定"按钮，完成视频发布。

图 12-182　"发布为视频"对话框　　图 12-183　"视频压缩"对话框　　图 12-184　提示对话框

步骤⑫　保存文件。单击"快速"工具栏上的"保存"按钮，打开"另存为"对话框，输入文件名为"柱塞泵.ipn"，单击"保存"按钮即可保存文件。

12.4　创建柱塞泵工程图

12.4.1　创建泵体工程图

本实例绘制泵体工程图，如图 12-185 所示。

图 12-185　泵体工程图

 　下载资源\动画演示\第12章\泵体工程图.avi

操作步骤

1．新建文件

运行 Inventor，单击"快速入门"选项卡"启动"面板上的"新建"按钮，在打开的"新建文件"对话框中的"工程图"下拉列表中选择"Standard.idw"选项，然后单击"确定"按钮新建一个工程图文件。

2．创建基础视图

步骤 **01**　单击"放置视图"选项卡"创建"面板上的"基础视图"按钮，打开"工程视图"对话框，在对话框中单击"打开现有文件"按钮，打开"打开"对话框。选择"泵体"零件，单击"打开"按钮，打开"泵体"零件；输入比例为 1.5∶1，选择显示方式为"不显示隐藏线" ，如图 12-186 所示，当前视图方向如图 12-187 所示。

图 12-186　设置参数

图 12-187　当前视图方向

步骤 02 单击旋转方向，调整视图如图 12-188 所示。将视图放置到适当位置，单击"确定"按钮，完成基础视图的创建，如图 12-189 所示。

图 12-188　旋转角度

图 12-189　创建基础视图

3．创建投影视图

单击"放置视图"选项卡"创建"面板上的"投影视图"按钮 ，在视图中选择上一步创建的基础视图，然后向上拖动鼠标，在适当位置单击鼠标左键确定创建投影视图的位置。再单击鼠标右键，在打开的快捷菜单中选择"创建"选项，如图 12-190 所示。生成的投影视图如图 12-191 所示。

图 12-190　快捷菜单　　　　　　　图 12-191　创建投影视图

4. 创建局部剖视图

步骤 01 在视图中选取主视图，单击"放置视图"选项卡"草图"面板上的"开始创建草图"按钮，进入草图绘制环境。单击"草图"选项卡"绘图"面板上的"样条曲线（插值）"按钮，绘制一个封闭轮廓，如图 12-192 所示。单击"草图"选项卡上的"完成草图"按钮，退出草图环境。

步骤 02 单击"放置视图"选项卡"创建"面板上的"局部剖视图"按钮，在视图中选取主视图，打开"局部剖视图"对话框，系统自动捕捉上步绘制的草图为截面轮廓，选择如图 12-193 所示的点为基础点，输入深度为 0，单击"确定"按钮，完成局部剖视图的创建，如图 12-194 所示。

图 12-192　绘制样条曲线　　　图 12-193　选择截面轮廓和基础点　　　图 12-194　创建局部剖视图

5. 创建投影视图

单击"放置视图"选项卡"创建"面板上的"投影视图"按钮，在视图中选择上一步创建的基础视图，然后向左拖动鼠标，在适当位置单击鼠标左键确定创建投影视图的位置。再单击鼠标右键，在打开的快捷菜单中选择"创建"选项，如图 12-195 所示。生成的投影视图如图 12-196 所示。

图 12-195　快捷菜单

图 12-196　创建投影视图

6. 创建局部剖视图 2

步骤 01 在视图中选取左视图，单击"放置视图"选项卡"草图"面板中的"开始创建草图"按钮，进入草图绘制环境。单击"草图"选项卡"绘图"面板上的"样条曲线"（插值）按钮，绘制一个封闭轮廓，如图 12-197 所示。单击"草图"选项卡上的"完成草图"按钮，退出草图环境。

步骤 02 单击"放置视图"选项卡"创建"面板上的"局部剖视图"按钮，在视图中选取主视图，打开"局部剖视图"对话框，系统自动捕捉上步绘制的草图为截面轮廓，选择如图 12-198 所示的点为基础点，输入深度为 0，单击"确定"按钮，完成局部剖视图的创建，如图 12-199 所示。

图 12-197　绘制样条曲线　　　　图 12-198　选择截面轮廓和基础点　　　　图 12-199　创建局部视图

7. 添加中心线

步骤 01 单击"标注"选项卡"符号"面板上的"中心线"按钮，选择主视图上的两边中点，单击鼠标右键，在弹出的快捷菜单中选择"创建"选项，如图 12-200 所示，完成主视图上中心线的添加。利用同样的方法为俯视图添加中心线，如图 12-201 所示。

图 12-200　快捷菜单　　　　　　　　　　　图 12-201　添加中心线

步骤 02 单击"标注"选项卡"符号"面板上的"中心标记"按钮 ┼，在视图中选择圆，并
为圆添加中心线，如图 12-202 所示。

图 12-202　为圆添加中心线

步骤 03 单击"标注"选项卡"符号"面板上的"对分中心线"按钮 ∅，选择如图 12-203
所示的孔的两条边线，为孔添加中心线，如图 12-204 所示。

图 12-203　选择边线　　　　　　　　　图 12-204　创建中心线

8．标注直径尺寸

单击"标注"选项卡"尺寸"面板上的"尺寸"按钮 ┌┐，在视图中选择要标注直径尺寸
的两条边线，拖出尺寸线放置到适当位置，打开"编辑尺寸"对话框，将光标放置在尺寸值的
前端，然后选择"直径"符号 ∅，单击"确定"按钮，结果如图 12-205 所示。利用同样的方
法标注其他直径尺寸。

图 12-205　标注直径尺寸

9．标注基线尺寸

单击"标注"选项卡"尺寸"面板上的"基线"按钮▭，选择要标注的图元，单击鼠标右键，在弹出的快捷菜单中单击"继续"按钮，如图 12-206 所示。拖出尺寸线到适当位置，单击鼠标确定，然后单击鼠标右键，在弹出的快捷菜单中单击"创建"按钮，如图 12-207 所示，标注基线尺寸如图 12-208 所示。

图 12-206　快捷菜单 1

图 12-207　快捷菜单 2

图 12-208　完成基线标注

10．标注连续尺寸

单击"标注"选项卡"尺寸"面板上的"连续"按钮▥，在视图中选择要标注尺寸的边线，单击鼠标右键，在弹出的快捷菜单中单击"继续"按钮，如图 12-209 所示。拖出尺寸线放置到适当位置，如图 12-210 所示。单击鼠标确定，然后单击鼠标右键，在弹出的快捷菜单中单击"创建"按钮，完成连续尺寸的标注。

图 12-209　快捷菜单

图 12-210　标注连续尺寸

11．标注半径和直径尺寸

单击"标注"选项卡"尺寸"面板上的"尺寸"按钮，在视图中选择要标注半径尺寸的圆弧，拖出尺寸线放置到适当位置，如图 12-211 所示。打开"编辑尺寸"对话框，单击"确定"按钮，利用同样的方法标注其他直径尺寸，结果如图 12-212 所示。

图 12-211　标注半径尺寸　　　　　　图 12-212　标注半径和直径尺寸

12．标注长度尺寸

单击"标注"选项卡"尺寸"面板上的"尺寸"按钮，在视图中选择要标注尺寸的两条边线，拖出尺寸线放置到适当位置，打开"编辑尺寸"对话框，单击"确定"按钮，结果如图 12-213 所示。

图 12-213　标注长度尺寸

13. 标注粗糙度

单击"标注"选项卡"符号"面板上的"粗糙度"按钮 √，在视图中选择如图 12-214 所示的表面，打开"表面粗糙度符号"对话框，在对话框中选择"表面用去除材料的方法获得" √，输入粗糙度的值为 Ra1.6，如图 12-215 所示。单击"确定"按钮，结果如图 12-216 所示。利用同样的方法标注其他粗糙度。

图 12-214　选择表面

图 12-215　"表面粗糙度"对话框

图 12-216　标注粗糙度

14．标注基准符号

单击"标注"选项卡"符号"面板上的"基准标识符号"按钮，选择直径为48的尺寸，指定基准符号的起点和顶点，打开如图 12-217 所示的"文本格式"对话框。采用默认设置，单击"确定"按钮，完成基准符号的标注，效果如图 12-218 所示。

图 12-217　"文本格式"对话框

15．标注形位公差

单击"标注"选项卡"符号"面板上的"形位公差符号"按钮，选择直径为44的尺寸，指定基准符号的起点和顶点，单击鼠标右键，在打开的快捷菜单中选择"继续"选项，打开如图 12-219 所示的"形位公差符号"对话框，选择符号，输入公差，单击"确定"按钮，完成基准符号的标注，如图 12-220 所示。利用同样的方法标注其他形位公差，如图 12-221 所示。

图 12-218　标注基准符号

图 12-219　"形位公差符号"对话框

图 12-220　标注基准符号　　　　　图 12-221　形位公差

16．填写技术要求

单击"标注"选项卡"文本"面板上的"文本"按钮 **A**，在视图中指定一个区域，打开"文本格式"对话框，在文本框中输入文本，并设置参数，如图 12-222 所示。单击"确定"按钮，结果如图 12-223 所示。

技术要求
1.锐角去毛刺；
2.未注圆角为R2，未注倒角为C1。

图 12-222　"文本格式"对话框　　　　图 12-223　标注技术要求

17．保存文件

单击"快速"工具栏上的"保存"按钮，打开"另存为"对话框，输入文件名为"泵体.idw"，单击"保存"按钮即可保存文件。

12.4.2　创建柱塞泵装配工程图

本实例将绘制柱塞泵装配工程图，如图 12-224 所示。

图 12-224　柱塞泵工程图

下载资源\动画演示\第12章\柱塞泵工程图.avi

操作步骤

1．新建文件

运行 Inventor，单击"快速入门"选项卡"启动"面板上的"新建"工具按钮，在"新建文件"对话框中"Templates"选项卡中的"零件"下拉列表中选择"Standard.iwt"选项，单击"创建"按钮，新建一个工程图文件。

2．创建基础视图

步骤 01　单击"放置视图"选项卡"创建"面板上的"基础视图"按钮，打开"工程视图"对话框，在对话框中单击"打开现有文件"按钮，打开"打开"对话框，选择"柱塞泵.iam"文件，单击"打开"按钮，打开"柱塞泵"装配体。当前视图方向如图12-225 所示，将视图向左旋转 90 度，结果如图 12-226 所示。

图 12-225　当前视图方向

图 12-226　旋转视图

步骤 02　在"工程视图"对话框中输入比例为 1:1，选择显示方式为"不显示隐藏线" ，如图 12-227 所示。设置完参数后，将视图放置在图纸中的适当位置，如图 12-228 所示。

图 12-227　"工程视图"对话框

图 12-228　创建基础视图

3．创建投影视图

单击"放置视图"选项卡"创建"面板上的"投影视图"按钮，在视图中选择上一步创建的基础视图，然后向上拖动鼠标，在适当位置单击鼠标左键确定创建投影视图的位置。再单击鼠标右键，在打开的快捷菜单中单击"创建"按钮，如图 12-229 所示。生成投影视图如图 12-230 所示。

图 12-229　快捷菜单

图 12-230　创建投影视图

4. 创建局部剖视图

步骤 01　在视图中选取主视图，单击"放置视图"选项卡"草图"面板中的"开始创建二维草图"按钮，进入草图绘制环境。单击"草图"选项卡"绘图"面板上的"样条曲线（插值）"按钮，绘制一个封闭曲线，如图 12-231 所示。单击"草图"选项卡上的"完成草图"按钮，退出草图环境。

图 12-231　绘制样条曲线

步骤 02　单击"放置视图"选项卡"创建"面板上的"局部剖视图"按钮，在视图中选取主视图，打开"局部剖视图"对话框，系统自动捕捉上一步绘制的草图为截面轮廓，选择如图 12-232 所示的点为基础点，输入深度为 0，单击"确定"按钮，如图 12-233 所示。

图 12-232　选择截面轮廓和基点

图 12-233　创建局部剖视图

步骤 03 在浏览器中选取装配体中的柱塞零件，单击鼠标右键，在弹出的快捷菜单中选择"剖切参与件"→"无"选项，如图 12-234 所示，隐藏剖面线。同理，将上阀瓣和下阀瓣上的剖面线隐藏，并对图形添加中心线，如图 12-235 所示。

图 12-234　快捷菜单

图 12-235　隐藏剖面线

5. 标注尺寸

单击"标注"选项卡"尺寸"面板上的"尺寸"按钮，在视图中选择要标注尺寸的边线，拖出尺寸线放置到适当位置，打开"编辑尺寸"对话框，单击"确定"按钮，完成一个尺寸的标注；利用同样的方法标注其他基本尺寸，如图 12-236 所示。

图 12-236　标注尺寸

6．添加序号

单击"标注"选项卡"表格"面板上的"自动引出序号"按钮，打开如图 12-237 所示的"自动引出序号"对话框，在视图中选择主视图，然后添加视图中所有的零件，选择序号的放置位置为环形，将序号放置到视图中的适当位置，如图 12-238 所示。单击"确定"按钮，结果如图 12-239 所示。

图 12-237　"自动引出序号"对话框

图 12-238　放置序号

图 12-239　标注序号

7. 添加明细栏

步骤 01 单击"标注"选项卡"表格"面板上的"明细栏"按钮，打开"明细栏"对话框，在视图中选择主视图，其他采用默认设置，如图 12-240 所示。单击"确定"按钮，将明细栏放置到图中的适当位置，如图 12-241 所示。

图 12-240　"明细栏"对话框

7			1	常规	
6			1	常规	
5			1	常规	
4			1	常规	
3			1	常规	
2			1	常规	
1			1	常规	
项目	标准	名称	数量	材料	注释
			明细栏		

图 12-241　生成明细栏

步骤 02 双击明细栏，打开"明细栏：柱塞泵"对话框，在对话框中填写零件名称、材料等参数，如图 12-242 所示。单击"确定"按钮，完成明细栏的填写，如图 12-243 所示。

图 12-242　"明细栏：柱塞泵"对话框

7		阀盖	1	ZCu58Mn2Pb2	
6		上阀瓣	1	ZCu58Mn2Pb2	
5		下阀瓣	1	ZCu58Mn2Pb2	
4		阀体	1	ZCu58Mn2Pb2	
3		柱塞	1	45钢	
2		填料压盖	1	ZCu58Mn2Pb2	
1		泵体	1	HT200	
项目	标准	名称	数量	材料	注释
			明细栏		

图 12-243　明细栏

8. 保存文件

单击"快速"工具栏上的"保存"按钮，打开"另存为"对话框，输入文件名为"柱塞泵工程图.idw"，单击"保存"按钮即可保存文件。